U0160846

普通高等教育机器人工程系列教材

ROS机器人操作系统原理与应用

张云洲　王军义　韩泉城　编著

科学出版社

北京

内 容 简 介

本书主要讲解ROS机器人操作系统的原理与应用。全书共9章。第1～6章介绍ROS机器人操作系统的基本概念及常见命令、节点编程及开发、程序调试与可视化、ROS系统建模与可视化仿真，以及ROS系统的传感器和执行器。第7章讲述ROS平台下的移动机器人自主定位与地图构建。第8章讲述移动机器人如何实现目标点导航的问题。第9章以实体机器人为基础，结合实践操作讲述ROS机器人操作系统的实际应用。

本书内容丰富、深入浅出、图文并茂，内容组织合理、难易程度适当。为便于读者学习，提供与内容对应的例程源代码。

本书可作为普通高等学校工科专业的本科生和研究生学习ROS机器人操作系统的教材与参考书。学习本书的读者应具备一定的C++和Python编程知识，以期达到良好的学习效果。

图书在版编目(CIP)数据

ROS机器人操作系统原理与应用/张云洲，王军义，韩泉城编著. —北京：科学出版社，2022.8
普通高等教育机器人工程系列教材
ISBN 978-7-03-072885-2

Ⅰ. ①R… Ⅱ. ①张… ②王… ③韩… Ⅲ. ①机器人-操作系统-程序设计-高等学校-教材 Ⅳ. ①TP242

中国版本图书馆CIP数据核字(2022)第147258号

责任编辑：余 江 / 责任校对：王 瑞
责任印制：赵 博 / 封面设计：迷底书装

科学出版社 出版
北京东黄城根北街16号
邮政编码：100717
http://www.sciencep.com
中煤（北京）印务有限公司印刷
科学出版社发行 各地新华书店经销
*
2022年8月第 一 版 开本：787×1092 1/16
2024年12月第四次印刷 印张：17
字数：414 000

定价：59.00元
（如有印装质量问题，我社负责调换）

前　言

随着机器人系统的复杂度不断提高，机器人系统架构及软硬件开发的难度也迅速增加。ROS 机器人操作系统集成了国内外机器人领域先进研究成果，涵盖机器人硬件驱动、运动控制、自主定位等诸多方面。在开发机器人时采用 ROS 作为软硬件架构的基础，成为当今国内外研究机构的普遍做法。因此，学习和掌握 ROS 的专业知识显得十分必要与迫切。

作为一种专用于编写机器人软件程序且高度灵活的软件架构，ROS 机器人操作系统包含了大量工具软件、库代码和协议，旨在降低跨平台创建复杂机器人行为过程的难度与复杂度。ROS 体系架构和应用开发相当复杂，倘若没有系统性的组织和讲授，学生很难有效地实现知识的理解和应用。与社会上对于 ROS 系统开发和研究的热烈氛围相比，国内高校的 ROS 课程建设还处于起步阶段，亟须开展专业教材建设，为 ROS 教学提供支撑。

本书讲述 ROS 的基础知识、常用工具、编程方法、移动机器人地图构建及自主导航等内容。在本书中，读者可以学到如何使用 ROS 进行节点编程、如何在虚拟环境中实现机器人仿真，以及如何应用各种传感器感知和控制机器人运动。为了帮助读者更好地理解和掌握 ROS 系统，本书在讲解知识要点的同时提供了大量的例程，给出了详尽的源代码和说明，读者可以在自己的计算机上运行测试，从而更好地理解 ROS 的相关概念。

本书是作者在讲授多轮的自编讲义基础上撰写的。第 1、7、8 章由张云洲撰写；第 2～6 章由王军义撰写；第 9 章由韩泉城撰写。参加资料整理、代码验证和实验测试的研究生有刘国庆、黄帅、徐彬、张文涛、计泽雯、华如照、蒋学政、闫增朝、李资翱、周泉、邱锋、高然、顾津铭、胡兴刚、孙文恺、王云鹏、王东晓、曹振中、赵晓宇、李衡、杨凌昊、梁世文、邓志强、廖明、刘灏、王帅、李奇、曹赫、陈昕、刘晓正、赵家奇、陈国陆、谭延海、王婷婷、吴晨哲、金阳、宁健、王国庆、李恩鹏等。

在本书编写过程中，借鉴和参考了许多相关教材及网络资料，限于篇幅难以一一列举，在此一并致谢。

由于作者水平所限，书中难免存在不足之处，望广大读者批评指正。

作　者

2022 年 2 月

目　录

第 1 章　绪论……1
1.1　操作系统的概念与定义……1
1.2　ROS 机器人操作系统的起源与发展……2
1.3　Ubuntu 虚拟机安装及配置……3
1.4　ROS 的安装及配置……6
1.5　ROS2 简介及选择 ROS1 的原因……8
习题……10
第 2 章　ROS 基本概念及常见命令……11
2.1　ROS 文件系统级……11
2.2　ROS 计算图级……15
2.3　ROS 开源社区级……22
2.4　名称……22
2.5　ROS 常见命令……24
习题……28
第 3 章　ROS 节点编程及开发……29
3.1　ROS 系统的基本操作……29
3.2　ROS 节点编程……32
3.3　ROS 消息和服务的编程实现……38
3.4　launch 启动文件……47
习题……49
第 4 章　ROS 程序调试与可视化……50
4.1　ROS 节点调试及日志信息输出……50
4.2　监视系统状态……61
4.3　机器人数据的二维可视化……65
4.4　三维刚体变换与 tf 树……68
4.5　机器人数据的三维可视化……70
4.6　保存与回放数据……74
习题……78
第 5 章　ROS 建模与可视化仿真……79
5.1　统一的机器人描述格式——URDF……79
5.2　xacro 机器人建模方法……90
5.3　Gazebo 仿真器……97
5.4　基于 Gazebo 的机器人仿真……102
习题……114

第 6 章　ROS 下的传感器与执行器 ········ 115
6.1　激光雷达 ········ 115
6.2　摄像机接口及应用 ········ 121
6.3　Kinect 立体相机 ········ 133
6.4　轮式里程计 ········ 140
6.5　操作手柄 ········ 143
6.6　惯性测量单元 ········ 148
6.7　电机 ········ 151
习题 ········ 154
第 7 章　移动机器人自主定位与地图构建 ········ 155
7.1　移动机器人运动控制系统及地图 ········ 155
7.2　SLAM 框架及工作原理 ········ 159
7.3　在 ROS 中发布里程计信息 ········ 163
7.4　Gmapping 算法及工作原理 ········ 170
7.5　Gmapping 算法仿真 ········ 174
7.6　Karto 算法及 ROS 实现 ········ 183
习题 ········ 194
第 8 章　移动机器人自主运动导航 ········ 195
8.1　机器人导航功能包集 ········ 195
8.2　基础控制器 ········ 199
8.3　自主导航文件体系及 move_base 功能包 ········ 205
8.4　代价地图功能包 ········ 212
8.5　路径规划器及算法 ········ 216
8.6　基于 Gazebo 的机器人自主导航仿真 ········ 225
8.7　导航功能包集编程 ········ 233
习题 ········ 239
第 9 章　轮式移动机器人系统与功能实现 ········ 240
9.1　机器人系统简介 ········ 240
9.2　机器人基础功能实现 ········ 243
9.3　现实场景的 SLAM 地图构建 ········ 248
9.4　机器人自主导航实现 ········ 252
9.5　RTAB 三维建图导航 ········ 257
习题 ········ 259
参考文献 ········ 260

第1章 绪 论

随着机器人领域的快速发展和复杂化，代码的复用性和模块化需求越来越强烈，现有的开源机器人系统难以满足实际需求。在这种情况下，ROS 开源机器人操作系统应运而生。本章将从 ROS 机器人操作系统的概述开始，介绍 ROS 的起源与发展、Ubuntu 20.04 虚拟机的安装及配置、ROS 的安装及配置等内容。

1.1 操作系统的概念与定义

操作系统(Operating System，OS)是控制和管理整个计算机系统硬件和软件资源的程序，也是计算机系统的内核与基石。作为控制其他程序运行、管理系统资源并为用户提供操作界面的系统软件的集合，操作系统承担管理与配置内存、决定系统资源供需的优先次序、控制输入与输出设备、操作网络与管理文件系统等事务，用于合理地组织调度计算机的工作和资源的分配，为用户和其他软件提供便捷的接口环境。操作系统的形态多样，不同机器安装的操作系统可从简单到复杂，适用于手机、嵌入式系统到超级计算机等广泛的应用场景。

常见的计算机操作系统有 DOS、OS/2、UNIX、XENIX、Linux、Windows、Netware 等。Windows 与 Linux 操作系统的基本架构如图 1.1 所示。在 Windows 系统架构中，上方代表用户模式进程，下方组件是内核模式的操作系统服务。用户模式的进程在一个受保护的进程地址空间中执行，系统支持进程、服务进程、用户应用程序、环境子系统都有各自的私有进程地址空间。在 Linux 系统架构中，用户空间包括用户应用程序和 C 库。内核空间包括系统调用接口、内核和平台架构相关代码。

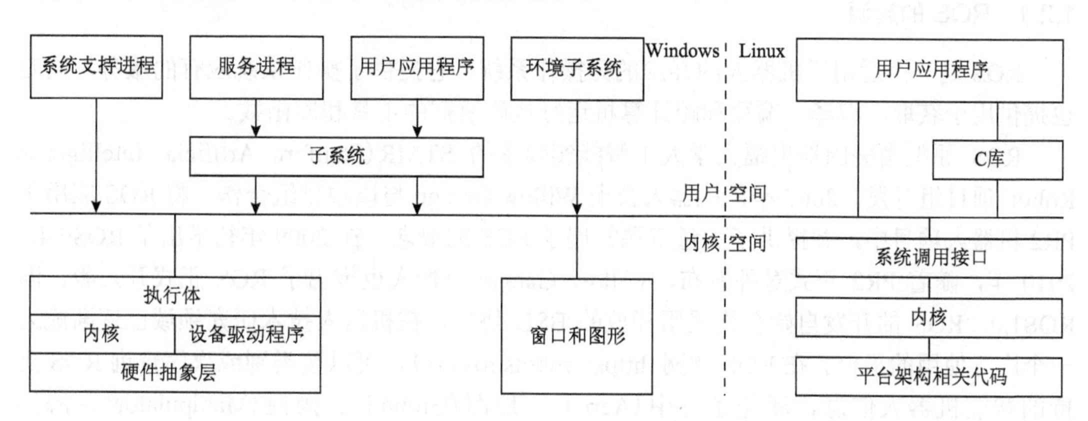

图 1.1 操作系统架构框图

操作系统的基本功能如下：

(1)管理和控制系统资源。通过数据结构对系统信息进行记录，根据不同的要求对系统数据进行修改，从而实现系统资源控制。

(2) 提供便于用户使用计算机的用户界面。Windows 系统采用窗口和图标，Linux 系统既采用命令形式，也配备有窗口形式，其目的都是方便用户的使用。

(3) 优化系统功能。计算机系统可以实现各种各样的功能，若发生冲突会导致系统性能的下降。为了使计算机资源得到最大程度的利用，使系统处于良好的运行状态，操作系统还需要采用最优方式实现系统功能。

(4) 协调计算机的各种动作。计算机的运行实际上是各种硬件的同时动作，操作系统使各种动作和动态过程协调运行。

因此，操作系统可定义为：对计算机系统资源进行直接控制和管理，协调计算机的各种动作，为用户提供便于操作的人-机界面，存在于计算机软件系统最底层核心位置的程序的集合。

1.2 ROS 机器人操作系统的起源与发展

机器人是一个复杂且涉及面极广的学科，涉及机械设计、电机控制、传感器、轨迹规划、运动学与动力学、机器视觉、定位导航、机器学习、高级智能等。为了增加自定义的机器人和软件的复用性，加快机器人技术的研究进程，机器人操作系统应运而生。机器人操作系统是为机器人标准化设计而构造的软件平台，每一位机器人设计师可以使用同样的平台进行机器人软件开发。标准的机器人操作系统包括硬件抽象、底层设备控制、常用功能实现、进程间消息以及数据包管理等功能。一般而言，可分为底层操作系统层和用户群贡献的实现不同机器人功能的各种软件包。

机器人操作系统在世界各国有很多研究项目。例如，日本很早就在国家战略层面提出了机器人操作系统，形成了 Open Robot 平台，意大利的 Yarp 开源系统可提供全新的开发环境，美国推出了 ROBOTIES、Player Stage 以及 ROS (Robotic Operating System)。

1.2.1 ROS 的起源

ROS 是一个适用于机器人的开源的元操作系统。它提供了操作系统应有的服务，同时也提供用于获取、编译、编写和跨计算机运行代码所需的工具和库函数。

ROS 原型由美国斯坦福大学人工智能实验室的 STAIR (Stanford Artificial Intelligence Robot) 项目组开发。2007 年，机器人公司 Willow Garage 与该项目组合作，将 ROS 应用于 PR2 机器人项目中，并提供了大量资源扩展了 ROS 的概念，在 2009 年初推出了 ROS0.4。2010 年，随着 PR2 正式对外发布，Willow Garage 机器人也推出了 ROS 正式开发版，即 ROS1.0。ROS 的开发自始至终采用开放的 BSD 协议，在机器人技术研究领域已逐渐成为一个广泛使用的平台。在 ROS 官网 (https://robots.ros.org)，可以按类别或次序查询 ROS 支持的智能机器人信息，涵盖了空中 (Aerial)、地面 (Ground)、操控 (Manipulator)、海洋 (Marine) 等领域。

1.2.2 ROS 的版本迭代与 Linux 支撑

自 2010 年以来，ROS 的发行版本 (ROS Distribution) 已经过数次迭代。推出 ROS 发行版本的目的在于使开发人员可以使用相对稳定的代码库，直到其准备好将所有内容进行版本升级为止。因此，每个发行版本推出后，ROS 开发者通常仅对这一版本的 bug 进行修复，同时提供少量针对核心软件包的改进。ROS 主要发行版本的版本名称、发布时间与版本生命周期如表 1.1 所示。

表 1.1 ROS 主要发布版本的相关信息

版本名称	发布时间	版本生命周期	操作系统平台
ROS Noetic Ninjemys	2020.5	2025.5	Ubuntu 20.04
ROS Melodic Morenia	2018.5.23	2023.5	Ubuntu 17.10/Ubuntu 18.04/Debian 9/Windows 10
ROS Lunar Loggerhead	2017.5.23	2019.5	Ubuntu 16.04/Ubuntu 16.10/Ubuntu 17.04/Debian 9
ROS Kinetic Kame	2016.5.23	2021.4	Ubuntu 15.10/Ubuntu 16.04/Debian 8
ROS Jade Turtle	2015.5.23	2017.5	Ubuntu 14.04/Ubuntu 14.10/Ubuntu 15.04
ROS Indigo Igloo	2014.7.22	2019.4	Ubuntu 13.04/Ubuntu 14.04
ROS Hydro Medusa	2013.9.4	2015.5	Ubuntu 12.04/Ubuntu 12.10/Ubuntu 13.04
ROS Groovy Galapagos	2012.12.31	2014.7	Ubuntu 11.10/Ubuntu 12.04/Ubuntu 12.10
ROS Fuerte Turtle	2012.4.23	—	Ubuntu 10.04/Ubuntu 11.10/Ubuntu 12.04
ROS Electric Emys	2011.8.30	—	Ubuntu 10.04/Ubuntu 10.10/Ubuntu 11.04/Ubuntu 11.10
ROS Diamondback	2011.3.2	—	Ubuntu 10.04/Ubuntu 10.10/Ubuntu 11.04
ROS C Turtle	2010.8.2	—	Ubuntu 9.04/Ubuntu 9.10/Ubuntu 10.04/Ubuntu 10.10
ROS Box Turtle	2010.3.2	—	Ubuntu 8.04/Ubuntu 9.04/Ubuntu 9.10/Ubuntu 10.04

1.3 Ubuntu 虚拟机安装及配置

ROS 机器人操作系统可以安装在 Ubuntu、Linux、Windows、OS X、Raspbian 等操作系统中，但由于部分操作系统提供的指南不完整，或者仅安装了可用软件包的一部分，因此 ROS 通常安装在 Ubuntu 操作系统上。

1.3.1 VMware 虚拟机的安装及配置

本节在 VMware 虚拟机上安装 Ubuntu 20.04，VMware 虚拟机可以在主系统平台上运行多个操作系统，而且每个操作系统都可以进行虚拟的分区、配置而不影响真实硬盘的数据。这里选择 VMware Workstation 14 pro 版本。

在 VMware 官网下载对应版本的虚拟机之后，需要对 VMware 虚拟机进行配置。首先需要创建新的虚拟机，在弹出的“新建虚拟机向导”对话框选择自定义的配置类型，再选择默认的虚拟机硬件兼容性。然后，选择安装来源，可以选择“安装程序光盘映像文件”选项，再选择下载的 Ubuntu 镜像。VMware 可以自主进行简易安装，从而简化很多配置，包括不需要手动分区等。但安装完成后是英文版的，某些系统配置仍然需要手动操作。这里选择“稍后安装操作系统”选项，先建立虚拟机，再手动引导安装系统。根据要安装的系统选择“客户机操作系统”选项，并在此选择“Linux”和“Ubuntu 64 位”选项，如图 1.2 所示。

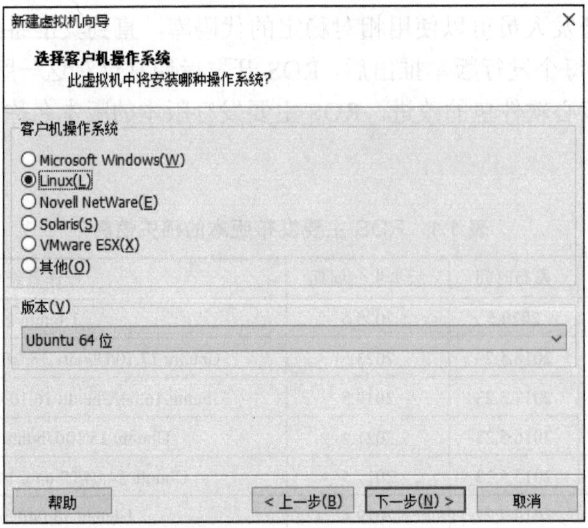

图 1.2　客户机操作系统显示界面

在上述安装过程完成后，进入命名虚拟机的步骤，需要命名虚拟机名称并选择安装位置。然后，进行处理器配置的选择，“处理器数量”、“每个处理器的内核数量”和“处理器内核总数”都选择“1”。指定分配给虚拟机的内存量，内存的大小必须是 4MB 的倍数，本节分配 8GB 内存。接下来配置网络的连接方式，选择“使用网络地址转换”选项。在选择 I/O 控制器类型“LST Logic”时，选择虚拟磁盘类型“SCSI”。

新建虚拟机向导进入磁盘选择，选择“创建新虚拟磁盘”选项，然后从硬盘中划出 20GB 的区域分配当前的磁盘，选择“立即分配所有磁盘空间”和“将虚拟磁盘存储为单个文件”选项，可以建立一个容量为 20GB 的磁盘空间。然后，需要建立一个文件占用磁盘空间，接着单击“完成”按钮，等待虚拟机的创建，如图 1.3 所示。

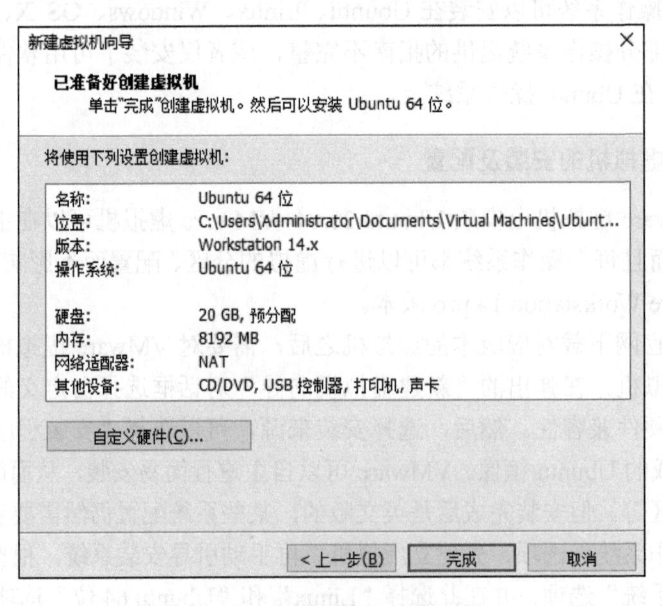

图 1.3　等待虚拟机创建界面

1.3.2 Ubuntu 20.04 的安装及配置

在安装 Ubuntu 20.04 之前，下载 Ubuntu 系统的镜像文件，这里采用 Ubuntu-20.04.3-desktop-amd64。打开“虚拟机设置”菜单项，选择“硬件”选项，在设置中配置“使用 ISO 映像文件”。然后，选择“启动”→“打开电源时进入固件”选项，进入 BIOS 进行配置，将 Legacy Diskette A 和 Legacy Diskette B 改为 Disabled。继续在 BIOS 界面进行设置，进入 Advanced，再进入 I/O Device Configuration，将其中的所有选项改为 Disabled。进入 Boot 选项中，用“+”键将 CD-ROM Drive 移到最上方，如图 1.4 所示。完成上述步骤之后保存并退出，开始安装 Ubuntu 20.04 系统。

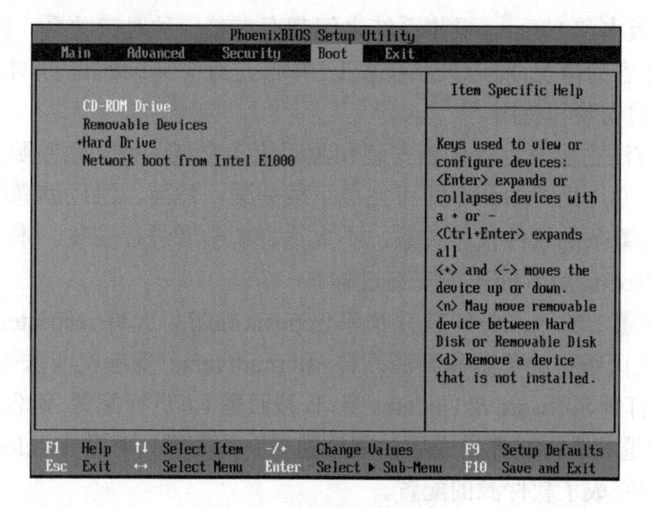

图 1.4 BIOS 配置界面

安装 Ubuntu 20.04 首先需要进行语言的选择，选择中文(简体)，键盘布局选择默认项，即英语(美国)。接下来进行更新和其他软件设置，选择“最小安装”选项并选择其他选项

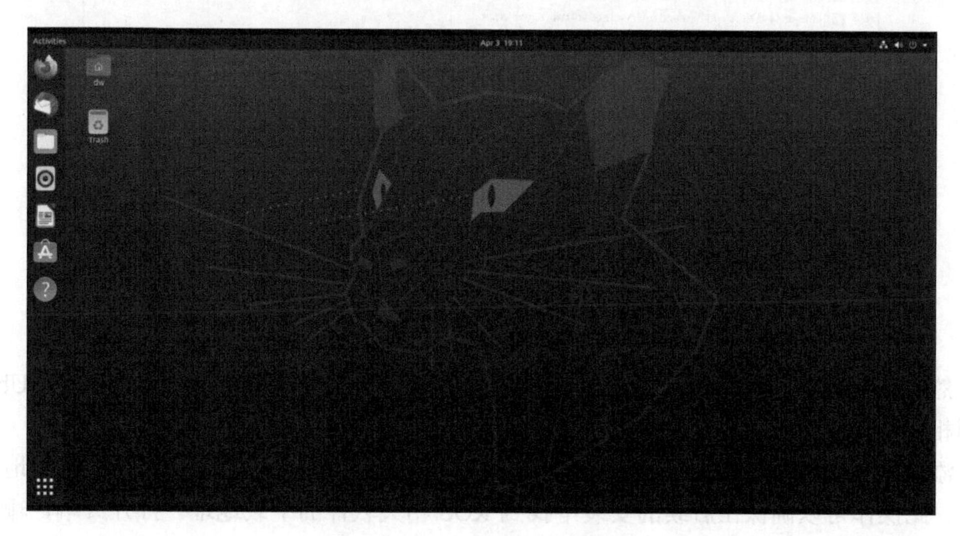

图 1.5 Ubuntu 安装完成的界面

中的“为图形或无线硬件，以及其他媒体格式安装第三方软件”选项。由于安装的是虚拟机，相当于有一个独立的磁盘安装 Ubuntu 系统，因此在安装类型设置中选择“清除整个磁盘空间并安装 Ubuntu”选项，并在弹出的窗口中选择“继续”选项，安装的地点选择默认的“上海”即可。设置用户名和密码，出现安装界面之后耐心等待安装完成。安装完成之后会弹出安装完成界面，如图 1.5 所示。

1.4 ROS 的安装及配置

1.4.1 使用软件库安装 ROS

每一个 ROS 版本和 Ubuntu 操作系统之间都存在着一种对应关系，即不同版本的 ROS 之间会存在互不兼容的情况，对应关系在表 1.1 中已进行了详细的说明。本节以 Ubuntu 20.04 为例，演示 ROS 的安装和使用。

ROS 的安装方法主要分为软件源安装和源码编译安装两种。软件源为系统提供了巨大的应用程序仓库，通过简单的命令即可完成下载安装。然而，源码编译的方法相对比较复杂，需要手动解决繁杂的软件依赖关系，不太适合初学者进行安装。本节选择软件源安装方式，给出 ROS Noetic 版本的详细安装过程。

首先，需要配置 Ubuntu 20.04 软件仓库(repositories)以允许 restricted(设备的专有驱动程序)、universe(社区维护的免费和开源软件)和 multiverse(受版权或法律问题限制的软件)这三种安装模式。打开 Software & Updates 窗口，按照图 1.6 进行配置，确保 restricted、universe 和 multiverse 是勾选状态，配置完成后关闭该窗口。关闭窗口时单击 reload(加载)按钮，然后等待加载好，即完成了软件源的配置。

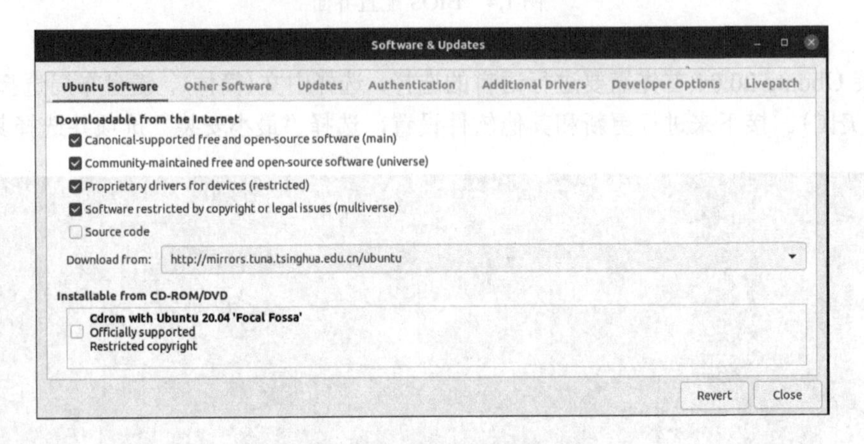

图 1.6 Ubuntu 系统设置软件源

然后，对 ROS 进行安装(方便起见，可以前往 https://wiki.ros.org/noetic/Installation/Ubuntu 复制相应的指令)。

添加 ROS 软件源地址到 sources.list 文件中，该文件是 Ubuntu 系统保存软件源地址的文件，此操作可以确保在后续的安装中找到 ROS 相关软件的下载地址。打开终端，输入以下命令：

```
$ sudo sh -c 'echo "deb http://packages.ros.org/ros/ubuntu $(lsb_release -sc) main" >/etc/apt/sources.list.d/ros-latest.list'
```

设置 keys:

```
$ sudo apt install curl # if you haven't already installed curl
$ curl -s https://raw.githubusercontent.com/ros/rosdistro/master/ros.asc | sudo apt-key add –
```

完成 sources.list 配置之后，可以开始 ROS 的安装。需要更新软件源，确保 Debian 软件包索引是最新的，使用如下命令：

```
$ sudo apt-get update
```

在 ROS 中有很多不同的库和工具，ROS 为用户提供了四种默认的配置，也可以单独安装 ROS 包。在四种版本中选择一种安装即可，这里建议安装桌面完整版。

(1) 桌面完整版：包含 ROS、rqt、rviz、机器人通用函数库、2D/3D 模拟器、导航以及 2D/3D 感知。

```
$ sudo apt install ros-noetic-desktop-full
```

(2) 桌面版：包含 ROS、rqt、rviz 以及机器人通用函数库。

```
$ sudo apt install ros-noetic-desktop
```

(3) 基础版：包含 ROS 核心软件包、构建工具以及通信相关的程序库，无 GUI 工具。

```
$ sudo apt install ros-noetic-ros-base
```

(4) 单个软件包：可以安装某个指定的 ROS 软件包(使用软件包名称替换掉下面的 PACKAGE)。

```
$ sudo apt install ros-noetic-PACKAGE
```

安装完成后，可以用下面的命令查看可使用的包：

```
$ apt search ros-noetic
```

到目前为止，ROS 已经安装完成，但在使用之前还需要进行初始化和配置。

1.4.2 ROS 初始化及环境配置

ROS 安装到计算机之后，默认在/opt 路径下。后续由于会频繁使用终端输入 ROS 命令，在使用之前还需要对环境变量进行设置。如果每次打开一个新的终端时 ROS 环境变量都能够自动配置好(即添加到 bash 会话中)，操作便捷性将大幅提高。使用如下命令对 ROS 环境进行配置：

```
$ echo "source /opt/ros/noetic/setup.bash" >> ~/.bashrc
$ source ~/.bashrc
```

如果安装有多个 ROS 版本，~/.bashrc 只能 source 当前使用版本所对应的 setup.bash。如果只想改变当前终端下的环境变量，可以执行以下命令：

```
$ source /opt/ros/noetic/setup.bash
```

如果使用 zsh 替换其中的 bash，可以用以下命令来设置 shell：

```
$ echo "source /opt/ros/noetic/setup.zsh" >> ~/.zshrc
$ source ~/.zshrc
```

1.4.3　安装依赖文件

到目前为止，已经安装了运行核心 ROS 包所需的内容。为了创建和管理 ROS 工作区，可以使用命令行工具。rosinstall 是一个经常使用的命令行工具，能够以一个命令下载许多 ROS 包的源树。安装该工具和其他构建 ROS 包的依赖项，需要运行如下命令：

```
$ sudo apt install python3-rosdep python3-rosinstall python3-rosinstall-generator python3-wstool build-essential
```

1.4.4　初始化配置

在开始使用 ROS 之前，需要初始化 rosdep。rosdep 可以方便地在需要编译某些源码时为其安装一些系统依赖，同时也是某些 ROS 核心功能组件所必须用到的工具。

安装 rosdep：

```
$ sudo apt install python3-rosdep
```

初始化 rosdep：

```
$ sudo rosdep init
$ rosdep update
```

到目前为止，已经完成了 ROS 的所有安装，可以测试是否已安装成功。

打开终端并输入 roscore 命令，如果能够显示图 1.7 的结果，说明 ROS 已经成功地在计算机上运行起来了。

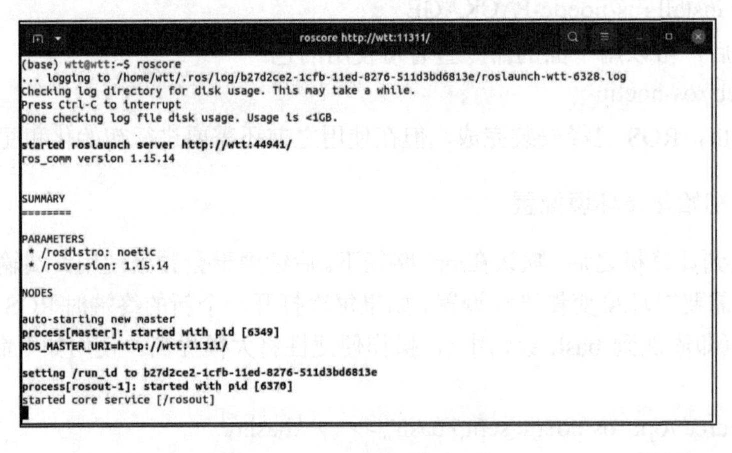

图 1.7　ROS 成功运行界面

1.5　ROS2 简介及选择 ROS1 的原因

当前常用的 ROS Kinetic、ROS Melodic 和 ROS Noetic 等都是 1.0 时代的 ROS。伴随着机器人技术的快速发展，ROS 得到了广泛的推广和应用，开发者和研究机构针对 ROS 的局限性进行了改良，但这些局部功能的改善很难带来整体性能的提升。2017 年 12 月，ROS2 推出首个正式版本“Ardent Apalone”，代号为“ardent”，集成了众多新技术和新概念，在系统架构上发生了很大改变。

相比ROS1，ROS2的设计目标更加丰富：

(1)支持多机器人系统。ROS2增加了对多机器人系统的支持，提高了多机器人之间通信的网络性能。

(2)消除原型与产品之间的鸿沟。ROS2不仅针对科研领域，还关注机器人从研究到应用之间的过渡，让更多机器人直接搭载ROS2系统走向市场。

(3)支持微控制器。ROS2不仅可以运行在现有的x86和ARM系统上，还将支持嵌入式微控制器，比如常用的ARM-M4、M7内核。

(4)支持实时控制。ROS2加入了实时控制的支持，可以提高控制的时效性和机器人的整体性能。

(5)跨系统平台支持。ROS2不仅能运行在Linux系统之上，还增加了对Windows、MacOS、RTOS等操作系统的支持。

ROS1和ROS2之间的区别主要体现在以下几方面。

1)系统架构

ROS1和ROS2的系统架构及区别如图1.8所示。ROS1构建于Linux系统之上，主要支持Ubuntu操作系统。ROS2采用全新的架构，底层基于DDS通信机制，支持实时性、嵌入式、分布式、多操作系统。

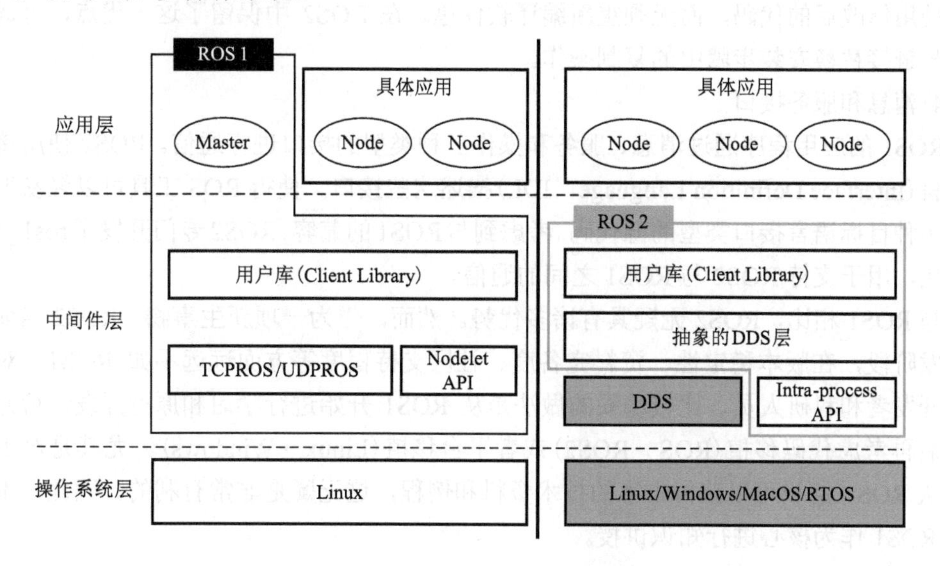

图1.8 ROS1和ROS2的系统架构对比

ROS1最重要的概念是“节点”，基于发布/订阅模型的节点使用，可以让开发者并行开发低耦合的功能模块，并且便于二次复用。因此，ROS1的通信系统基于TCPROS/UDPROS，依赖于master主节点的处理。ROS2的通信系统是基于数据分发服务(Data Distribution Service，DDS)的，采用了新的发布/订阅模型，取消了主节点，并且提供了DDS的抽象层实现，使用户可以不关注底层DDS对API的调用。DDS是对象管理组织OMG(Object Management Group)为实时系统设计的数据分发/订阅标准，其技术基础是以数据为核心的发布/订阅模型(Data-Centric Publish-Subscribe，DCPS)，创建了一个“全局数据空间”(Global Data Space)的概念，所有独立的应用都可以去访问。在 DDS 中，每一个发布者或者订阅者都成为参与者，每一个参与者都可以使用某种事先定义的数据类型读写全局数据空间。

2)编程语言

ROS1 的核心是针对 C++03，并没有在其 API 中使用 C++11 功能。ROS2 广泛使用 C++11，并使用 C++14 的某些部分。

ROS1 针对 Python 2，ROS2 至少需要 Python 3.5 版本。

3)编译系统

ROS2 采用了新的元编译系统 ament，用该系统构建组成应用程序的多个独立功能包，它是 ROS1 中 catkin 编译系统进一步演化的版本。ROS1 可以在单个 CMake 上下文中构建多个包，需要每个包都确保正确定义交叉包目标依赖关系，而且所有软件包共享相同的命名空间容易导致目标名称冲突。ROS2 仅支持隔离的构建，即每个包都是独立构建的，安装空间可以是隔离的或合并的。

ROS1 可以在不安装包的情况下构建包，ROS2 则必须先安装软件包才能使用它。ROS1 使用开发空间的一个原因是使开发人员能够更改文件(例如，Python 代码或启动文件)，并直接使用修改后的代码，而无须重新编译软件包。在 ROS2 中保留了这一优点，可选择使用符号链接替换安装步骤中的复制操作。

4)消息和服务接口

ROS1 的应用程序通过消息、服务和操作三种类型的接口进行通信。ROS2 使用接口定义语言(Interface Definition Language，IDL)描述这些接口，使得 ROS 工具可以轻易地自动生成多种目标语言接口类型的源代码。考虑到与 ROS1 的兼容，ROS2 专门开发了 ros1_bridge 功能包，用于支持 ROS2 与 ROS1 之间的通信。

与 ROS1 相比，ROS2 无疑具有诸多优势。然而，作为一项新生事物，ROS2 当前仍处于开发阶段，在版本稳定性、资料完备度、社区支持程度等方面远远不如 ROS1。对于机器人开发者和科研人员，比较稳妥的做法是从 ROS1 开始进行学习和原型开发，待开发成熟之后再考虑代码移植(ROS→ROS2)或者平台移植(Linux→Windows)。尤其是对于初学者，从 ROS1 起步可以获得丰富的技术资料和例程，这无疑是非常有利的。因此，本书仍然以 ROS1 作为核心进行知识讲授。

习　题

1-1　ROS 版本与计算机操作系统版本之间的对应关系是怎样的?

1-2　Ubuntu 虚拟机的安装及配置过程，有哪些注意事项?

1-3　ROS 需要哪些依赖文件和初始化配置?

1-4　ROS2 与 ROS1 的主要区别有哪些? 试结合系统架构进行说明。

第2章　ROS基本概念及常见命令

本章主要介绍ROS基本概念与ROS常见命令。ROS系统架构可以分为三个级别：文件系统级、计算图级和开源社区级。除了这三个级别的概念之外，ROS还定义了两种类型的名称：计算图源名称和功能包源名称。

2.1　ROS文件系统级

ROS文件系统级结构如图2.1所示。文件系统级是可以在硬盘直接查看的ROS目录和文件，主要包括以下内容。

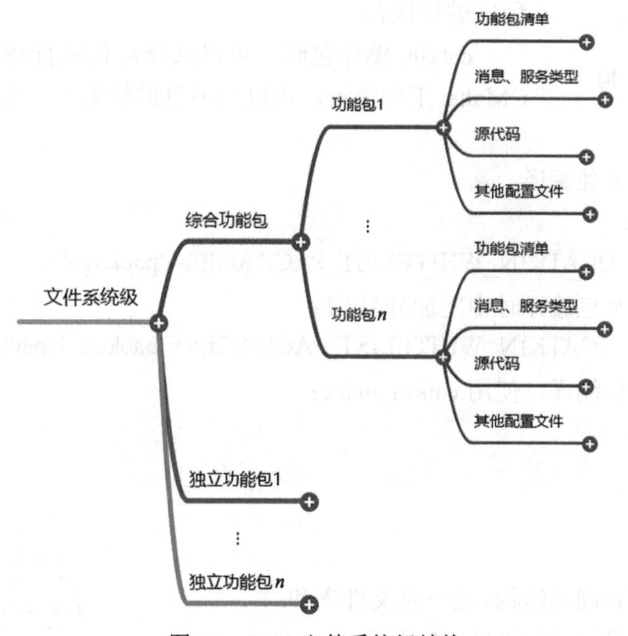

图2.1　ROS文件系统级结构

(1)功能包(Package)：包含ROS运行进程(节点)、依赖于ROS的库、数据集、配置文件、第三方软件或有用模块，在ROS中，是组织软件的主要单元和ROS系统的最小单元。

(2)综合功能包(Metapackage)：一种特殊的功能包，表示一类功能相似的功能包集合。

(3)功能包清单(Package Manifest)：功能包清单package.xml是一个xml格式的文件，提供关于功能包的元数据，包括名称、版本、描述、许可信息、依赖关系和其他元信息的说明。

(4)综合功能包清单(Metapackage Manifest)：与功能包清单类似，也是一个xml格式的文件，说明了综合功能包的相关信息，包括版本信息和依赖的其他功能包集合。

(5)消息类型(Message(msg) Type)：在ROS系统中有多种标准消息类型，定义了在

ROS 中发送的消息的数据结构，并且消息描述说明存储在对应功能包的 msg 文件夹下。

(6)服务类型(Service(srv) Type)：服务描述，保存在对应功能包的 srv 文件夹下，定义了每个进程提供的关于服务请求和响应的数据结构。

2.1.1 工作空间

如图 2.2 所示，工作空间是指包含功能包、可编辑源文件或者编译包的文件夹，主要内容如下。

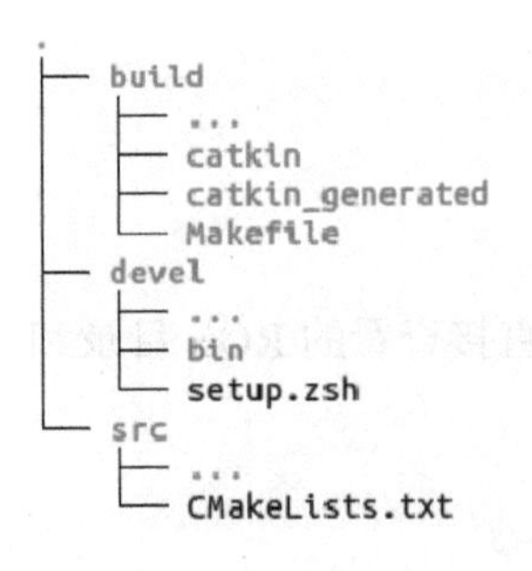

图 2.2 工作空间结构

(1)源文件空间(src 文件夹)：功能包、项目、克隆包等被放置在源文件空间(src 文件夹)。CMakeLists.txt 是该空间中最重要的文件，在编译时通过 CMakeLists.txt 调用 CMake。

(2)编译空间(build 文件夹)：保存功能包和项目编译过程中的缓存信息、配置和其他中间文件。

(3)开发空间(devel 文件夹)：devel 文件夹用来对编译后的程序进行保存。

catkin 编译包时，可以选择对包进行逐一编译，这是标准 CMake 工作流程，可以对多包进行编译，也可以选择对所有包一起进行编译。

对一个包进行单独编译：

```
$ cd workspace
$ catkin_make -DCATKIN_WHITELIST_PACKAGES="package"
```

对两个或者多个包编译时中间加分号(;)：

```
$ catkin_make -DCATKIN_WHITELIST_PACKAGES="package1;package2"
```

若对所有包进行编译，使用 catkin_make：

```
$ cd workspace
$ catkin_make
```

2.1.2 功能包

功能包有一个共同的结构，是一种文件夹和文件组合。功能包目录结构如图 2.3 所示。

- bin/ 保存可执行文件的空间。
- msg/ 用于存储开发的非标准消息类型。
- include/package_name/ 目录包含各种库的头文件。
- scripts/ 包括 Bash、Python 或任何其他脚本的可执行脚本文件。
- src/ 用于存储程序源文件。
- srv/ 用于存储开发的服务类型。
- CMakeLists.txt 是 CMake 的生成文件。

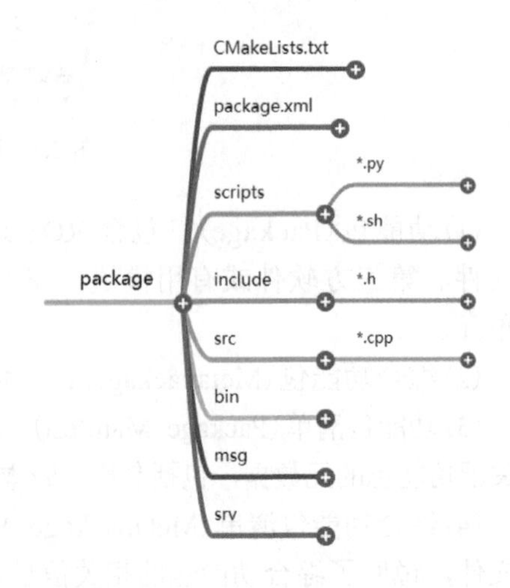

图 2.3 功能包目录结构

在包集里新建 C++文件、msg 文件、srv 文件时，需要修改 CMakeLists.txt。在包集里新建 Python 文件时，不需要修改 CMakeLists.txt。

- package.xml 是功能包清单文件，包括名字<name>、版本号<version>、功能描述<description>、许可信息<license>、依赖关系等。功能包中必须有 package.xml 文件，如果在某文件夹内包含此文件，该文件夹可能是一个功能包。

ROS 提供如下工具来创建、修改或使用功能包，实现各种文件操作：

- rospack 用于获得信息或者查找工作空间。
- catkin_create_pkg 用于创建新的功能包。
- catkin_make 用于编译工作空间。
- rosdep 用于安装功能包的系统依赖项。
- rqt_dep 用于查看功能包的依赖关系图。

2.1.3　综合功能包

综合功能包不安装文件，不包含任何测试、代码、文件或通常在功能包中找到的其他项，每个综合功能包都有一个 package.xml 文件，如图 2.4 所示，主要用来引用其他功能特性类似的功能包。package.xml 文件是综合功能包清单，其显示内容如图 2.5 所示。在综合功能包清单中可以看到名称、版本、描述和依赖关系等信息。

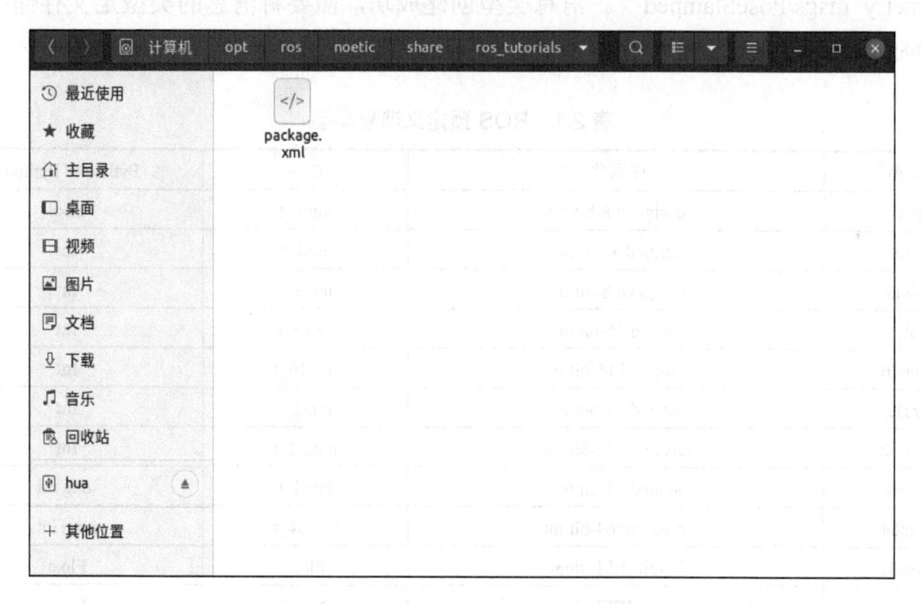

图 2.4　综合功能包

如果想找到某一综合功能包，可以使用以下命令进行查找：

```
$ rosstack find packageName
```

运行成功后会显示综合功能包的所在路径。

2.1.4　消息类型

ROS 使用简化的消息类型描述语言来描述节点发布的数据值。

```xml
<?xml version="1.0"?>
<package>
  <name>ros_tutorials</name>
  <version>0.10.2</version>
  <description>
    ros_tutorials contains packages that demonstrate various features of ROS,
    as well as support packages which help demonstrate those features.
  </description>
  <maintainer email="dthomas@osrfoundation.org">Dirk Thomas</maintainer>
  <license>BSD</license>

  <url type="website">http://www.ros.org/wiki/ros_tutorials</url>
  <url type="bugtracker">https://github.com/ros/ros_tutorials/issues</url>
  <url type="repository">https://github.com/ros/ros_tutorials</url>
  <author>Josh Faust</author>
  <author>Ken Conley</author>

  <buildtool_depend>catkin</buildtool_depend>

  <run_depend>roscpp_tutorials</run_depend>
  <run_depend>rospy_tutorials</run_depend>
  <run_depend>turtlesim</run_depend>

  <export>
    <metapackage/>
  </export>
</package>
```

名称
版本
描述
依赖关系

图 2.5　综合功能包清单内容示例

ROS 有许多预定义消息类型，如表 2.1 所示。此外，也可以自行定义消息描述，如“geometry_msgs/PoseStamped”。消息类型创建成功，需要将消息的类型定义存储在功能包的 msg 文件夹下。

表 2.1　ROS 预定义消息类型

原始类型	序列化	C++	Python2 / Python3
Bool	unsigned 8-bit int	uint8_t	Bool
int8	signed 8-bit int	int8_t	Int
uint8	unsigned 8-bit int	uint8_t	Int
int16	signed 16-bit int	int16_t	Int
uint16	unsigned 16-bit int	uint16_t	Int
int32	signed 32-bit int	int32_t	Int
uint32	unsigned 32-bit int	uint32_t	Int
int64	signed 64-bit int	int64_t	long int
uint64	unsigned 64-bit int	uint64_t	long int
float32	32-bit IEEE float	Float	Float
float64	64-bit IEEE float	Double	Float
String	ascii string	std::string	str bytes
Time	secs/nsecs unsigned 32-bit ints	ros::Time	rospy.Time
Duration	secs/nsecs signed 32-bit ints	ros::Duration	rospy.Duration

消息类型有两个主要部分：字段和常量。字段定义消息中传输的数据类型，常量定义字段的名称。每个字段由一个类型和一个名称组成，以空格分隔，如 string name。另外，字段名称只能使用字母、数字和下划线，并且只能以字母开头。

报文头(Header)：ROS 消息中的一种特殊数据类型，主要用于添加时间戳、坐标位置等。Header 不是内置类型(在 std_msgs/msg/Header.msg 中定义)，但是 Header 是常用的消息类型，并且具有特殊的语义。

报文头类型可包含以下内容：uint32 seq、 time stamp、string frame_id。

在 ROS 中有一些处理消息的工具，如 rosmsg 命令行工具。

可以通过以下命令查看消息的报文头结构：

```
$ rosmsg show std_msgs/Header
```

注意：在构建自己的消息类型时，不能使用内置类型或报文头的名称。

2.1.5　服务类型

ROS 使用一种简化的服务描述语言来描述 ROS 的服务类型。这直接借鉴了 ROS 消息的数据格式，以实现节点之间的请求/响应通信。服务的描述存储在功能包的 srv/子目录.srv 文件中，服务类型由简化的服务描述语言来描述。通过使用功能包的名称和服务名称来实现服务的调用。例如，robot_ package1/srv/robot.srv 文件，可以称为 robot_package1/robot 服务。

服务关联一个功能包中的.srv 文件，此文件的名称即服务类型。服务允许节点发送请求(request)并获得响应(response)。

srv 文件类似 msg 文件，它包含请求和响应两部分，这两部分用“---”分开：

```
int64 A
int64 B
---
int64 Sum
```

此语句的含义为发出请求 A 和 B，然后响应(回应)两个请求的和 Sum。

2.2　ROS 计算图级

计算图是 ROS 在点对点网络里整合并处理数据的过程。ROS 可以创建一个与所有进程连接的网络，并且这个网络可以被系统中任意节点访问。系统中任何节点可以通过该网络与其他节点进行交互，获取它们发布的信息及发布自身数据。这些数据的传递将通过节点、节点管理器、话题、服务等来实现。

ROS 计算图级结构如图 2.6 所示，节点、节点管理器、参数服务器、消息、话题、服务和消息记录包形成这一层级的主要内容，通过各自的方式向计算图级提供数据。

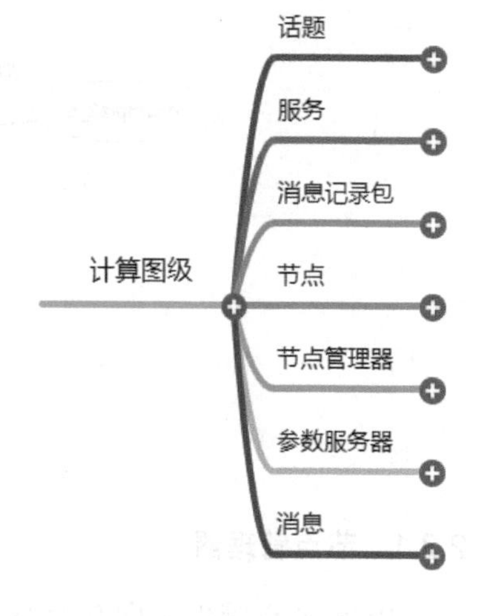

图 2.6　ROS 计算图级结构

(1) 节点(Node)：主要的计算执行进程，节点需要使用 ROS 的客户端库(如 roscpp、rospy)进行编写。节点是 ROS 模块化设计的基础，如一个机器人控制系统由很多节点组成。一个节点控制电机，一个节点执行定位，一个节点执行路径规划，一个节点提供系统图形界面等。上述的节点都需要使用 ROS 网络与其他节点通信。

(2) 节点管理器(Master)：用于节点的名称注册和查

找等。ROS 的基本目标是使多个节点的运行实例能够同时运行。没有节点管理器，节点将不能相互查找，无法实现消息交换和服务调用。

(3) 参数服务器(Parameter Server)：通过使用参数可以在运行时改变或配置节点的工作任务，数据可以通过一个在中心位置的关键词来存储，参数服务器是节点管理器的一部分。

(4) 消息(Message)：节点通过传递消息完成彼此的沟通。一个消息是由类型域构成的数据结构，消息支持标准的原始数据类型，也支持包含任何嵌套的结构和数组，类似于 C 语言的结构体。

(5) 话题(Topic)：消息通过具有发布/订阅语义的传输系统进行路由。节点通过将消息发布到给定话题来发送消息，话题用于标识消息内容的名称，对某种数据感兴趣的节点会订阅相应的话题。单个话题可能有多个发布者或订阅者，并且单个节点可以发布或订阅多个话题。一般地，发布者和订阅者不知道彼此的存在。从逻辑上讲，可以将话题视为强类型消息总线，每条总线都有一个名称，只要类型正确，任何节点都可以连接到总线以发送或接收消息。由于话题是用于识别消息内容的名称，因此话题名称必须唯一，否则消息路由时会发生错误。

(6) 服务(Service)：可以允许直接与某个节点进行交互。话题的发布与订阅是一种多对多和单向传输的交互方式，并不能适用于请求与回复的交互方式，请求与回复的交互方式需要服务来进行。一个节点提供了某种名称的服务，另一个节点通过发送请求信息并等待响应来使用服务。与话题一样，服务也必须有一个唯一的名称。

(7) 消息记录包(Bag)：用来保存和回放 ROS 消息数据的文件格式。消息记录包是存储和检索数据的重要机制，可获取以及记录难以收集的传感器数据，在测试和改进算法时使用。

图 2.7 使用 rqt 工具(具体介绍与使用见 4.2 节)展示了计算图级的部分内容，其中椭圆中/example2_a、/example2_b 是正在运行的节点，/pass_server 是服务端节点，有向箭头从发布节点指向订阅节点，有向箭头上的内容如/chatter 是节点发布/订阅的话题。所有箭头都指向/rosout 节点，/rosout 相当于标准的 stdout/stderr，用于收集和记录节点调试输出信息。

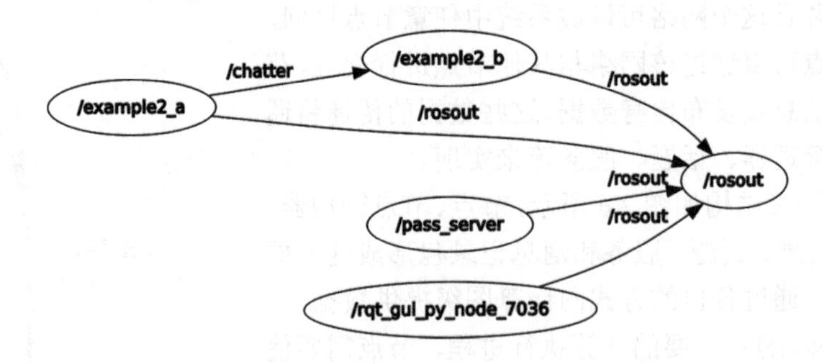

图 2.7　计算图级图形化显示

2.2.1　节点管理器

ROS 节点管理器向其他节点提供命名和注册服务，并跟踪话题的发布者和订阅者。ROS 节点管理器使得 ROS 中的节点能够相互查找，并建立通信。一旦这些节点相互建立通信，它们就会相互进行对等通信，不需要再经过节点管理器。节点管理器的功能如图 2.8 所示。

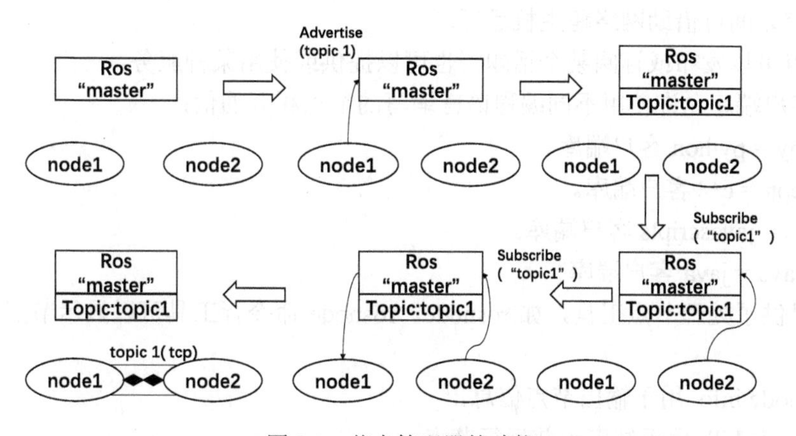

图 2.8　节点管理器的功能

在运行所有 ROS 程序之前，首先要运行 roscore 命令，启动节点管理器，运行结果如图 2.9 所示。

```
$ roscore
```

```
learner@learner:~$  roscore
... logging to /home/learner/.ros/log/09b17eb8-bd67-11ec-8889-1566a715d396/rosla
unch-learner-11474.log
Checking log directory for disk usage. This may take a while.
Press Ctrl-C to interrupt
Done checking log file disk usage. Usage is <1GB.

started roslaunch server http://learner:42689/
ros_comm version 1.15.14


SUMMARY
========

PARAMETERS
 * /rosdistro: noetic
 * /rosversion: 1.15.14

NODES

auto-starting new master
process[master]: started with pid [11484]
ROS_MASTER_URI=http://learner:11311/

setting /run_id to 09b17eb8-bd67-11ec-8889-1566a715d396
process[rosout-1]: started with pid [11494]
started core service [/rosout]
```

图 2.9　roscore 命令运行界面

2.2.2　节点

每个节点是独立的可执行文件，通过话题、参数服务器或者服务和其他节点进行连接通信。

ROS 节点的特点如下：

(1) 将整个工程(Project)模块化，每个节点即一个模块。

(2) 每个节点都可以单独维护。

(3) 每个节点有唯一的名字。

(4) 节点之间可借助网络跨主机运行。

(5) 节点可以发布或订阅某个话题，也可以提供或使用某种服务。

ROS 客户端库允许使用不同编程语言编写的节点相互通信：

- rospy = python 客户端库。
- roscpp = c++客户端库。
- rosjs = javascripts 客户端库。
- rosjava = java 客户端库。

ROS 提供了处理节点工具，如 rosnode。rosnode 命令行工具可以显示节点信息，常见命令如下：

- rosnode info 用于输出节点信息。
- rosnode kill 用于结束当前运行节点。
- rosnode list 用于列出活动节点。
- rosnode machine 用于列出特定机器名称或列出机器上运行的节点名称。
- rosnode ping 用于测试节点间的连通性。
- rosnode cleanup 用于清除无法访问节点的注册信息。

ROS 节点可以在启动该节点时更改参数，如改变节点名称、话题名称以及参数名称。

在启动 roscore 之后，打开一个新的终端，使用 rosnode 查看正在运行的进程。

当打开一个新的终端时，运行环境会复位，同时～/.bashrc 文件会复原。如果在运行类似 rosnode 的指令时出现问题，可能是因为缺少相应的环境设置文件，需要添加环境设置文件到～/.bashrc 或者手动重新配置。

尝试运行以下命令：

```
$ rosnode list
```

显示结果如图 2.10 所示。

```
learner@learner:~$ rosnode list
/rosout
learner@learner:~$ _
```

图 2.10 节点清单界面

图 2.10 表示只有一个节点在运行：rosout。

接下来使用 rosrun 命令，运行某个包内的一个节点：

```
$ rosrun [package_name] [node-name]
```

rosrun 可以运行一个单独节点，如果要运行多个节点，则需要多次运行 rosrun 命令。

其中，node-name 不能使用系统保留的关键字名称，系统保留的关键字名称如下：

- _name: 节点名称保留的一个特殊关键字。
- _log: 记录节点中日志文件存储地址保留的关键字。
- _ip 和_hostname: 替代 ROS_IP 和 ROS_HOSTNAME 的关键字。

- master: 替代 ROS_MASTER_URI 的关键字。
- _ns: 替代 ROS_NAMESPACE 的关键字。

2.2.3 话题

话题是节点间进行数据传输的总线，使用话题可以使消息路由。节点间发布和订阅话题过程如图 2.11 所示，一个话题可以有多个订阅者，也可以有多个发布者。节点在订阅话题时，必须具有与话题相同的消息类型，ROS 话题可以使用 TCP/IP 和 UDP 传输，订阅话题不需要经过节点管理器。

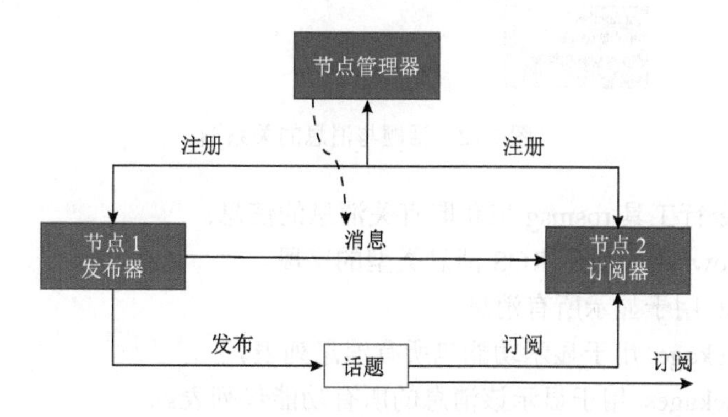

图 2.11 发布和订阅话题过程

在 ROS 中，rostopic 工具用于话题相关操作：

- rostopic bw 用于显示话题使用的带宽。
- rostopic delay 用于显示话题的延迟。
- rostopic echo 用于将消息输出到屏幕。
- rostopic find 用于按照类型查找话题。
- rostopic hz 用于显示话题发布率。
- rostopic info 用于输出活动话题的信息。
- rostopic list 用于输出活动话题列表。
- rostopic pub 用于发布数据到话题。
- rostopic type 用于输出话题的类型。

2.2.4 消息

节点通过特定话题发布消息，进而将数据发到另一个节点；与服务不同，消息不需要得到应答。

消息是直接从发布节点传递到订阅节点，中间并不经过节点管理器转交。当一个节点需要分享信息时，它就会发布(Publish)消息到对应的一个或者多个话题；当一个节点准备接收信息时，就会订阅(Subscribe)它所需要的一个或者多个话题。

消息具有一定的类型和数据结构，消息类型在 ROS 中是按照标准命名方式进行约定的：功能包名称/.msg 文件名称。话题与消息的关系如图 2.12 所示，节点之间通过消息进行通信，其实传递的是话题的数据结构。

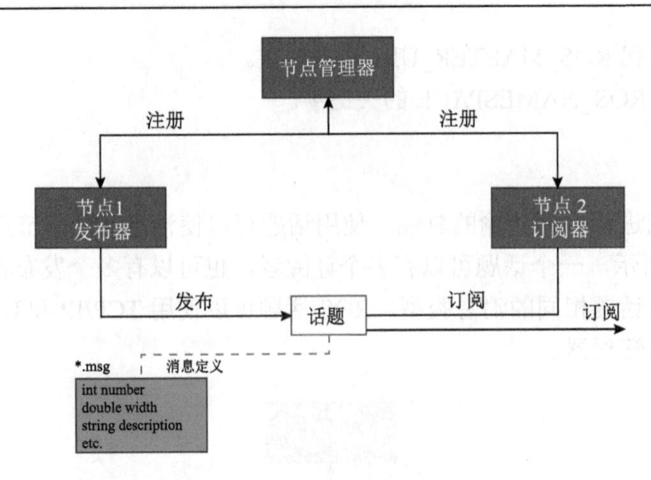

图 2.12 话题与消息的关系图

ROS 使用命令行工具 rosmsg 来获取有关消息的信息：

- rosmsg show 用于显示 ROS 消息类型的字段。
- rosmsg list 用于显示所有消息。
- rosmsg package 用于显示功能包所有消息列表。
- rosmsg packages 用于显示该消息的所有功能包列表。
- rosmsg users 用于搜索使用该消息类型的代码文件。
- rosmsg md5 用于显示消息 MD5 的求和。

2.2.5 消息记录包

消息记录包使用 .bag 格式保存消息、话题、服务和其他 ROS 数据信息。消息记录包在 ROS 中发挥着重要作用，ROS 具备各种工具来存储、处理、分析和可视化消息记录包。

记录包文件可以在相同时间向话题发送相同数据：

- rosbag record 用于录制指定话题的内容。
- rosbag info 用于显示包文件内容的摘要。
- rosbag play 用于播放(发布)给定包的内容。
- rosbag check 用于确定一个包在当前系统中是否可播放。
- rosbag filter 使用给定的 Python 表达式转换一个包文件。

2.2.6 服务

发布/订阅可以实现多对多的单向传输，但分布式系统通常有握手的要求，服务即通过请求/应答机制满足这个需求。节点间使用服务示意图如图 2.13 所示，节点 1 向节点 2 请求服务或者节点 2 响应节点 1 的请求，需要使用该功能包的名称及服务名称。在 ROS 中创建一个服务，可以使用服务生成器，只需要在 CMakeLists.txt 文件中加一行 gensrv () 命令。

服务与消息相比，存在以下区别：

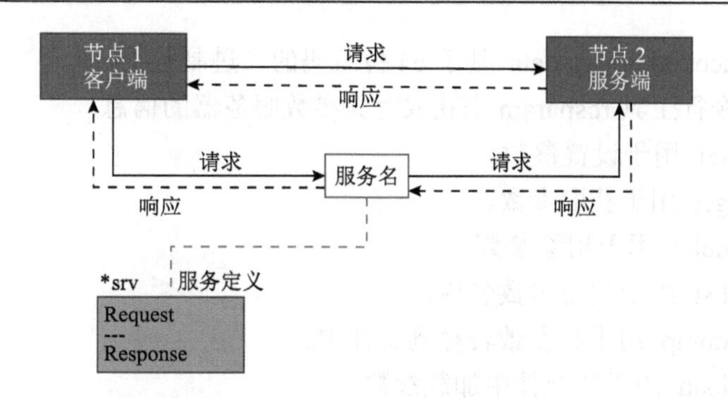

图 2.13　节点间使用服务示意

(1) 服务是点对点的，一个节点发出服务请求，等待接收节点响应。而消息发布之后无须考虑响应，只要订阅该话题就可以读取消息。

(2) 服务是一对一的，但消息可以多对多。

在服务中，涉及客户端、服务器以及服务数据类型。

(1) 客户端：用来向服务器发出请求。

(2) 服务器：接受客户端请求，然后采取一定处理措施后，反馈给客户端。

(3) 服务数据类型：数据传输类型。

在 ROS 系统中，关于服务的命令行工具如下：

- rosservice call　根据提供的参数调用服务。
- rosservice find　按服务类型查询服务。
- rosservice info　用于输出服务信息。
- rosservice list　用于输出活动服务。
- rosservice type　用于输出服务类型。
- rosservice uri　用于输出服务的 ROSRPC uri。

2.2.7　参数服务器

参数服务器是通过网络访问和共享的多变量字典。通过该服务器，节点可以使用存储和检索运行时的参数。由于它不是为高性能而设计，更适合静态、非二进制数据，如配置参数时使用。在工作时，有时需要对其参数(如传感器参数、算法参数)进行设置或者修改。有些参数需要在节点启动时设定，有些参数则需要进行动态改变，使用参数服务器可以满足这一需求。用户将参数设置在参数服务器上，程序在用到参数时从参数服务器中获取参数。参数服务器可以查看和修改活跃的节点，使用菜单动态修改参数。

参数服务器使用 XMLRPC 实现，并在 ROS 节点管理器下运行，包括以下类型：

(1) 32-bit integer 32 位整数。

(2) Boolean　布尔值。

(3) String　字符串。

(4) Double　双精度浮点。

(5) ISO8601 date。

(6) List　列表。

(7) Base64-encoded binary data 基于 64 位编码的二进制数据。

ROS 使用命令行工具 rosparam 来获取有关参数服务器的信息：

- rosparam set 用于设置参数。
- rosparam get 用于获取参数。
- rosparam delet 用于删除参数。
- rosparam list 用于列出参数名称。
- rosparam dump 用于将参数转存到文件中。
- rosparam load 用于从文件中加载参数。

参数服务器的使用提高了 ROS 节点的灵活性和可配置性。

2.3 ROS 开源社区级

ROS 开源社区级是指 ROS 资源的获取和分享，即通过独立的网络社区共享和获取知识、算法及代码。为了使 ROS 能够快速发展，ROS 使用软件仓库的模式来存放、更新和维护 ROS 代码，每个研究所和组织都会以软件仓库为单位发布代码。ROS 鼓励全世界的开发者和用户提供和维护自己的 ROS 软件仓库代码。

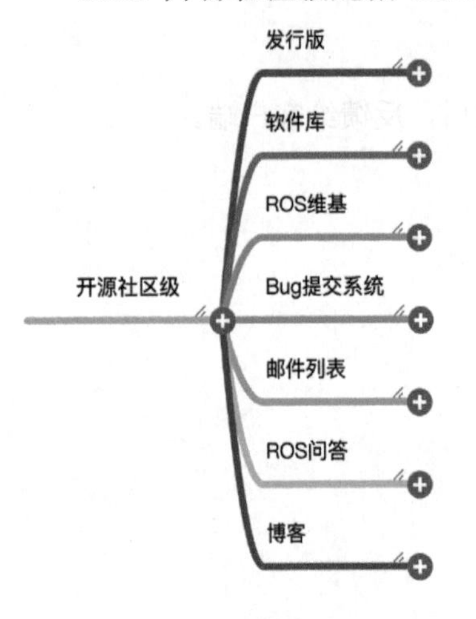

图 2.14 ROS 开源社区级结构

ROS 开源社区级结构如图 2.14 所示。

(1) 发行版：与 Linux 发行版作用类似，每个发行版都带有一个版本号，并且内置一系列常用功能包，通过一个软件集合来维持一致的版本，可以直接在操作系统中安装 ROS。

(2) 软件库：ROS 可以使用开源代码网站和软件库的主机服务，这些开源代码网站和软件库由不同的机构共享与发布。例如，github 源码共享，ubuntu 软件库等。

(3) ROS 维基 (https://wiki.ros.org)：记录有关 ROS 各种文档的主要论坛社区，任何人都可以注册账户、贡献自己的文件，提供更正或更新、编写教程及其他行为。

(4) ROS 问答 (https://answers.ros.org)：ROS 开发者可以提问或寻找 ROS 相关的答案。

(5) 博客 (https://www.ros.org/news)：可看到定期更新的照片、新闻等。

(6) Bug 提交系统：方便开发者提出问题或者提供新功能。

(7) 邮件列表：与 ROS 维基类似，是关于 ROS 的主要交流渠道。

(8) ROS 中文社区 (http://wiki.ros.org/cn/community)：介绍了国内 ROS 相关的 QQ 群、论坛及博客专栏等社区资源。

2.4 名　　称

ROS 还定义了两种类型的名称——计算图源名称 (Graph Resource Name) 和功能包源名称 (Package Resource Name)。

2.4.1　计算图源名称

计算图源名称提供了一个分层命名结构，用于 ROS 计算图中的所有资源，如节点、参数、话题和服务等。为了组成更大和更复杂的系统，这些名称至关重要。计算图源名称示例如下：

- /(the global namespace)
- /foo
- /stanford/robot/name
- /wg/node1

计算图源名称是 ROS 中提供封装的重要机制，每个源都在命名空间中定义，可与其他源共享。开发者只需要在其命名空间内创建源，不同命名空间的源之间会建立连接，便可访问自己命名空间内或上级命名空间内的源。这种封装分离了系统的不同部分，避免系统的不同部分获取错误的命名资源，并且计算图源名称是相对解析的，编程时不需要知道它们在哪个命名空间中，可以简化编程。

计算图源名称需要按照以下规则设计才能有效工作：

(1) 第一个字符是字母字符、波浪号或正斜杠(/)。

(2) 后续字符可以是字母数字、下划线或正斜杠(/)。

ROS 中有四种类型的计算图源名称：基本名称(base)、相对名称(relative)、全局名称(global)和私有名称(private)。在基本名称中不能有波浪号和正斜杠，四种类型的计算图源名称语法如下：

- base
- relative/name
- /global/name
- ~private/name

在默认情况下，ROS 中名称解析是相对于命名空间进行的。例如，节点/wg/node1 的命名空间为/wg，如果增加 node2 节点，将解析为/wg/node2。

没有命名空间限定符的名称是基本名称，基本名称实际上是相对名称的子类，并且具有相同的解析规则，常用于初始化节点名称。

以“/”开头的名称是全局名称，在 ROS 中是完全解析的。由于全局名称会限制代码的可移植性，实际操作时应该避免使用全局名称。

以“~”开头的名称是私有名称，私有名称以节点的名称转换为命名空间，利用参数服务器将参数传递给特定节点时会用到私有名称。

表 2.2 列举了各种计算图源名称解析示例，在节点运行中以不同的规则命名，ROS 会自动按照相应类型解析计算图源名称。另外，在命令行启动节点时，可以重新映射 ROS 节点中的任何名称。

表 2.2　计算图源名称解析示例

节点	相对名称(默认)	全局名称	私有名称
/node1	bar→/bar	/bar→/bar	~bar→/node1/bar
/wg/node2	bar→/wg/bar	/bar→/bar	~bar→/wg/node2/bar
/wg/node3	foo/bar→/wg/foo/bar	/foo/bar→/foo/bar	~foo/bar→/wg/node3/foo/bar

2.4.2　功能包源名称

功能包源名称在 ROS 中与文件系统级概念一起使用，可简化引用硬盘上的文件和数据类型的过程。功能包源名称非常简单，命名时在源名称前加上所在源的功能包的名字。例如，名称“std_msgs/String”指的是“std_msgs”包中的“String”消息类型。在 ROS 中使用功能包源名称引用的文件包括消息(msg)类型、服务(srv)类型和节点类型。

功能包源名称与文件路径相似，由于 ROS 能够在硬盘上定位功能包的位置，功能包源名称更短。例如，消息描述总是存储在 msg 子目录下，并具有.msg 扩展名，功能包源名称 std_msgs/String 是 path/to/std_msgs/msg/String.msg 的简写，节点类型 foo/bar 等价于在功能包 foo 中搜索名为 bar 的可执行文件。

功能包源名称具有严格的命名规则，与计算图源名称不同，ROS 功能包不能有除下划线以外的特殊字符，而且必须以字母字符开头。命名规则如下：

(1) 第一个字符是字母。

(2) 后续字符可以是字母、数字、下划线或正斜杠(/)。

(3) 最多有一个正斜杠。

2.5　ROS 常见命令

本节列举常用的 ROS 命令。

查看 ROS_PACKAGE_PATH 环境变量，如图 2.15 所示。

```
$ echo $ROS_PACKAGE_PATH
```

```
learner@learner:~/dev/catkin_ws/src$ echo $ROS_PACKAGE_PATH
/home/learner/dev/catkin_ws/src:/opt/ros/noetic/share
```

图 2.15　查看环境变量界面

(1) rosls 命令：直接以软件包的名称而非绝对路径执行 ls 命令(罗列目录)。

用法：rosls　[本地包名称[/子目录]]

(2) roscd 命令：直接改变工作目录到某个软件包或者软件包集。

用法：roscd [本地包名称][/子目录]]

示例：

```
$ roscd roscpp
```

显示结果如图 2.16 所示。

```
learner@learner:~/dev/catkin_ws/src$ roscd roscpp
learner@learner:/opt/ros/noetic/share/roscpp$
```

图 2.16　运行 roscd 命令

(3) roscd log 命令：切换到 ROS 保存日志文件的目录下。如果没有执行过 ROS 程序，系统会报错，并提示目录不存在。正常运行结果如图 2.17 所示。

```
$ roscd log
```

```
learner@learner:~/dev/catkin_ws/src$ roscd roscpp
learner@learner:/opt/ros/noetic/share/roscpp$ roscd log
learner@learner:~/.ros/log/09b17eb8-bd67-11ec-8889-1566a715d396$
```

图 2.17　运行 roscd log 命令

(4) rosed 命令：直接通过 package 名称获取待编辑的文件，而不需要指定该文件的存储路径。

用法：rosed [package_name] [filename]

示例：

```
$ rosed roscpp Logger.msg
```

可能会报错，这是因为缺少 vim 编辑器，输入以下命令：

```
$ sudo apt install vim
```

再次运行上述命令，显示结果如图 2.18 所示。

图 2.18　运行 rosed 命令

(5) rospack 命令：获取软件包的有关信息。

用法：rospack find [包名称]

示例：

```
$ rospack find roscpp
```

显示结果如图 2.19 所示。

```
learner@learner:~/.ros/log/09b17eb8-bd67-11ec-8889-1566a715d396$ rospack find ro
scpp
/opt/ros/noetic/share/roscpp
learner@learner:~/.ros/log/09b17eb8-bd67-11ec-8889-1566a715d396$
```

图 2.19　运行 rospack find 命令

```
$ rospack list
```

显示结果如图 2.20 所示。

```
learner@learner:~$ rospack list
ackermann_steering_controller /opt/ros/noetic/share/ackermann_steering_controlle
r
actionlib /opt/ros/noetic/share/actionlib
actionlib_msgs /opt/ros/noetic/share/actionlib_msgs
actionlib_tutorials /opt/ros/noetic/share/actionlib_tutorials
angles /opt/ros/noetic/share/angles
arbotix_controllers /opt/ros/noetic/share/arbotix_controllers
arbotix_firmware /opt/ros/noetic/share/arbotix_firmware
arbotix_msgs /opt/ros/noetic/share/arbotix_msgs
arbotix_python /opt/ros/noetic/share/arbotix_python
arbotix_sensors /opt/ros/noetic/share/arbotix_sensors
begin_example /home/learner/dev/catkin_ws/src/begin_example
bond /opt/ros/noetic/share/bond
bondcpp /opt/ros/noetic/share/bondcpp
bondpy /opt/ros/noetic/share/bondpy
camera_calibration /opt/ros/noetic/share/camera_calibration
camera_calibration_parsers /opt/ros/noetic/share/camera_calibration_parsers
camera_info_manager /opt/ros/noetic/share/camera_info_manager
catkin /opt/ros/noetic/share/catkin
```

图 2.20　运行 rospack list 命令

```
$ rospack depends1 chap03_example
```

显示结果如图 2.21 所示。

```
learner@learner:~$  rospack depends1 chap03_example
roscpp
rospy
std_msgs
learner@learner:~$
```

图 2.21　运行 rospack depends1 命令

```
$ rospack depends chap03_example
```

显示结果如图 2.22 所示。

```
learner@learner:~$ rospack depends chap03_example
cpp_common
rostime
roscpp_traits
roscpp_serialization
catkin
genmsg
genpy
message_runtime
gencpp
geneus
gennodejs
genlisp
message_generation
rosbuild
rosconsole
std_msgs
rosgraph_msgs
xmlrpcpp
roscpp
rosgraph
ros_environment
```

图 2.22　运行 rospack depends 命令

使用上述命令和 rostopic 工具，可以获取话题与节点的交互信息。在 ROS 中可通过 pub 参数，发布任何节点都可订阅的话题，前提是使用正确的名称和消息类型将话题发布出去。

例如，运行以下两个节点，可实现键盘控制乌龟移动的功能，如图 2.23 所示。

```
$ rosrun turtlesim turtlesim_node
$ rosrun turtlesim turtle_teleop_key
```

打开新终端运行 rostopic list 获取控制乌龟移动的话题，可以在终端找到 /turtle1/cmd_vel。

使用 echo 参数查看节点发出的消息。运行以下命令，使用键盘方向按键触发消息：

```
$ rostopic echo /turtle1/cmd_vel
```

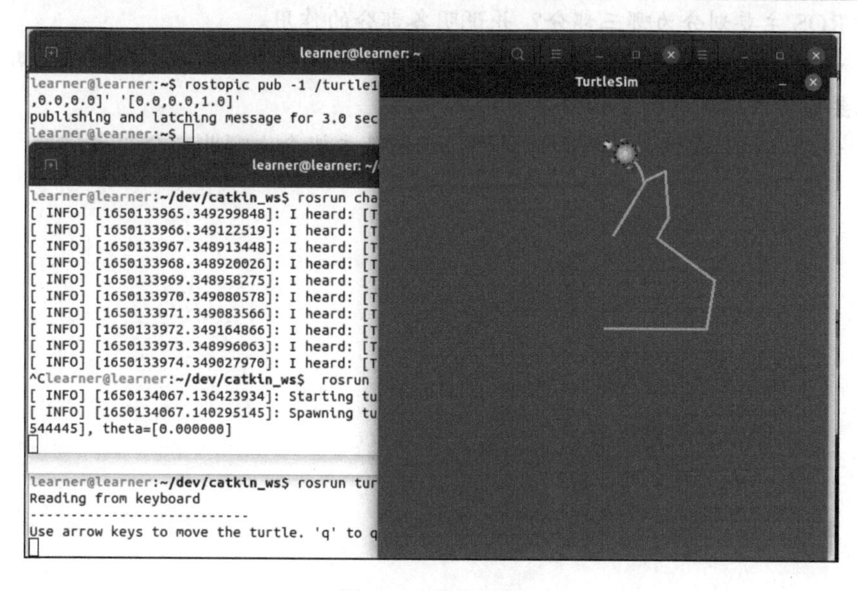

图 2.23　发布话题

可以看到终端随着键盘方向键按下显示 linear: x: 2.0 y: 0.0 z: 0.0 angular: x: 0.0 y: 0.0 z: 0.0。若未看到内容，说明没有数据发布，选中 turtle_teleop_key 的终端，按键盘上的方向键控制即可。

使用以下命令查看由话题发送的消息类型：

```
$ rostopic type /turtle1/cmd_vel
```

终端输出 geometry_msgs/Twist，通过以下命令可以查看消息字段(定义)：

```
$ rosmsg show geometry_msgs/Twist
```

终端显示：

geometry_msgs/Vector3 linear　　float64 x　　float64 y　　float64 z

geometry_msgs/Vector3 angular　　float64 x　　float64 y　　float64 z

根据终端显示结果可知，控制乌龟移动的消息字段一共包含 6 个变量，x、y、z 方向的线速度和绕 x、y、z 方向的角速度。使用 rostopic pub [topic] [msg_type] [args]命令直接发布和消息字段对应的数据到指定的话题就能控制乌龟移动，示例如下：

```
$ rostopic pub -1 /turtle1/cmd_vel geometry_msgs/Twist -- '[1.0,0.0,0.0]' '[0.0,0.0,1.0]'
```

上述命令中：参数-1 表示只发布一条消息然后退出，/turtle1/cmd_vel 是要发布话题的名称，geometry_msgs/Twist 是消息类型，--是告诉选项解析器后面的内容不是可选的，有负数时必须加上，'[1.0, 0.0, 0.0]' '[0.0, 0.0, 1.0]' 是数据内容，第一行向量是线性值，第二行是角度值。

若要实现 turtlesim 小乌龟的连续运动，则需要把参数-1 改为-r。例如：

```
$ rostopic pub /turtle1/cmd_vel geometry_msgs/Twist -r 1 -- '[2.0, 0.0, 0.0]' '[0.0, 0.0, -1.8]'
```

上述指令在/turtle1/cmd_vel 话题上持续发布速度命令，速率为 1Hz。

习　题

2-1　ROS 主要划分为哪三部分？并说明各部分的作用。

2-2　说明 ROS 资源的获取与分享途径主要有哪些，并尝试通过其中一、两种途径获取自己想要的资源或者进行资源分享。

2-3　说明 ROS 文件系统级和计算图级的最基本概念由哪些部分组成。

第 3 章　ROS 节点编程及开发

本章先讲解 ROS 系统的基本操作，包括创建工作空间和编译 ROS 功能包。然后，给出 ROS 节点编程、消息和服务的编程实现，以及 launch 启动文件的编写方法。

3.1　ROS 系统的基本操作

ROS 的基本操作有 ROS 工作空间的创建、ROS 执行命令、信息命令、catkin 命令、功能包命令，以及话题、服务、参数和各类信息等的操作。

3.1.1　创建工作空间

创建一个 ROS 工作空间，命名为 catkin_ws：

```
$ mkdir -p ～/dev/catkin_ws/src
```

此时会出现 catkin_ws 文件夹，如图 3.1 所示。catkin_ws 就是工作空间，可以按照工程需要对工作空间命名。工作空间创建成功之后，就可以对该空间进行编译。即使该空间是空的，也可以编译。

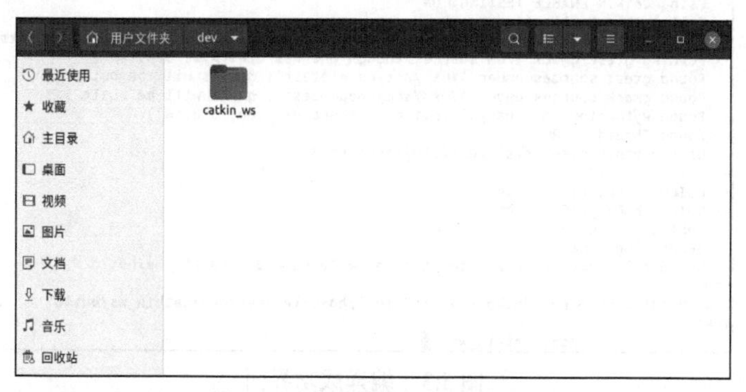

图 3.1　创建工作空间文件夹

```
$ cd ～/dev/catkin_ws/
$ catkin_make
```

编译过程和编译成功后，界面如图 3.2 和图 3.3 所示。

在工作空间第一次运行 catkin_make，会在 src 文件夹下创建一个 CMakeLists.txt 文件，并在根目录下创建 build 和 devel 两个子文件夹，目录结构如图 3.4 所示。

```
catkin_ws         #WORK SPACE
- build/          #BUILD SPACE
- devel/          #DEVEL SPACE
- src/            #SOURCE SPACE
CMakeLists.txt    #Toplevel CMAKE file
```

```
learner@learner:~$ mkdir -p ~/dev/catkin_ws/src
learner@learner:~$ cd ~/dev/catkin_ws/
learner@learner:~/dev/catkin_ws$ catkin_make
Base path: /home/learner/dev/catkin_ws
Source space: /home/learner/dev/catkin_ws/src
Build space: /home/learner/dev/catkin_ws/build
Devel space: /home/learner/dev/catkin_ws/devel
Install space: /home/learner/dev/catkin_ws/install
Creating symlink "/home/learner/dev/catkin_ws/src/CMakeLists.txt" pointing to "/
opt/ros/noetic/share/catkin/cmake/toplevel.cmake"
####
#### Running command: "cmake /home/learner/dev/catkin_ws/src -DCATKIN_DEVEL_PREF
IX=/home/learner/dev/catkin_ws/devel -DCMAKE_INSTALL_PREFIX=/home/learner/dev/ca
tkin_ws/install -G Unix Makefiles" in "/home/learner/dev/catkin_ws/build"
####
-- The C compiler identification is GNU 9.4.0
-- The CXX compiler identification is GNU 9.4.0
-- Check for working C compiler: /usr/bin/cc
-- Check for working C compiler: /usr/bin/cc -- works
-- Detecting C compiler ABI info
-- Detecting C compiler ABI info - done
-- Detecting C compile features
-- Detecting C compile features - done
-- Check for working CXX compiler: /usr/bin/c++
-- Check for working CXX compiler: /usr/bin/c++ -- works
-- Detecting CXX compiler ABI info
-- Detecting CXX compiler ABI info - done
-- Detecting CXX compile features
-- Detecting CXX compile features - done
-- Using CATKIN_DEVEL_PREFIX: /home/learner/dev/catkin_ws/devel
-- Using CMAKE_PREFIX_PATH: /home/learner/dev/catkin_ws/devel;/opt/ros/noetic
-- This workspace overlays: /home/learner/dev/catkin_ws/devel;/opt/ros/noetic
```

图 3.2　编译过程的界面

```
-- Detecting CXX compile features - done
-- Using CATKIN_DEVEL_PREFIX: /home/learner/dev/catkin_ws/devel
-- Using CMAKE_PREFIX_PATH: /home/learner/dev/catkin_ws/devel;/opt/ros/noetic
-- This workspace overlays: /home/learner/dev/catkin_ws/devel;/opt/ros/noetic
-- Found PythonInterp: /usr/bin/python3 (found suitable version "3.8.10", minimu
m required is "3")
-- Using PYTHON_EXECUTABLE: /usr/bin/python3
-- Using Debian Python package layout
-- Found PY_em: /usr/lib/python3/dist-packages/em.py
-- Using empy: /usr/lib/python3/dist-packages/em.py
-- Using CATKIN_ENABLE_TESTING: ON
-- Call enable_testing()
-- Using CATKIN_TEST_RESULTS_DIR: /home/learner/dev/catkin_ws/build/test_results
-- Forcing gtest/gmock from source, though one was otherwise available.
-- Found gtest sources under '/usr/src/googletest': gtests will be built
-- Found gmock sources under '/usr/src/googletest': gmock will be built
-- Found PythonInterp: /usr/bin/python3 (found version "3.8.10")
-- Found Threads: TRUE
-- Using Python nosetests: /usr/bin/nosetests3
-- catkin 0.8.10
-- BUILD_SHARED_LIBS is on
-- BUILD_SHARED_LIBS is on
-- Configuring done
-- Generating done
-- Build files have been written to: /home/learner/dev/catkin_ws/build
####
#### Running command: "make -j4 -l4" in "/home/learner/dev/catkin_ws/build"
####
learner@learner:~/dev/catkin_ws$
```

图 3.3　编译成功界面

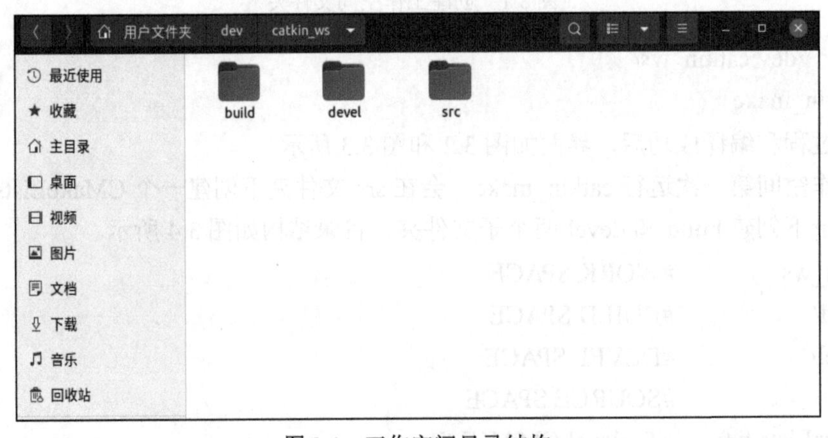

图 3.4　工作空间目录结构

ROS 有着各种各样的工具可以帮助用户使用 ROS 完成各种操作。GUI 工具是对输入型命令工具的补充：

- rviz 三维可视化工具。
- rqt 基于 qt 的 ROS GUI 开发工具。
- rqt_image_view 图像显示工具。
- rqt_graph 以图形方式显示节点和消息之间相关关系的工具。
- rqt_plot 二维数据绘图工具。
- rqt_bag 基于 GUI 的 bag 数据分析工具。

除了 GUI 工具，用户还可以发布个人工具。

3.1.2 创建和编译 ROS 功能包

一个功能包可视为实现机器人一个具体功能的单位，可在功能包中创建具体的程序代码。

运用 catkin 创建功能包的命令格式如下：

```
$ catkin_create_pkg [功能包名] [依赖包] [依赖包][依赖包]
```

依赖项包括 std_msgs、rospy 和 roscpp 等。

- std_msgs：ROS 定义的一些标准数据结构。
- rospy：ROS 提供一系列的 Python 编程接口。
- roscpp：ROS 提供的 C++编程接口。

```
$ cd ～/dev/catkin_ws/src
$ catkin_create_pkg chap03_example std_msgs rospy roscpp
```

运行后，如图 3.5 和图 3.6 所示，得到如下目录结构：

```
workspace_folder/
  src/
    package_name/
      include             --文件夹
      src                 --文件夹
      CMakeLists.txt
      package.xml
```

```
learner@learner:~$ cd ~/dev/catkin_ws/src
learner@learner:~/dev/catkin_ws/src$ catkin_create_pkg chap03_example std_msgs r
ospy roscpp
Created file chap03_example/package.xml
Created file chap03_example/CMakeLists.txt
Created folder chap03_example/include/chap03_example
Created folder chap03_example/src
Successfully created files in /home/learner/dev/catkin_ws/src/chap03_example. Pl
ease adjust the values in package.xml.
learner@learner:~/dev/catkin_ws/src$
```

图 3.5　创建功能包界面

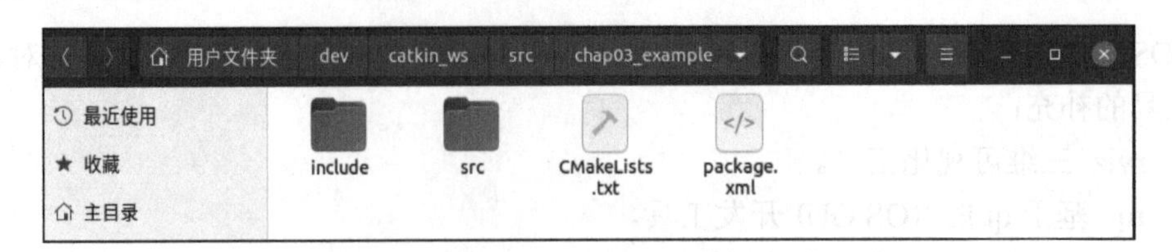

图 3.6　功能包文件夹

也可使用 roscreate 创建功能包，如图 3.7 所示。

```
$ cd ～/dev/catkin_ws/src
$ roscreate-pkg chap03_example1 std_msgs rospy roscpp
```

```
learner@learner:~/dev/catkin_ws/src$ roscreate-pkg chap03_example1 std_msgs rospy roscpp
Created package directory /home/learner/dev/catkin_ws/src/chap03_example1
Created include directory /home/learner/dev/catkin_ws/src/chap03_example1/include/chap03_example1
Created cpp source directory /home/learner/dev/catkin_ws/src/chap03_example1/src
Created package file /home/learner/dev/catkin_ws/src/chap03_example1/CMakeLists.txt
Created package file /home/learner/dev/catkin_ws/src/chap03_example1/manifest.xml
Created package file /home/learner/dev/catkin_ws/src/chap03_example1/mainpage.dox
Created package file /home/learner/dev/catkin_ws/src/chap03_example1/Makefile

Please edit chap03_example1/manifest.xml and mainpage.dox to finish creating your package
```

图 3.7　创建功能包命令

功能包创建成功后，可对功能包进行编译：

```
$ cd ～/dev/catkin_ws/
$ catkin_make -DCATKIN_WHITELIST_PACKAGES="chap03_example"
```

编译之后需要更新 ROS 工作空间：

```
$ source ～/dev/catkin_ws/devel/setup.bash
```

3.2　ROS 节点编程

3.2.1　创建 ROS 程序包

符合以下要求的程序包称为 catkin 程序包。

(1) 程序包含有 catkin compliant package.xml 文件，该文件可以提供有关程序包的信息。

(2) 程序包含有 catkin 版本的 CMakeLists.txt 文件，并且 Catkin metapackages 必须包含 CMakeLists.txt 文件的引用。

(3) 一个目录下只有一个程序包，因此同一个目录下不允许有嵌套或者多个程序包存在。

程序包属于功能包，可通过手动创建，也可使用 catkin_create_pkg 命令行创建。手动创建较为烦琐，最好使用 catkin_create_pkg 命令行工具。

切换到 catkin 工作空间中的 src 目录下，可发现在 3.1.2 节已经通过 catkin_create_pkg 命令创建一个名为 chap03_example 的文件夹(也称为 chap03_example 程序包)，如图 3.8 所示。打开名为 chap03_example 的文件夹，包含一个 package.xml 文件和一个 CMakeLists.txt 文件。

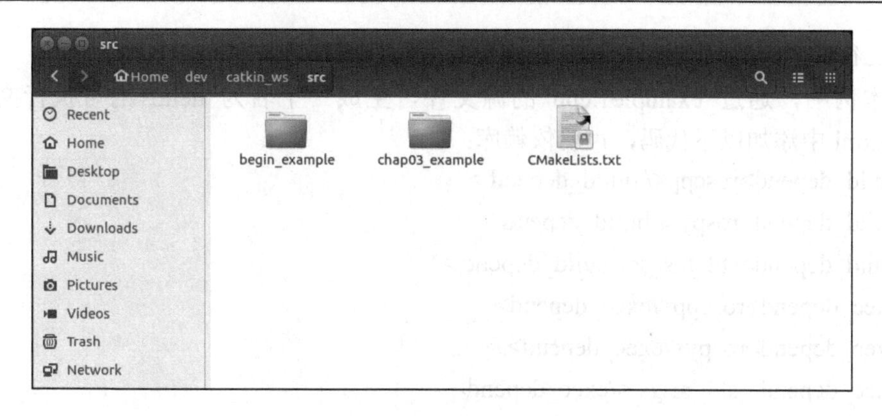

图 3.8　chap03_example 程序包

3.2.2　创建 ROS 节点

本节将学习在程序包中如何创建节点，首先切换到程序包源码文件夹下：

```
$ cd chap03_example/src/
```

运行以下指令，创建名为 example1.cpp 作为节点程序：

```
$ gedit example1.cpp
```

添加以下代码：

```
#include<ros/ros.h>
int main(int argc,char **argv)
{
ros::init(argc,argv,"hello_ros");
ros::NodeHandle nh;
ROS_INFO_STREAM("hello,ROS!");
}
```

通过 ROS 的 catkin 对工作空间进行编译，需要如下步骤：

第一步，声明程序所依赖的其他功能包，确保 catkin 能够向编译器提供编译功能包所需要的头文件和链接库。

通过编辑功能包目录下的 CMakeLists.txt 以及 package.xml 文件，在文件中声明依赖库。通过 build_depend（编译依赖）以及 run_depend 或 exec_depend（运行依赖）两个关键字实现，格式如下：

```
<build_depend>package-name</build_depend>
<exec_depend>package-name</exec_depend>
```

第二步，声明可执行文件。在 CMakeLists.txt 文件中添加代码，声明需要创建的可执行文件，格式如下：

```
add_executable(executable-name source-files)
target_link_libraries(executable-name ${catkin_LIBRARIES})
```

第一行声明了可执行文件的名称以及生成该可执行文件所需的源文件列表。若有多个源文件也可以列出，并用空格进行区分。

第二行向 CMake 传递链接该可执行文件所需的库信息。

在本例中，通过 example1.cpp 的源文件，生成一个名为 hello 的可执行文件。在 package.xml 中添加以下代码，声明依赖库：

```
<build_depend>roscpp</ build_depend >
<build_depend>rospy</ build_depend >
<build_depend>std_msgs</ build_depend >
<exec_depend>roscpp</exec_depend>
<exec_depend>rospy</exec_depend>
<exec_depend> std_msgs </exec_depend>
```

在 CMakeLists.txt 中添加以下代码，声明可执行文件：

```
add_executable(hello src/example1.cpp)
target_link_libraries(hello ${catkin_LIBRARIES})
```

第三步，利用 catkin_make 命令，进入工作空间编译。

```
$ cd ~/dev/catkin_ws
$ catkin_make
```

运行成功后，将产生 hello 可执行文件。

3.2.3　使用 ROS 节点

在 ROS 中，最小的进程单元是节点，节点都是可执行文件。一个软件包可以有多个可执行文件，可执行文件在运行之后成为一个进程(Process)，也就是 ROS 节点。

通过 rosrun 命令运行 hello 节点：

```
$ rosrun chap03_example hello
```

结果如图 3.9 所示。

```
learner@learner:~/dev/catkin_ws$ rosrun chap03_example hello
[ INFO] [1650113383.871150552]: hello,ROS!
learner@learner:~/dev/catkin_ws$
```

图 3.9　运行 hello 节点

3.2.4　编写 ROS 发布器和订阅器

本节将构建两个 ROS 节点：talker 节点发布 string 消息，listener 节点接收并处理消息。

编写节点 talker 的 cpp 文件 example2_a.cpp，切换到 package 的 src 目录：

```
$ cd ~/dev/catkin_ws/src/chap03_example/src
```

创建 example2_a.cpp：

```
$ gedit example2_a.cpp
```

添加以下代码：

```
#include "ros/ros.h"
#include "std_msgs/String.h"
#include <sstream>
```

```
int main(int argc, char **argv)
{
  //初始化 ROS，名称重映射(唯一)，必须为 base name，不含"/"
  ros::init(argc, argv, "talker");
  //为进程的节点创建一个句柄，第一个创建的 NodeHandle 初始化节点
  ros::NodeHandle n;
  //告诉主机要在 chatter topic 上发布一个 std_msgs 消息
  //参数表示发布队列的大小(先进先出)
  ros::Publisher chatter_pub = n.advertise<std_msgs::String>("chatter", 1000);
  ros::Rate loop_rate(1.0);  //自循环频率
  int count = 0;
  while(ros::ok())
  {
    std_msgs::String msg;
    std::stringstream string_stream;
    string_stream << "This is a message from talker" << count;
    msg.data = string_stream.str();
    //输出，用来替代 printf/cout
    ROS_INFO("%s", msg.data.c_str());
    chatter_pub.publish(msg);

    ros::spinOnce();
    //休眠，来使发布频率为 1.0Hz
    loop_rate.sleep();
    ++count;
  }
  return 0;
}
```

在 src 目录下创建 example2_b.cpp 文件作为节点 listener 的程序，添加以下代码：

```
#include "ros/ros.h"
#include "std_msgs/String.h"
//回调函数
void chatterCallback(const std_msgs::String::ConstPtr& msg)
{
  ROS_INFO("I heard: [%s]", msg->data.c_str());
}

int main(int argc, char **argv)
{
```

```
    ros::init(argc, argv, "listener");
    ros::NodeHandle n;
    //告诉 master 需要订阅 chatter topic 消息
    ros::Subscriber sub = n.subscribe("chatter", 2000, chatterCallback);
    ros::spin(); //自循环
    return 0;
}
```

3.2.5 编译和运行 ROS 发布器及订阅器

在编译节点之前，需要编辑 CMakeLists.txt 文件和 package.xml 文件。若 CMakeLists.txt 编写不完整，编译可能会失败。

在 CMakeLists.txt 文件中，添加以下内容。

- include_directories：参数是 find_package 产生的*_INCLUDE_DIRS 变量和其他头文件路径。例如，include_directories(include ${catkin_INCLUDE_DIRS})。
- add_executable：生成对应的可执行文件，例如，add_executable(talker src/example2_a.cpp)。
- target_link_libraries：指定可执行文件链接的库，例如，target_link_libraries(talker ${catkin_LIBRARIES})。

本例中 example2_a 作为 talker、example2_b 作为 listener，对 CMakeLists.txt 文件进行以下修改：

```
$ gedit CMakeLists.txt
```

在文件末尾添加以下代码：

```
add_executable(talker src/example2_a.cpp)
target_link_libraries(talker ${catkin_LIBRARIES})
add_executable(listener src/example2_b.cpp)
target_link_libraries(listener ${catkin_LIBRARIES})
```

找到 CMakeLists.txt 中的 find_package、generate_messages 部分，修改如下：

```
find_package(catkin REQUIRED COMPONENTS
    roscpp
    rospy
    std_msgs
    message_generation
)
##Generate added messages and services with dependencies listed here
generate_messages(
    DEPENDENCIES
    std_msgs)
```

修改 package.xml 文件，添加以下代码声明依赖库：

```
<buildtool_depend>catkin</buildtool_depend>
```

```
<build_depend>roscpp</build_depend>
<build_depend>rospy</build_depend>
<build_depend>std_msgs</build_depend>
<build_export_depend>roscpp</build_export_depend>
<build_export_depend>rospy</build_export_depend>
<build_export_depend> std_msgs </build_export_depend>
<exec_depend>roscpp</exec_depend>
<exec_depend>rospy</exec_depend>
<exec_depend> std_msgs </exec_depend>
<build_depend>message_generation</build_depend>
<exec_depend>message_runtime</exec_depend >
```

切换到工作空间编译，如图 3.10 所示。

```
$ cd ～/dev/catkin_ws
$ source ～/dev/catkin_ws/devel/setup.bash
$ catkin_make
```

```
learner@learner:~/dev/catkin_ws$ source ~/dev/catkin_ws/devel/setup.bash
learner@learner:~/dev/catkin_ws$ catkin_make
Base path: /home/learner/dev/catkin_ws
Source space: /home/learner/dev/catkin_ws/src
Build space: /home/learner/dev/catkin_ws/build
Devel space: /home/learner/dev/catkin_ws/devel
Install space: /home/learner/dev/catkin_ws/install
####
#### Running command: "make cmake_check_build_system" in "/home/learner/dev/catkin_ws/build"
####
####
#### Running command: "make -j4 -l4" in "/home/learner/dev/catkin_ws/build"
####
[  0%] Built target std_msgs_generate_messages_nodejs
[  0%] Built target std_msgs_generate_messages_eus
[  0%] Built target std_msgs_generate_messages_py
[  0%] Built target std_msgs_generate_messages_lisp
Scanning dependencies of target listener
Scanning dependencies of target talker
[  0%] Built target std_msgs_generate_messages_cpp
[ 40%] Built target chap03_example_generate_messages_eus
[ 40%] Building CXX object chap03_example/CMakeFiles/listener.dir/src/example2_b.cpp.o
[ 60%] Building CXX object chap03_example/CMakeFiles/talker.dir/src/example2_a.cpp.o
[ 60%] Built target chap03_example_generate_messages_lisp
[ 60%] Built target chap03_example_generate_messages_nodejs
[ 60%] Built target chap03_example_generate_messages_py
[ 60%] Built target chap03_example_generate_messages_cpp
[ 60%] Built target chap03_example_generate_messages
[ 80%] Linking CXX executable /home/learner/dev/catkin_ws/devel/lib/chap03_example/talker
[ 80%] Built target talker
[100%] Linking CXX executable /home/learner/dev/catkin_ws/devel/lib/chap03_example/listener
[100%] Built target listener
```

图 3.10　编译工作空间

启动 roscore：

```
$ roscore
```

运行 talker 节点，发布信息如图 3.11 所示。

```
$ rosrun chap03_example talker
```

```
learner@learner:~/dev/catkin_ws$ rosrun chap03_example talker
[ INFO] [1650133949.348360123]: This is a message from talker0
[ INFO] [1650133950.348462768]: This is a message from talker1
[ INFO] [1650133951.348453891]: This is a message from talker2
[ INFO] [1650133952.348449280]: This is a message from talker3
[ INFO] [1650133953.348510164]: This is a message from talker4
[ INFO] [1650133954.348467859]: This is a message from talker5
[ INFO] [1650133955.348470953]: This is a message from talker6
[ INFO] [1650133956.348487430]: This is a message from talker7
[ INFO] [1650133957.348510727]: This is a message from talker8
[ INFO] [1650133958.348481350]: This is a message from talker9
[ INFO] [1650133959.348405321]: This is a message from talker10
[ INFO] [1650133960.348430847]: This is a message from talker11
[ INFO] [1650133961.348395467]: This is a message from talker12
[ INFO] [1650133962.348520169]: This is a message from talker13
[ INFO] [1650133963.348612388]: This is a message from talker14
[ INFO] [1650133964.348516421]: This is a message from talker15
[ INFO] [1650133965.348522501]: This is a message from talker16
[ INFO] [1650133966.348474628]: This is a message from talker17
[ INFO] [1650133967.348481416]: This is a message from talker18
[ INFO] [1650133968.348481347]: This is a message from talker19
```

图 3.11　运行 talker 节点

运行 listener 节点，如图 3.12 所示。

```
$ rosrun chap03_example listener
```

```
learner@learner:~/dev/catkin_ws$ rosrun chap03_example listener
[ INFO] [1650133965.349299848]: I heard: [This is a message from talker16]
[ INFO] [1650133966.349122519]: I heard: [This is a message from talker17]
[ INFO] [1650133967.348913448]: I heard: [This is a message from talker18]
[ INFO] [1650133968.348920026]: I heard: [This is a message from talker19]
[ INFO] [1650133969.348958275]: I heard: [This is a message from talker20]
[ INFO] [1650133970.349080578]: I heard: [This is a message from talker21]
[ INFO] [1650133971.349083566]: I heard: [This is a message from talker22]
[ INFO] [1650133972.349164866]: I heard: [This is a message from talker23]
[ INFO] [1650133973.348996063]: I heard: [This is a message from talker24]
[ INFO] [1650133974.349027970]: I heard: [This is a message from talker25]
```

图 3.12　运行 listener 节点

3.3　ROS 消息和服务的编程实现

3.3.1　创建自定义的消息和服务类型

创建自定义的消息和服务类型，通常包含以下三个步骤：

(1) 在 msg (srv) 文件夹下定义消息 (服务) 类型，用于自定义数据传输类型；

(2) 修改 package.xml 添加消息 (服务) 的依赖项，目的是使用依赖项创建消息 (服务)；

(3) 修改 CMakeLists.txt 添加消息 (服务) 的引用，目的是在编译时能找到消息 (服务) 的定义文件。

1. 自定义消息类型的创建和编译

在 ROS 中，msg 文件用于定义消息类型或传输数据类型，可以生成不同编程语言使用的代码文件，一般存放于功能包根目录的 msg 文件夹下。

创建 msg 工作目录，建立 someone.msg 文件：

```
$ roscd chap03_example
$ mkdir msg
```

```
$ cd msg
$ gedit someone.msg
```

添加以下内容：

```
$ string adress
```

定义一个新的 msg，且 someone.msg 文件中只含有 string address，如图 3.13 所示。

图 3.13　定义消息类型

通过对该文件增加元素，创建更为复杂的文件，需要一行输入一个变量，修改后的文件如图 3.14 所示。

图 3.14　修改消息类型

打开 package.xml 文件，添加以下代码：

```
<build_dependent>message_generation</build_depend>
<exec_depend>message_runtime</exce_depend>
```

打开 CMakeLists.txt 添加以下代码，如图 3.15 所示。

```
find_package(catkin REQUIRED COMPONENTS
    roscpp
    rospy
    std_msgs
    message_generation
)
```

```
CMakeLists.txt (~/dev/catkin_ws/src/chap03_example) - gedit
Open                                                    Save
#uncomment if you have defined messages
#rosbuild_genmsg()
#uncomment if you have defined services
#rosbuild_gensrv()

#common commands for building c++ executables and libraries
#rosbuild_add_library(${PROJECT_NAME} src/example.cpp)
#target_link_libraries(${PROJECT_NAME} another_library)
#rosbuild_add_boost_directories()
#rosbuild_link_boost(${PROJECT_NAME} thread)
#rosbuild_add_executable(example examples/example.cpp)
#target_link_libraries(example ${PROJECT_NAME})
find_package(catkin REQUIRED COMPONENTS
    roscpp
    rospy
    std_msgs
    message_generation
)
```

图 3.15　修改 CMakeLists.txt 的内容

将以下代码：

```
# add_message_files(
#     FILES
#     Message1.msg
#     Message2.msg
# )
```

替换为

```
add_message_files(
  FILES
  someone.msg
)
```

或者在原来的基础上添加 someone.msg，如图 3.16 所示。

```
CMakeLists.txt (~/dev/catkin_ws/src/chap03_example) - gedit
Open ▾                                                    Save
#target_link_libraries(${PROJECT_NAME} another_library)
#rosbuild_add_boost_directories()
#rosbuild_link_boost(${PROJECT_NAME} thread)
#rosbuild_add_executable(example examples/example.cpp)
#target_link_libraries(example ${PROJECT_NAME})
find_package(catkin REQUIRED COMPONENTS
    roscpp
    rospy
    std_msgs
    message_generation
)

##Generate messages in the 'msg' folder
add_message_files(
    FILES
    someone.msg
)
##Generate added messages and services with dependencies listed here
generate_messages(
    DEPENDENCIES
    std_msgs)
```

图 3.16　添加 someone.msg

去除图 3.17 中代码注释，得到图 3.18。

```
## Generate added messages and services with any dependencies listed here
# generate_messages(
#   DEPENDENCIES
#   std_msgs
# )

################################################
## Declare ROS dynamic reconfigure parameters ##
################################################
```

图 3.17　注释部分

```
## Generate added messages and services with any dependencies listed here
 generate_messages(
   DEPENDENCIES
   std_msgs
 )

################################################
## Declare ROS dynamic reconfigure parameters ##
```

图 3.18　去除注释后

以下命令可查看是否编写正确，如图 3.19 显示编写正确。

```
$ rosmsg show chap03_example/someone
```

或者切换到 chap03_example/src 目录下，使用以下命令：

```
$ rosmsg show someone
```

```
learner@learner:~/dev/catkin_ws/src/chap03_example/src$ rosmsg show someone
[chap03_example/someone]:
int64 age
int64 number
```

图 3.19　显示文件内容

提醒：若出现提示“Could not find msg”，请在命令行执行 source devel/setup.bash 后再次尝试。这实际上是环境变量的配置问题，应该在运行 ROS 节点、launch 文件或工作空间下的其他文件之前进行，有两种方法可以完成。

方法一：在终端输入。

```
$ sudo gedit ～/.bashrc
```

将下面的代码添加到～/.bashrc 文件末尾。

```
$ source ～/catkin_ws(需要替换为个人工作空间的文件夹名称) /devel/setup. bash
```

方法二：在/catkin_ws 目录下启动终端，在终端输入。

```
$ source devel/setup.bash
```

上述两种方法的区别是：当有多个工作空间，且多个工作空间中有相同的可执行文件时，方法一会出现启动错误或者无法找到路径的问题；由于每启动一个终端，方法二都需要进行一次 source，因此方法二不存在这些问题。

2. 自定义服务类型的创建和编译

创建 srv 的空文件夹，在 srv 文件夹里建立 info.srv 文件，可以使用以下命令向 info.srv 添加内容，添加完成后打开 info.srv 显示如图 3.20 所示。

```
$ echo –e "int64 age\nint64 number\n------\nint64 pass">>srv/info.srv
```

图 3.20　info 服务类型文件的内容

打开 CMakeLists.txt，修改代码，如图 3.21 所示。

编译：

```
$ cd ～/dev/catkin_ws
$ catkin_make
```

使用以下命令验证编写是否正确，图 3.22 显示编写正确。

```
$ rossrv show chap03_example/info.srv
```

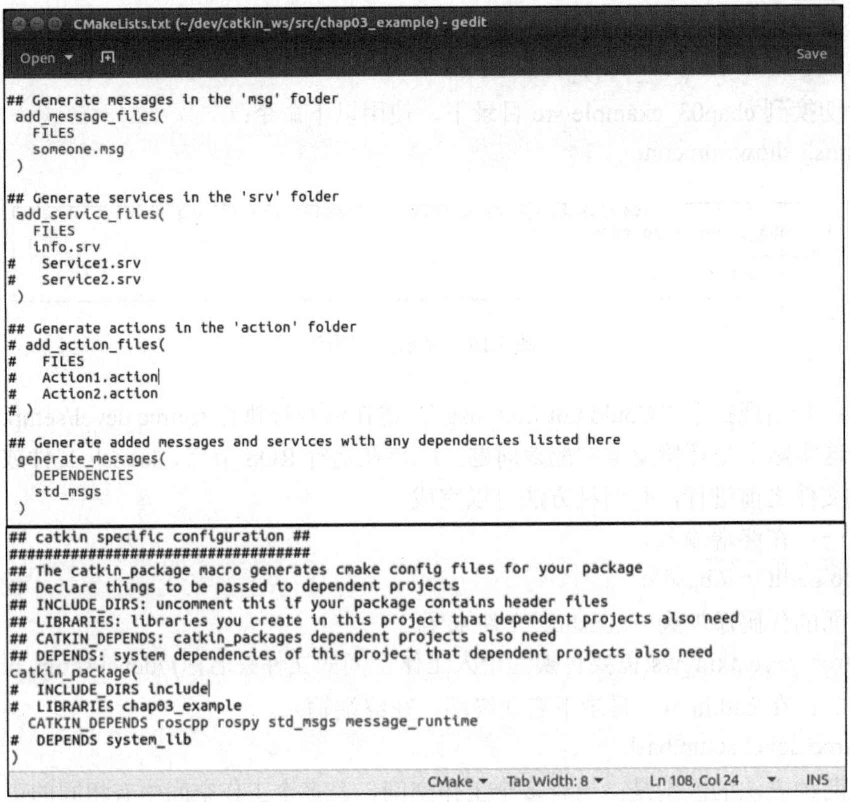

```
CMakeLists.txt (~/dev/catkin_ws/src/chap03_example) - gedit
Open ▾                                                    Save

## Generate messages in the 'msg' folder
 add_message_files(
   FILES
   someone.msg
 )

## Generate services in the 'srv' folder
 add_service_files(
   FILES
   info.srv
#   Service1.srv
#   Service2.srv
 )

## Generate actions in the 'action' folder
# add_action_files(
#   FILES
#   Action1.action
#   Action2.action
# )

## Generate added messages and services with any dependencies listed here
 generate_messages(
   DEPENDENCIES
   std_msgs
 )
## catkin specific configuration ##
###################################
## The catkin_package macro generates cmake config files for your package
## Declare things to be passed to dependent projects
## INCLUDE_DIRS: uncomment this if your package contains header files
## LIBRARIES: libraries you create in this project that dependent projects also need
## CATKIN_DEPENDS: catkin_packages dependent projects also need
## DEPENDS: system dependencies of this project that dependent projects also need
catkin_package(
#  INCLUDE_DIRS include
#  LIBRARIES chap03_example
  CATKIN_DEPENDS roscpp rospy std_msgs message_runtime
#  DEPENDS system_lib
)
                    CMake ▾   Tab Width: 8 ▾   Ln 108, Col 24   ▾   INS
```

图 3.21　修改 CMakeLists.txt

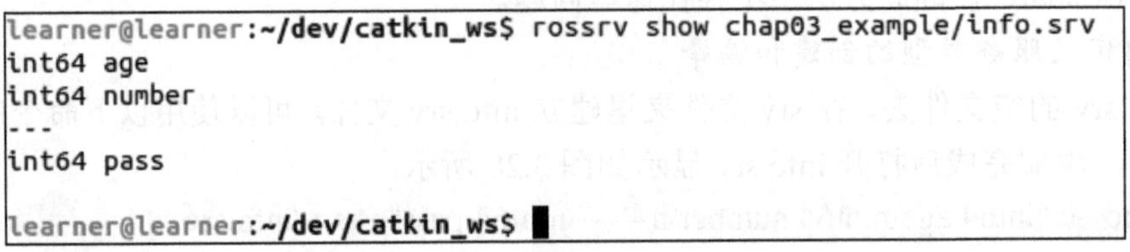

```
learner@learner:~/dev/catkin_ws$ rossrv show chap03_example/info.srv
int64 age
int64 number
---
int64 pass

learner@learner:~/dev/catkin_ws$
```

图 3.22　服务类型编写正确的显示

编译成功后，在 catkin_ws/devel/include/chap03_example 目录下会生成 someone.h、info.h、infoRequest.h 和 infoResponse.h 文件，可以在工程文件的节点程序中作为头文件进行引用。

3.3.2　使用自定义的消息类型

本节使用自定义的消息 someone.msg 创建两个节点。

在 chap03_example/src 文件夹下创建两个新的文件：example3_a.cpp(该节点将发布话题)、example3_b.cpp(该节点将订阅话题)。

在 example3_a.cpp 中添加以下内容：

```
#include "ros/ros.h"
#include "chap03_example/someone.h" // 引用自定义消息类型
```

```
#include <sstream>

int main(int argc, char **argv)
{
    ros::init(argc, argv, "example3_a");
    ros::NodeHandle n;
// 使用自定义消息类型发布话题
    ros::Publisher pub =n.advertise<chap03_example::someone>("message",  1000);
    ros::Rate loop_rate(10);

    while(ros::ok())
    {
        chap03_example::someone msg;
    // 为每个字段赋值
        msg.address = "NEU";
        msg.age = 100;
        msg.number = 1923;
        pub.publish(msg);
    // 显示发送的消息内容，字符串显示需要调用 c_str()属性
        ROS_INFO("%s,%d,%d",msg.address.c_str(),msg.age,msg.number);
        ros::spinOnce();
        loop_rate.sleep();
    }
    return 0;
}
```

在 example3_b.cpp 中添加以下内容：

```
#include "ros/ros.h"
#include "chap03_example/someone.h" // 引用自定义消息类型
void messageCallback(const chap03_example::someone::ConstPtr& msg)
{// 取出字段中的数值
    ROS_INFO("someone:  %s  [%d]  [%d]",  msg->address.c_str(),  msg->age,  msg->number);
}
int main(int argc, char **argv)
{
  ros::init(argc, argv, "example3_b");
  ros::NodeHandle n;
// 订阅
  ros::Subscriber sub = n.subscribe("message", 1000, messageCallback);
```

```
    ros::spin();
    return 0;
}
```

进行编译，在 CMakeLists.txt 文件中添加以下代码：

```
add_executable(example3_a src/example3_a.cpp)
add_executable(example3_b src/example3_b.cpp)
add_dependencies(example3_a chap03_example_generate_message_cpp)
add_dependencies(example3_b chap03_example_generate_message_cpp)
target_link_libraries(example3_a ${catkin_LIBRARIES})
target_link_libraries(example3_b ${catkin_LIBRARIES})
```

打开两个终端分别运行以下命令，显示结果如图 3.23 所示。

```
$ rosrun chap03_example example3_a
$ rosrun chap03_example example3_b
```

```
learner@learner:~/catkin_ws$ rosrun chap03_example example3_a
[ INFO] [1652756863.985637047]: NEU,100,1923
[ INFO] [1652756864.085793901]: NEU,100,1923
[ INFO] [1652756864.185731446]: NEU,100,1923
[ INFO] [1652756864.285722979]: NEU,100,1923
[ INFO] [1652756864.385963083]: NEU,100,1923
[ INFO] [1652756864.485959183]: NEU,100,1923
learner@learner:~$ rosrun chap03_example example3_b
[ INFO] [1652756877.686507892]: someone: NEU [100] [1923]
[ INFO] [1652756877.786217477]: someone: NEU [100] [1923]
[ INFO] [1652756877.886381006]: someone: NEU [100] [1923]
[ INFO] [1652756877.986246973]: someone: NEU [100] [1923]
[ INFO] [1652756878.086129981]: someone: NEU [100] [1923]
[ INFO] [1652756878.186322452]: someone: NEU [100] [1923]
[ INFO] [1652756878.286273007]: someone: NEU [100] [1923]
[ INFO] [1652756878.386236824]: someone: NEU [100] [1923]
[ INFO] [1652756878.486147936]: someone: NEU [100] [1923]
[ INFO] [1652756878.586389647]: someone: NEU [100] [1923]
[ INFO] [1652756878.686137752]: someone: NEU [100] [1923]
[ INFO] [1652756878.786291915]: someone: NEU [100] [1923]
```

图 3.23　显示结果

3.3.3　使用自定义的服务类型

本节将创建两个节点，分别作为服务端和客户端，演示对 3.3.1 节创建的自定义服务类型 info.srv 的使用。服务端的功能是提供服务，对变量年龄“age”和编号“number”进行运算，运算的结果作为密码“pass”。客户端发出年龄“age”和编号“number”的具体数据，请求客户端进行运算并返回结果(密码“pass”)。

在 chap03_example/src 文件夹下创建两个新的文件。

创建 example4_a.cpp(服务端)，添加以下代码：

```
#include "ros/ros.h"
#include "chap03_example/info.h"
// 以上代码为包含必要的头文件和已经创建的 srv 文件
bool passit(chap03_example::info::Request &req, chap03_example::info::Response &res)
```

```
{
    // 此函数会对两个变量进行除法运算，得到结果 res.pass，作为 password
    res.pass = req.number/req.age;
    // 进行信息的显示
    ROS_INFO("Request: age = %d, phone number =%d", (int)req.age, (int)req.number);
    ROS_INFO("Sending back response: This is the password, which you can get his or her
information:%d.", (int)res.pass);
    return true;
}
int main(int argc, char **argv)
{
    ros::init(argc, argv, "pass_server");
    ros::NodeHandle n;
    ros::ServiceServer service = n.advertiseService("pass_ints", passit);
    ROS_INFO(" age, number");
    ros::spin();
    return 0;
}
```

创建 example4_b.cpp（客户端），添加以下代码：

```
#include <ros/ros.h>
#include <chap03_example/info.h>
#include <cstdlib>

int main(int argc, char **argv)
{
    ros::init(argc, argv, "pass_ints_client");
    ros::NodeHandle n;
    //  以 pass_ints 为名称创建一个服务的客服端
    ros::ServiceClient client = n.serviceClient<chap03_example::info>("pass_ints");
    chap03_example::info pa;
    // 创建 srv 文件的一个实例， 这个消息需要两个字段，并且加入需要发送的数据值
    pa.request.age = atoll(argv[1]);
    pa.request.number = atoll(argv[2]);
    //此代码会调用服务并发送数据，如果调用成功，call()函数会返回 true,否则为 false
    if(client.call(pa)) {
    ROS_INFO("Password %d", (long int)pa.response.pass);
}
    else
    {
```

```
    ROS_ERROR("Failed to call service pass_ints...");
    return 1;
  }
    return 0;
  }
```

在 CMakeLists.txt 文件添加以下代码：

```
add_executable(example4_a src/example4_a.cpp)
add_executable(example4_b src/example4_b.cpp)
add_dependencies(example4_a chap03_example_generate_message_cpp)
add_dependencies(example4_b chap03_example_generate_message_cpp)
target_link_libraries(example4_a ${catkin_LIBRARIES})
target_link_libraries(example4_b ${catkin_LIBRARIES})
```

以 catkin_make 指令进行编译，然后在两个终端中运行服务端和客户端。

新开一个终端并运行以下命令，作为服务端，显示结果如图 3.24 所示。

```
$ rosrun chap03_example example4_a
```

```
learner@learner:~$ rosrun chap03_example example4_a
[ INFO] [1650169900.804603040]:  age, number
```

图 3.24　运行 example4_a

另开一个新的终端运行以下命令，作为客服端，显示结果如图 3.25 所示。

```
$ rosrun chap03_example example4_b [age] [number]
```

```
learner@learner:~$ rosrun chap03_example example4_b 2 2048
[ INFO] [1650169955.598558032]: Password 1024
learner@learner:~$ 
```

图 3.25　运行 example4_b [age] [number]

服务端将做出响应，如图 3.26 所示。

```
learner@learner:~$ rosrun chap03_example example4_a
[ INFO] [1650169900.804603040]:  age, number
[ INFO] [1650169955.598296788]: Request: age = 2, phone number =2048
[ INFO] [1650169955.598324380]: Sending back response: This is the  password, wh
ich you can get his or her information:1024.
```

图 3.26　运行后响应

3.3.4　Action 简介

在基于 ROS 的大型系统中，向某个节点发送请求，并接收节点的应答，可以通过 ROS 服务实现。如果服务需要较长时间执行，客户端将处于阻塞状态，超时才能结束请求。通过 Action 功能包建立服务，可以创建一个被抢占的长期任务。客户端请求之后，无须等待服务端响应，只要定期接收服务端的反馈结果，直到任务结束或者接收到最终结果，客户端也可以随时终止服务请求。

Action 是话题和服务的综合运用，通信机制原理与服务的请求/响应过程类似，发送请求的过程与话题的发布过程类似，获取反馈结果和最终结果与话题的订阅类似。Action 客户端和 Action 服务端通过建立在 ROS 消息之上的“ROS Action Protocol”进行通信。如图 3.27 所示，客户端和服务端为用户提供一个简单的 API，用于请求目标(在客户端)或通过函数调用和回调执行目标(在服务端)。

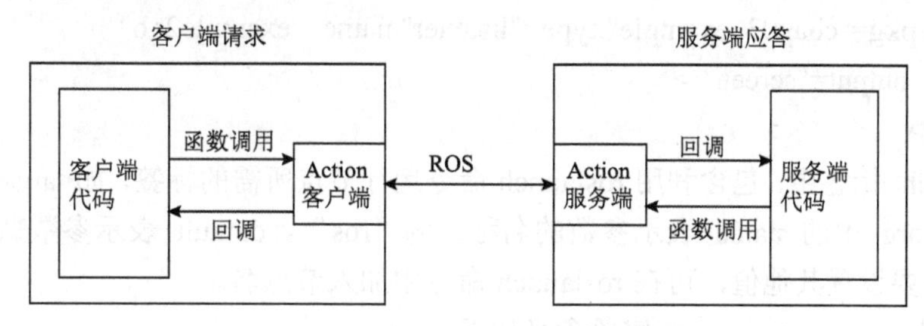

图 3.27　Action 客户端与 Action 服务端的交互示意

3.4　launch 启动文件

ROS 中通过使用启动文件(Launch File)实现同时启动节点管理器(Master)和多个节点。启动文件以.launch 后缀进行命名，启动文件是 XML 文件，一般被保存在 launch 文件夹下。

XML 文件需要添加根元素，由形如<launch>…<launch>的 launch 标签定义，其余元素都包含在该标签内。

3.4.1　启动文件的作用

使用 launch 文件，可同时启动包括 master 节点在内的多个节点，roslaunch 文件可启动多个节点程序：

```
$ roslaunch package-name launch-file-name
```

3.4.2　编写规范

launch 文件可以放在功能包的根目录下，也可以在功能包中建立 launch 文件夹，存放 launch 文件。launch 文件的语法结构为根元素所包含若干个节点元素，每个节点元素包含其相应的节点属性信息。例如，创建同时启动 example2_a 和 example2_b 这两个节点的 launch 文件：

```
$ cd dev/catkin_ws/src/chap03_example
$ mkdir launch
$ cd launch
$ gedit example2_ab.launch
```

在 example2_ab.launch 文件中输入如下代码并保存：

```
<?xml version="1.0" encoding="UTF-8"?>
<launch>
```

```
    <!-- arg -->
    <arg name="ros"
        default="L"/>
    <!-- example2_a -->
    <node pkg="chap03_example" type="talker" name="example2_a"
         output="screen"/>
    <!--   example2_b   -->
    <node pkg="chap03_example" type="listener" name="example2_b"
         output="screen"/>
</launch>
```

在<launch>标签中，包含利用 roslaunch 命令运行节点所需的标签，如<arg>和<node>。

这里的<arg>中的 name 表示参数的名称，为“ros”。default 表示参数默认的值，为“L”。若需要设置其他值，可在 roslaunch 命令中加入节点名。

<node>中 pkg、type、name 字段含义如下：

pkg　功能包名称。

type　运行的节点名称。

name　与 type 对应的节点在被运行时的名称(运行名)。一般情况下使用与 type 相同的名称，可以根据需要，在运行时更改名称。

除了上述的标签外，还有许多标签：

<launch>　指 roslaunch 语句的开始和结束。

<node>　为启动文件的标签，负责启动 ROS 节点。

<machine>　用于设置运行该节点的 PC 的名称、address、ros-root 和 ros-package-path。

<include>　用于加载另一个 launch。

<remap>　可以更改节点名称、话题名称等。

<env>　设置环境变量。

<param>　设置参数名称、类型、值等。

<rosparam>　用于查看和修改 load、dump 和 delete 等参数信息。

<group>　用于分组正在运行的节点。

<test>　用于测试节点。

<arg>　用于在 launch 文件中定义一个变量，便于运行时更改参数。

运行 launch 文件，显示结果如图 3.28 所示。

```
$ roslaunch chap03_example example2_ab.launch
```

3.4.3　参数设置方法

launch 文件支持参数设置。关于参数设置的标签元素有两个：<param>和<arg>。一个代表 parameter，另一个代表 argument。

parameter 存储在参数服务器中，是 ROS 系统运行中的参数。在 launch 文件中通过<param>元素加载 parameter.launch 文件，将 parameter 加载到 ROS 的参数服务器上。每个活跃的节点都可以通过 ros::param::get()接口来获取 parameter 的值。

```
learner@learner:~/dev/catkin_ws/src/chap03_example/launch$ roslaunch chap03_example example2_ab.launch
... logging to /home/learner/.ros/log/3046f106-bdf9-11ec-b5ae-bb405f5e9569/roslaunch-learner-8457.log
Checking log directory for disk usage. This may take a while.
Press Ctrl-C to interrupt
Done checking log file disk usage. Usage is <1GB.

started roslaunch server http://learner:45867/

SUMMARY
========

PARAMETERS
 * /rosdistro: noetic
 * /rosversion: 1.15.14

NODES
  /
    example2_a (chap03_example/talker)
    example2_b (chap03_example/listener)

ROS_MASTER_URI=http://localhost:11311

process[example2_a-1]: started with pid [8471]
process[example2_b-2]: started with pid [8472]
[ INFO] [1650170079.556461545]: This is a message from talker0
[ INFO] [1650170080.556837589]: This is a message from talker1
[ INFO] [1650170080.557680673]: I heard: [This is a message from talker1]
[ INFO] [1650170081.556682670]: This is a message from talker2
[ INFO] [1650170081.557326351]: I heard: [This is a message from talker2]
```

图 3.28　运行后响应

<param>的用法如下：

```
<param name="output_frame" value="odom"/>
```

在复杂的系统中参数数量很多，以上方法逐个设置效率非常低，ROS 提供了另外一种参数(<rosparam>)加载方式：

```
<rosparam file="$(find 2dnav_pr2)/config/costmap_common_params.yaml" command=
"load" ns="local_costmap" />
```

<rosparam>可以将一个 YAML 格式文件中的参数全部加载到 ROS 参数服务器中，需要设置 command 属性为“load”，可以选择设置命名空间“ns”的属性。

argument 类似于 launch 文件内部的局部变量，仅限于 launch 文件使用，便于 launch 文件的重构。

设置 argument 使用<arg>标签元素，代码如下：

```
<arg name="arg-name" default= "arg-value"/>
```

launch 文件使用 argument 时，利用以下代码调用：

```
<param name="foo" value="$(arg arg-name)" />
<node name="node" pkg="package" type="type " args="$(arg arg-name)" />
```

习　　题

3-1 如何创建和编译 ROS 工作空间？

3-2 编写一对 ROS 节点，实现话题发布及订阅、消息发送及接收。

3-3 在 ROS 命令行下，使 turtlesim 演示以不同的形式呈现和动作。

第 4 章　ROS 程序调试与可视化

在编写和调试 ROS 工程代码时，运行往往会发生错误，因此需要借助一些调试工具来提高查找错误的效率。ROS 提供了许多功能强大的工具，可以帮助开发人员和用户进行代码调试和可视化工作，其中包括节点调试和诊断工具、系统状态监测工具、数据可视化工具以及 rqt 插件等。本章主要介绍 gdb 调试器对节点的调试和优化，使用日志记录 API 实现系统运行状态的监测，输出日志信息和显示节点状态图；通过可视化工具实现机器人数据的二维和三维可视化；最后使用 rosbag 保存与回放记录的数据以及检查消息记录包的话题和消息。

4.1　ROS 节点调试及日志信息输出

在 ROS 中有很多标准工具可以对节点进行调试。本节主要介绍调用 gdb 等工具调试 ROS 节点，以及如何在代码中添加日志消息，通过输出信息更加方便地诊断问题。最后讨论 ROS 自检工具，对节点间损坏的连接进行测试。

4.1.1　gdb 调试器

利用 gdb 调试器调试一个节点，首先需要知道可执行节点的路径。对于 ROS Noetic 版本的 catkin 功能包，节点的可执行文件通常放在工作空间的 devel/lib/<package>文件夹。然后运行命令 catkin_make 编译工作空间，若是编译失败并提示需要下载相应的包，则运行 sudo apt-get install ros-noetic-driver-base 进行下载，下载完成后，需要再次编译工作空间。运行 source devel/setup.bash 配置环境，完成上述操作后，运行工作空间中的功能包。

运行节点前需要保证 roscore 运行，使用以下命令运行 example1 节点，如图 4.1 所示。

```
$ rosrun chap04_example example1
```

```
learner@learner:~/dev/catkin_ws$ rosrun chap04_example example1
[DEBUG] [1650174176.628616892]: This is a simple DEBUG message!
[DEBUG] [1650174176.629522558]: This is a DEBUG message with an argument: 3.1400
00
[DEBUG] [1650174176.629563598]: This is DEBUG stream message with an argument: 3
.14
```

图 4.1　example1 节点的运行

切换到相应目录：

```
$ cd ～/dev/catkin_ws/devel/lib/chap04_example
```

使用 gdb 命令运行节点，如图 4.2 所示：

```
$ gdb example1
```

```
learner@learner:~/dev/catkin_ws$ cd ~/dev/catkin_ws/devel/lib/chap04_example
learner@learner:~/dev/catkin_ws/devel/lib/chap04_example$ gdb example1
GNU gdb (Ubuntu 9.2-0ubuntu1~20.04) 9.2
Copyright (C) 2020 Free Software Foundation, Inc.
License GPLv3+: GNU GPL version 3 or later <http://gnu.org/licenses/gpl.html>
This is free software: you are free to change and redistribute it.
There is NO WARRANTY, to the extent permitted by law.
Type "show copying" and "show warranty" for details.
This GDB was configured as "x86_64-linux-gnu".
Type "show configuration" for configuration details.
For bug reporting instructions, please see:
<http://www.gnu.org/software/gdb/bugs/>.
Find the GDB manual and other documentation resources online at:
    <http://www.gnu.org/software/gdb/documentation/>.

For help, type "help".
Type "apropos word" to search for commands related to "word"...
Reading symbols from example1...
(No debugging symbols found in example1)
```

图 4.2　使用 gdb 命令运行节点

或者通过输入 r 和 Enter 键从 gdb 中启动节点，显示如图 4.3 所示的输出。

```
(gdb) r
Starting program: /home/learner/dev/catkin_ws/devel/lib/chap04_example/example1
[Thread debugging using libthread_db enabled]
Using host libthread_db library "/lib/x86_64-linux-gnu/libthread_db.so.1".
[New Thread 0x7ffff4bb2700 (LWP 9629)]
[New Thread 0x7fffeffff700 (LWP 9630)]
[New Thread 0x7fffe77fe700 (LWP 9631)]
[New Thread 0x7fffef7fe700 (LWP 9632)]
[DEBUG] [1650174256.505081877]: This is a simple DEBUG message!
[DEBUG] [1650174256.505861685]: This is a DEBUG message with an argument: 3.1400
00
[DEBUG] [1650174256.505903915]: This is DEBUG stream message with an argument: 3
.14
[Thread 0x7fffef7fe700 (LWP 9632) exited]
[Thread 0x7fffe77fe700 (LWP 9631) exited]
[Thread 0x7ffff4bb2700 (LWP 9629) exited]
[Thread 0x7fffeffff700 (LWP 9630) exited]
[Inferior 1 (process 9624) exited normally]
```

图 4.3　从 gdb 中启动节点

也可以用 gdb 命令列出相关源代码，以及设置断点或使用任何 gdb 附带的功能。在 gdb 中，断点通常有两种形式：

(1) 断点(BreakPoint)。

在代码的指定位置中断，设置断点的命令是 break，通常有如下方式：

break <function>　在指定函数前设置断点。

break <linenum>　在指定行号前设置断点。

break +/-offset　在当前行号前或当前行号后的 offset 行设置断点，offset 为自然数。

break filename:linenum　在源文件 filename 的 linenum 行前设置断点。

break ... if <condition>...　condition 表示条件，在条件成立时设置断点。

(2) 观察点(WatchPoint)。

在变量读、写或变化时设置断点，常用来定位错误，常用形式如下：

watch <expr>　变量发生变化设置断点。

rwatch <expr>　变量被读时设置断点。

awatch <expr>　　变量值被读或被写时设置断点。

上述设置命令大部分可以简写为第一个字母，因此在使用中输入第一个字母即可执行该命令。

ROS 运行 example1 节点的启动文件(example1.launch)代码如下：

```
<launch>
<node pkg=" chap04_example " type=" example1" name=" example1"/>
</launch>
```

ROS 节点启动时可调用 gdb 调试器，修改 example1.launch 文件得到 example1_gdb.launch，在 node 标签中添加代码 launch-prefix="xterm-e gdb-ex run--args"就可以在 ROS 节点启动时调用 gdb 调试器，所添加的代码如下：

```
<launch>
<node pkg=" chap04_example " type=" example1" name=" example1"
output="screen"
launch-prefix="xterm-e gdb -ex run --args "/>
</launch>
```

其中添加 output="screen"，使节点在终端显示。启动前缀语句 launch-prefix="xterm -e gdb -ex run --args "创建一个调用 gdb 节点的新 xterm 终端。使用 sudo apt install xterm -y 安装 xterm。根据需要设置断点，输入 c 或 r 可以启动节点并调试，以在节点崩溃时进行回溯。运行如下命令启动 launch 文件开始调试，显示如图 4.4 所示。

```
$ roslaunch chap04_example example1_gdb.launch
```

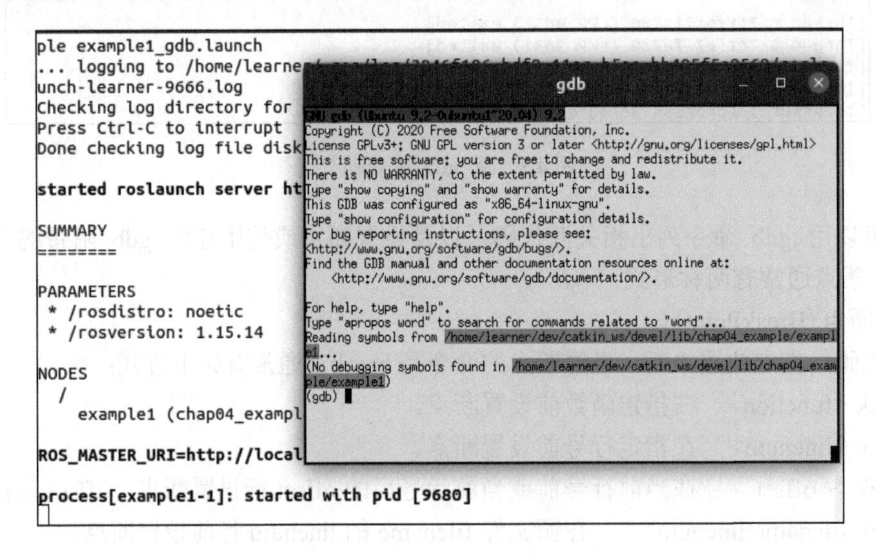

图 4.4　运行 launch 文件调试

可以把节点附加到诊断工具上，启动 valgrind 来检测程序的内存泄漏情况。对 example1_valgrind.launch 文件进行如下设置：

```
<launch>
<node pkg=" chap04_example " type=" example1" name=" example1"
```

```
output="screen"
launch-prefix="valgrind "/>
</launch>
```

关于 valgrind 的源码下载和详细信息可以访问 http://valgrind.org。

4.1.2　段错误的调试

程序运行时，通常会发生段错误(Core Dump)。段错误是指访问的内存超出了系统给该程序所设定的内存空间，例如，访问了不存在的内存地址、访问了系统保护的内存地址、访问了只读的内存地址等情况。

程序发生段错误时，系统所给出的提示信息较少，查看段错误的发生信息主要有以下四种方法。创建一个具有段错误的代码 example2.cpp 进行测试：

```
#include <stdio.h>int main(void)
{
    int *ptr = NULL;
    *ptr = 0;
    return 0;
}
```

1. dmesg *方法*

通过 dmesg 命令可以查看发生段错误的程序名称、引起段错误发生的内存地址、指令指针地址、堆栈指针地址、错误代码、错误原因等。运行结果如图 4.5 所示。

```
~/dev/catkin_ws/devel/lib/chap04_example$ dmesg
```

```
learner@learner:~/dev/catkin_ws/devel/lib/chap04_example$  dmesg
[    0.000000] microcode: microcode updated early to revision 0xea, date = 2021-
01-05
[    0.000000] Linux version 5.13.0-39-generic (buildd@lcy02-amd64-080) (gcc (Ub
untu 9.4.0-1ubuntu1~20.04.1) 9.4.0, GNU ld (GNU Binutils for Ubuntu) 2.34) #44~2
0.04.1-Ubuntu SMP Thu Mar 24 16:43:35 UTC 2022 (Ubuntu 5.13.0-39.44~20.04.1-gene
ric 5.13.19)
[    0.000000] Command line: BOOT_IMAGE=/boot/vmlinuz-5.13.0-39-generic root=UUI
D=b116d25b-0abb-4c8e-af9b-86347f460924 ro quiet splash vt.handoff=7
[    0.000000] KERNEL supported cpus:
[    0.000000]   Intel GenuineIntel
[    0.000000]   AMD AuthenticAMD
[    0.000000]   Hygon HygonGenuine
[    0.000000]   Centaur CentaurHauls
[    0.000000]   zhaoxin   Shanghai
[    0.000000] x86/fpu: Supporting XSAVE feature 0x001: 'x87 floating point regi
sters'
[    0.000000] x86/fpu: Supporting XSAVE feature 0x002: 'SSE registers'
[    0.000000] x86/fpu: Supporting XSAVE feature 0x004: 'AVX registers'
[    0.000000] x86/fpu: Supporting XSAVE feature 0x008: 'MPX bounds registers'
```

图 4.5　运行 dmesg 命令

2.　-g *方法*

使用 gcc 编译程序源码时，加上 -g 参数后，在生成的二进制文件 segfault 中加入用于 gdb 调试的有用信息。

```
~/dev/catkin_ws/src/chap04_example/src$ gcc -g -o segfault example2.cpp
```

3. nm

使用 nm 命令列出二进制文件中符号表，包括符号地址、符号类型、符号名等。帮助定位段错误发生处，运行结果如图 4.6 所示。

```
~/dev/catkin_ws/src/chap04_example/src$ nm segfault
```

```
learner@learner:~/dev/catkin_ws/src/chap04_example/src$ nm segfault
0000000000004010 B __bss_start
0000000000004010 b completed.8060
                 w __cxa_finalize@@GLIBC_2.2.5
0000000000004000 D __data_start
0000000000004000 W data_start
0000000000001070 t deregister_tm_clones
00000000000010e0 t __do_global_dtors_aux
0000000000003df8 d __do_global_dtors_aux_fini_array_entry
0000000000004008 D __dso_handle
0000000000003e00 d _DYNAMIC
0000000000004010 D _edata
0000000000004018 B _end
00000000000011c8 T _fini
0000000000001120 t frame_dummy
0000000000003df0 d __frame_dummy_init_array_entry
000000000000212c r __FRAME_END__
0000000000003fc0 d _GLOBAL_OFFSET_TABLE_
                 w __gmon_start__
0000000000002004 r __GNU_EH_FRAME_HDR
0000000000001000 t _init
0000000000003df8 d __init_array_end
```

图 4.6 运行 nm segfault 命令

4. ldd

使用 ldd 命令查看二进制程序的共享链接库依赖，包括库的名称、起始地址，用于定位段错误发生在程序中还是依赖共享库中，如图 4.7 所示。

```
~/dev/catkin_ws/src/chap04_example/src$ ldd segfault
```

```
learner@learner:~/dev/catkin_ws/src/chap04_example/src$ ldd segfault
        linux-vdso.so.1 (0x00007ffc1acc4000)
        libc.so.6 => /lib/x86_64-linux-gnu/libc.so.6 (0x00007fc9aef39000)
        /lib64/ld-linux-x86-64.so.2 (0x00007fc9af171000)
learner@learner:~/dev/catkin_ws/src/chap04_example/src$
```

图 4.7 运行 ldd 命令

调试段错误的问题方法主要有两种：一种是生成 core dump 文件，然后用 gdb 调试这个文件；另一种是使用其他工具来定位问题。

方法一：使用 gcc 和 gdb 调试，为了能够使用 gdb 调试程序，在编译阶段加上 -g 参数 gcc -g segmentation_fault.c ，生成 a.out 文件，然后使用 gdb 命令调试程序，如图 4.8 所示。

```
~/dev/catkin_ws/src/chap04_example/src$ gdb a.out
```

```
learner@learner:~/dev/catkin_ws/src/chap04_example/src$ gdb a.out
GNU gdb (Ubuntu 9.2-0ubuntu1~20.04) 9.2
Copyright (C) 2020 Free Software Foundation, Inc.
License GPLv3+: GNU GPL version 3 or later <http://gnu.org/licenses/gpl.html>
This is free software: you are free to change and redistribute it.
There is NO WARRANTY, to the extent permitted by law.
Type "show copying" and "show warranty" for details.
This GDB was configured as "x86_64-linux-gnu".
Type "show configuration" for configuration details.
For bug reporting instructions, please see:
<http://www.gnu.org/software/gdb/bugs/>.
Find the GDB manual and other documentation resources online at:
    <http://www.gnu.org/software/gdb/documentation/>.

For help, type "help".
Type "apropos word" to search for commands related to "word"...
Reading symbols from a.out...
(gdb) 
```

图 4.8　gdb 命令调试程序

进入 gdb 后，运行命令 r：

```
(gdb) r
Starting program: /home/wentao/dev/catkin_ws/src/chap04_example/src/a.out
Program received signal SIGSEGV, Segmentation fault.
0x00000000004004e6 in main () at example2.cpp:5
5          *ptr = 0
(gdb)
```

程序收到 SIGSEGV 信号，触发段错误，并提示地址 0x00000000004004e6，创建了一个空指针，并访问它的值，调试完成后，输入 quit 命令退出 gdb。

方法二：使用 core 文件和 gdb，对于段错误触发的 SIGSEGV 信号，会打印段错误信息，并产生 core 文件。借助程序异常退出生成的 core 文件，使用 gdb 工具来调试程序中的段错误。若不产生 core 文件，查看系统 core 文件的大小限制，如图 4.9 所示。

```
~/dev/catkin_ws/src/chap04_example/src$ ulimit -c
```

```
learner@learner:~/dev/catkin_ws/src/chap04_example/src$ ulimit -c
0
learner@learner:~/dev/catkin_ws/src/chap04_example/src$ 
```

图 4.9　查看系统 core 文件大小限制

默认设置情况下显示为 0，设置 core 文件的大小限制(单位为 KB)，运行以下命令，如图 4.10 所示。

```
~/dev/catkin_ws/src/chap04_example/src$ ulimit -c 1024
~/dev/catkin_ws/src/chap04_example/src$ ulimit -c
```

```
learner@learner:~/dev/catkin_ws/src/chap04_example/src$ ulimit -c
0
learner@learner:~/dev/catkin_ws/src/chap04_example/src$ ulimit -c 1024
learner@learner:~/dev/catkin_ws/src/chap04_example/src$ ulimit -c
1024
learner@learner:~/dev/catkin_ws/src/chap04_example/src$ 
```

图 4.10　设置 core 文件大小限制

然后运行 a.out 程序，查看是否发生段错误，如图 4.11 所示。

```
~/dev/catkin_ws/src/chap04_example/src$ ./a.out
```

```
learner@learner:~/dev/catkin_ws/src/chap04_example/src$ ./a.out
段错误 (核心已转储)
learner@learner:~/dev/catkin_ws/src/chap04_example/src$
```

图 4.11　运行 a.out

显示段错误(核心已转储)，然后加载 core 文件，使用 gdb 工具进行调试，如图 4.12 所示。

```
~/dev/catkin_ws/src/chap04_example/src$ gdb a.out core
```

通过输出信息可以查阅段错误信息和错误代码。

```
learner@learner:~/dev/catkin_ws/src/chap04_example/src$ gdb a.out core
GNU gdb (Ubuntu 9.2-0ubuntu1~20.04) 9.2
Copyright (C) 2020 Free Software Foundation, Inc.
License GPLv3+: GNU GPL version 3 or later <http://gnu.org/licenses/gpl.html>
This is free software: you are free to change and redistribute it.
There is NO WARRANTY, to the extent permitted by law.
Type "show copying" and "show warranty" for details.
This GDB was configured as "x86_64-linux-gnu".
Type "show configuration" for configuration details.
For bug reporting instructions, please see:
<http://www.gnu.org/software/gdb/bugs/>.
Find the GDB manual and other documentation resources online at:
    <http://www.gnu.org/software/gdb/documentation/>.

For help, type "help".
Type "apropos word" to search for commands related to "word"...
Reading symbols from a.out...

warning: exec file is newer than core file.
[New LWP 8288]

warning: .dynamic section for "/lib/x86_64-linux-gnu/libc.so.6" is not at the ex
pected address (wrong library or version mismatch?)

warning: .dynamic section for "/lib64/ld-linux-x86-64.so.2" is not at the expect
ed address (wrong library or version mismatch?)
Core was generated by `./a.out'.
Program terminated with signal SIGSEGV, Segmentation fault.
#0  0x00000000004004e6 in main () at example2.cpp:5
5           *ptr = 0;
(gdb)
```

图 4.12　gdb 调试

4.1.3　使用 ROS 日志系统

日志系统可以记录系统的运行过程，输出想要得到的信息，从而通过阅读日志可以知道系统的运行信息。为了满足不同的需求，ROS 提供了分级的输出系统。ROS 含有输出日志信息的函数和宏，可提供日志(信息)级别、STL 流接口、条件触发消息等方式。

用 C++ 代码输出一个消息信息：

```
ROS_INFO("This is an INFO message.");
```

ROS 头文件包含在源代码中，不需要包括任何特定的库，但需要添加头文件

ros/console.h。

```
#include <ros/console.h>
```

输出的调试信息：

```
[ INFO] [15958112329.568370670]: This is an INFO message.
```

调试信息的输出带有级别和时间戳，时间戳以公历时间计时，代表自 1970 年 1 月 1 日以来的秒和纳秒计数，时间戳后面显示需要输出的具体信息。C 语言可以用 printf 格式为特殊字符传递数值，ROS 中的 ROS_INFO 函数与 C 语言 printf 函数用法类似。例如，输出变量 val 对应的浮点数值的代码表示为

```
float val = 3.21;
ROS_INFO("My INFO message with argument: %f", val);
```

或

```
ROS_INFO_STREAM("My INFO message with argument: " <<val);
```

以上代码，通过一个 ROS_INFO_STREAM 的宏展示了带有参数的消息。ROS 日志系统的核心思想是使程序生成一些简短的文本字符流，这些字符流便是日志消息。

ROS 中有五个不同的日志消息严重级别，划分各种重要级别旨在提供一种区分和管理日志消息的全局方法。每个消息级别用于不同的目的，按照严重级别排列如表 4.1 所示。

表 4.1　日志消息严重级别

消息级别	特定的颜色显示	目的
DEBUG	绿色	只有调试时有用
INFO	白色	说明重要步骤或节点在执行操作
WARN	黄色	提醒一些错误、缺失或者不正常
ERROR	红色	提示错误，尽管节点仍然可以运行
FATAL	紫色	通常防止节点继续运行

这些名称是输出信息的函数或宏的一部分，遵循如下语法：

ROS_<LEVEL>[<OTHER>]

例如，输出警告信息函数为 ROS_WARN_STREAM()。

基于以上语法，创建以下代码 example3.cpp 输出五个严重级别不同的日志消息，运行结果如图 4.13 所示。

```
#include <ros/ros.h>
#include <ros/console.h>

int main( int argc, char **argv )
{
  ros::init( argc, argv, "example3" );
  ros::NodeHandle n;
  ros::Rate rate( 1 );
  while( ros::ok() ) {
```

```
        ROS_DEBUG_STREAM("This is a DEBUG message.");
        ROS_INFO_STREAM(" This is a INFO message."   );
        ROS_WARN_STREAM(" This is a WARN message."   );
        ROS_ERROR_STREAM(" This is a ERROR message.");
        ROS_FATAL_STREAM(" This is a FATAL message.");
        ROS_INFO_STREAM_NAMED("named_msg", "INFO named message.");
        ROS_INFO_STREAM_THROTTLE(2, "INFO throttle message.");
        ros::spinOnce();
        rate.sleep();
    }
    return EXIT_SUCCESS;
}
```

```
learner@learner:~/dev/catkin_ws$ rosrun chap04_example example3
[ INFO] [1650179207.854861539]: This is a INFO message.
[ WARN] [1650179207.855702298]: This is a WARN message.
[ERROR] [1650179207.855741873]: This is a ERROR message.
[FATAL] [1650179207.855770494]: This is a FATAL message.
[ INFO] [1650179207.855784302]: INFO named message.
[ INFO] [1650179207.855825243]: INFO throttle message.
[ INFO] [1650179208.855028513]: This is a INFO message.
[ WARN] [1650179208.855151239]: This is a WARN message.
[ERROR] [1650179208.855197651]: This is a ERROR message.
[FATAL] [1650179208.855241070]: This is a FATAL message.
[ INFO] [1650179208.855279590]: INFO named message.
[ INFO] [1650179209.855067959]: This is a INFO message.
[ WARN] [1650179209.855171082]: This is a WARN message.
[ERROR] [1650179209.855220254]: This is a ERROR message.
[FATAL] [1650179209.855261061]: This is a FATAL message.
[ INFO] [1650179209.855301016]: INFO named message.
[ INFO] [1650179210.854943142]: This is a INFO message.
[ WARN] [1650179210.855022212]: This is a WARN message.
[ERROR] [1650179210.855056799]: This is a ERROR message.
[FATAL] [1650179210.855079897]: This is a FATAL message.
[ INFO] [1650179210.855107391]: INFO named message.
[ INFO] [1650179210.855141750]: INFO throttle message.
[ INFO] [1650179211.854920768]: This is a INFO message.
[ WARN] [1650179211.854972061]: This is a WARN message.
```

图 4.13　输出日志信息

(1)默认情况下，会显示 INFO 及更高级别的调试信息。

(2)使用宏记录去除器，可以在编译时动态地改变级别。

CMakeLists.txt 文件中添加 ROSCONSOLE_MIN_SEVERITY 宏实现。宏定义包括：

```
ROSCONSOLE_SEVERITY_FATAL
ROSCONSOLE_SEVERITY_ERROR
ROSCONSOLE_SEVERITY_WARN
ROSCONSOLE_SEVERITY_INFO
ROSCONSOLE_SEVERITY_DEBUG
```

```
ROSCONSOLE_SEVERITY_NONE
ROSCONSOLE_MIN_SEVERITY
```

其中，宏 ROSCONSOLE_MIN_SEVERITY 在<ros/console.h> 中默认定义的级别为 DEBUG。在应用时可以把它放在头文件前或将它作为一个编译参数进行传递。如果显示 WARN 或更高级别的调试信息，在源程序中加入以下代码：

```
#define ROSCONSOLE_MIN_SEVERITY ROSCONSOLE_SEVERITY_WARN
```

或者在 CMakeLists.txt 中，使用以下代码设置包中所有节点的宏：

```
add_definitions{-ROSCONSOLE_MIN_SEVERITY ROSCONSOLE_SEVERITY_ WARN }
```

另外，通过在同一节点的多个位置放置信息，可知每一条信息是来自哪一段代码。利用函数<LEVEL>[_STREAM]_NAMED 给信息取名，代码如下：

```
ROS_INFO_STREAM_NAMED(
"named_msg",
"My named INFO stream message; val = " << val
);
```

在节点定义文件中，使用 named_msg 对显示信息进行配置，具体操作是在 config 文件中为每个带有名称的信息设置不同调试级别。例如，创建一个名为 config 的文件夹和名为 chap04_example.config 的文件，设定 named_msg 的信息只在 ERROR 及更高级别中显示，代码如下：

```
log4j.logger.ros. chap04_example.named_msg=ERROR
```

同理也可以设置成 ROS 所支持的任何级别，环境变量名字为 ROSCONSOLE_CONFIG_FILE，指向要执行的配置文件。为了避免字节的直接运行，可以通过 env(环境变量)字段扩展 launch 文件得到 example1_valgrind_logger.launch，代码如下：

```
<?xml version="1.0" encoding="UTF-8"?>
<launch>
  <!-- Logger config -->
  <env name="ROSCONSOLE_CONFIG_FILE"
        value="$(find chap04_example)/config/chap04_example.config"/>
  <!-- Example 1 -->
  <node pkg="chap04_example" type="example1" name="example1"
         output="screen" launch-prefix="valgrind"/>
</launch>
```

设置日志级别有多种方法，可以在编译时进行设量或在程序执行前使用配置文件进行更改，也可以动态地改变级别。ROS 日志系统集成了一系列窗口化显示及配置工具，除了可以在节点中配置日志记录信息的 API 之外，在 rqt tools 功能包下提供一种图形化工具——rqt_console，可以对所有正在运行的节点日志记录系统进行查看、监视和配置。

ROS 提供了一个 QT 架构的后台工具套件 ——rqt-common-plungins，包含计算图可视化工具(rqt_graph)、数据绘图工具(rqt_plot)、日志输出工具(rqt_console)、参数动态配置工具(rqt_reconfigure)等。为了方便可视化调试和显示的工作，使用以下命令安装 QT 工具箱：

```
$ sudo apt-get install ros-noetic-rqt
$ sudo apt-get install ros-noetic-rqt-common-plugins
```

rqt_console 工具用来图像化和过滤 ROS 系统运行状态的所有日志信息。在终端输入 roscore，在新打开的终端输入以下命令，得到图形化界面，如图 4.14 所示。

```
$ rosrun rqt_console rqt_console
```

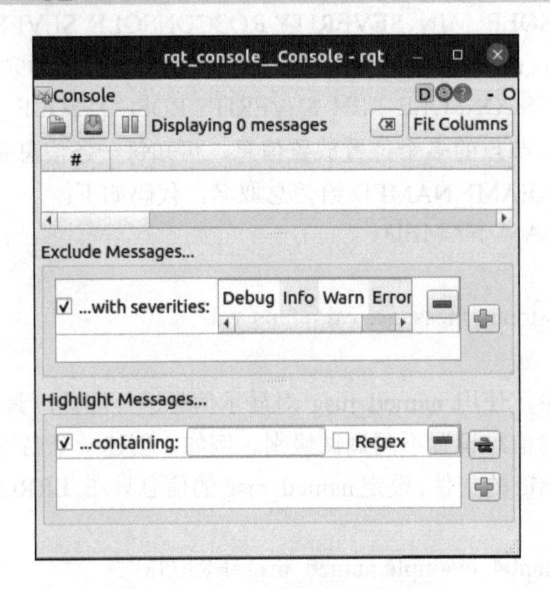

图 4.14　rqt_console 图形化界面

设置日志记录器的严重级别时，运行以下命令得到图形化界面，如图 4.15 所示。

```
$ rosrun rqt_logger_level rqt_logger_level
```

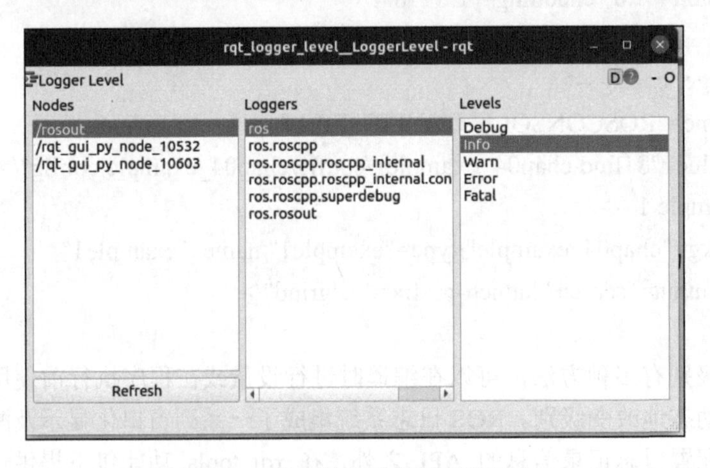

图 4.15　设置日志记录器严重级别

使用 rqt_console 和 rqt_logger_level 修改调试级别时，只有在其他终端成功运行节点后，才能看到其相关的日志信息。

4.2　监视系统状态

系统运行时，可能有多个节点在发布消息，也可能订阅其他节点消息。ROS 框架提供了一些工具来生成此类节点状态图，最常用的工具是 rqt_graph，可在系统执行过程中显示该节点状态图，可看到一个节点是如何动态地出现或消失的，此处使用 example4 和 example5 节点作为演示示例。

节点 example4 发布的话题有速率 rate 和加速度 accel：

```
ros::Publisher pub_rate = n.advertise< std_msgs::Int32 >( "rate", 1000 );
ros::Publisher pub_accel = n.advertise< geometry_msgs::Vector3 >( "accel", 1000 );
```

example5 节点接收 example4 节点发布的话题：

```
ros::Subscriber sub_rate = n.subscribe( "rate", 1000, callback_rate );
ros::Subscriber sub_accel = n.subscribe( "accel", 1000, callback_accel );
```

使用 launch 文件同时运行 example4 和 example5 节点，在终端输入以下命令：

```
$ cd dev/catkin_ws/src/chap04_example/launch
$ roslaunch example4_5.launch
$ rosrun rqt_graph rqt_graph
```

在图 4.16 中，/example4 和/example5 为节点，带箭头的连线为发布者和订阅者在这些节点与话题间的连接。切换成 Nodes only，可以显示该节点和话题的调试信息，如图 4.17 所示。

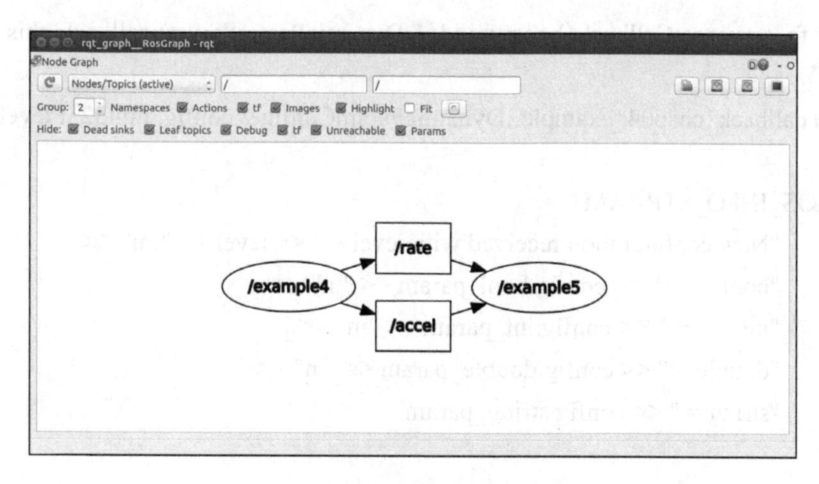

图 4.16　节点状态图

如果一个节点配置了参数服务器，就可以动态调整参数。 example6 为一个示例程序，配置了 DynamicParamServer，可选的配置参数有 bool_param、int_param、double_param 和 string_param，代码如下：

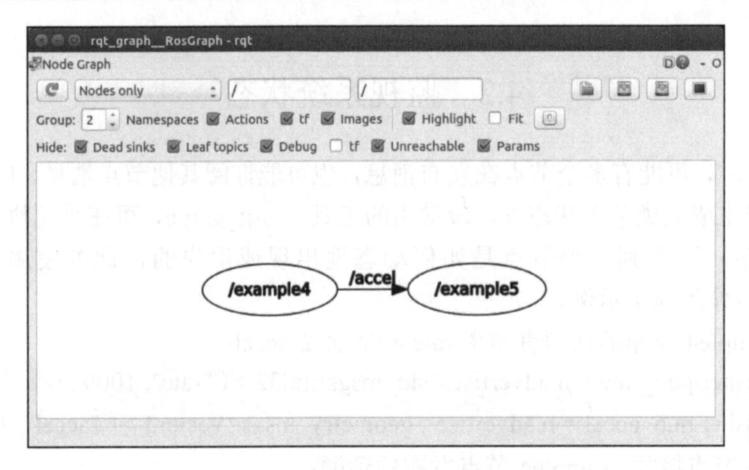

图 4.17　切换成 Nodes only 后的界面

```
#include <ros/ros.h>
#include <dynamic_reconfigure/server.h>
#include <chap04_example/DynamicParamConfig.h>
class DynamicParamServer
{
public:
  DynamicParamServer()
  {
    _cfg_server.setCallback(boost::bind(&DynamicParamServer::callback, this, _1, _2));
  }
  void callback(chap04_example::DynamicParamConfig& config, uint32_t level)
  {
    ROS_INFO_STREAM(
        "New configuration received with level = " << level << ":\n" <<
        "bool    = " << config.bool_param << "\n" <<
        "int     = " << config.int_param << "\n" <<
        "double = " << config.double_param << "\n" <<
        "string = " << config.string_param          );
  }
private:
  dynamic_reconfigure::Server<chap04_example::DynamicParamConfig> _cfg_server;};
int main(int argc, char** argv)
{
  ros::init(argc, argv, "example6");
  DynamicParamServer dps;
  while(ros::ok())
```

```
  {     ros::spin();   }
  return EXIT_SUCCESS;
}
```

节点配置了动态参数服务器，可以使用 rqt_reconfigure 进行修改，为了启动参数服务器，先运行节点 example6。

```
$ roslaunch chap04_example example6.launch
```

使用下面的命令启动动态重配置服务器，打开 GUI：

```
$ rosrun rqt_reconfigure rqt_reconfigure
```

在图 4.18 左边列表选择 example6 服务器，可看到可选的动态重配置参数并能够直接修改。

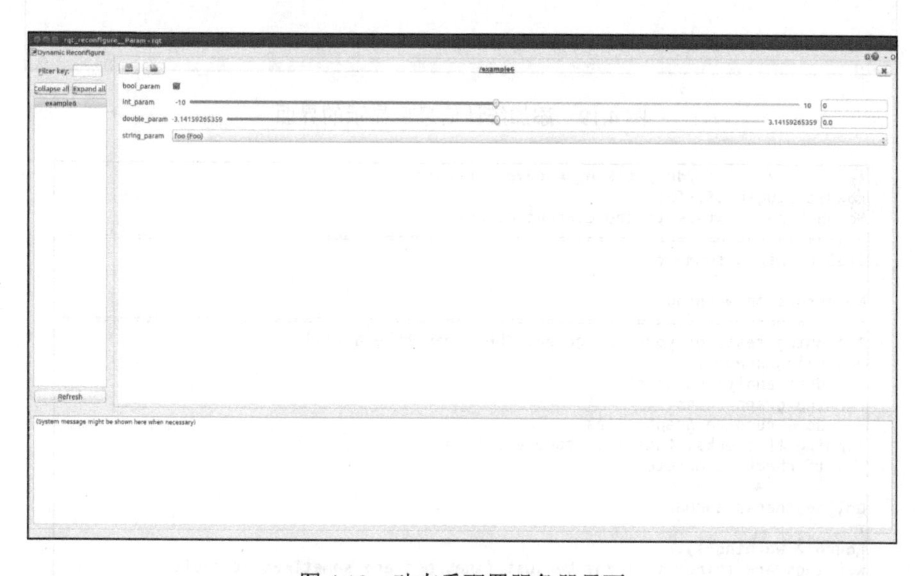

图 4.18　动态重配置服务器界面

为了在话题旁边显示信息速率、带宽以及写入速率等信息，在终端输入以下命令：

```
$ rosparam set enable_statistics true
$ roslaunch chap04_example example4_5.launch
$ rqt_graph
```

在图 4.19 中，example4 到 example5 的信息速率为 1.0Hz。

另外，roswtf 工具可以检测功能包下组件的潜在问题，运行将要检测的节点，利用 roswtf 可检查系统是否存在错误，如图 4.20 所示。

```
$ roscd
$ roswtf
```

roswtf 会警告可疑但在系统中可能是正常的内容，还会把错误信息报告出来。

运行以下命令，结果如图 4.21 所示。

```
$ ROS_PACKAGE_PATH=bad:$ROS_PACKAGE_PATH roswtf
```

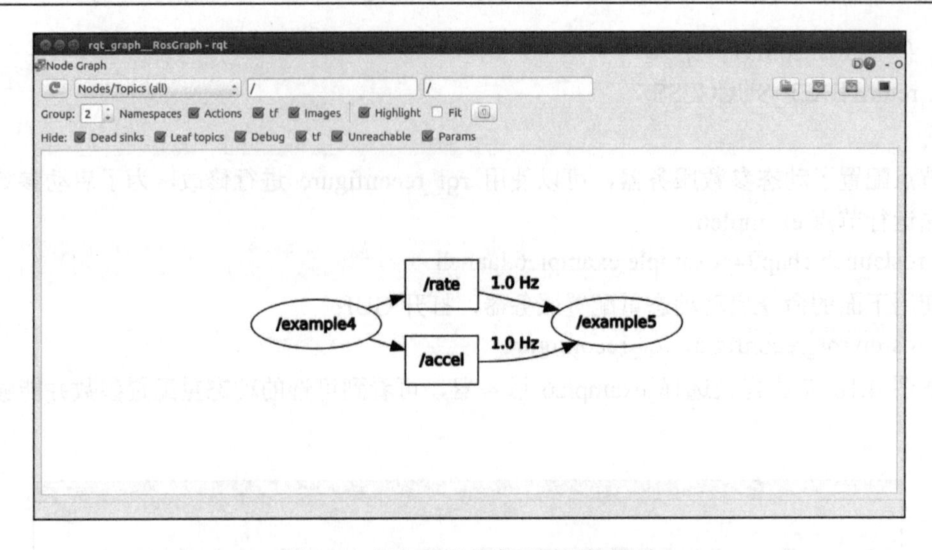

图 4.19　添加统计信息后显示的界面

```
learner@learner:~/dev/catkin_ws/devel$ roswtf
Loaded plugin tf.tfwtf
No package or stack in the current directory
================================================================================
Static checks summary:

No errors or warnings
================================================================================
Beginning tests of your ROS graph. These may take a while...
analyzing graph...
... done analyzing graph
running graph rules...
... done running graph rules
running tf checks, this will take a second...
... tf checks complete

Online checks summary:

Found 2 warning(s).
Warnings are things that may be just fine, but are sometimes at fault

WARNING The following node subscriptions are unconnected:
 * /rosout:
   * /rosout

WARNING No tf messages
```

图 4.20　roswtf 检查系统是否存在错误

当系统程序复杂时，可以使用 diagnostic_aggregator 汇总诊断信息，通过 rqt_robot_monitor 实现可视化。example7 节点通过诊断话题发布消息，通过运行 example7.launch 启动节点，使用 rqt_runtime_monitor 监视程序的诊断信息。

```
$ roslaunch chap04_example example7.launch
```

或

```
$ cd dev/catkin_ws/src/chap04_example/launch
$ roslaunch    example7.launch
```

打开终端输入以下命令，诊断信息显示如图 4.22 所示。

```
$ rosrun rqt_runtime_monitor rqt_runtime_monitor
```

```
learner@learner:~/dev/catkin_ws/devel$ ROS_PACKAGE_PATH=bad:$ROS_PACKAGE_PATH roswtf
Loaded plugin tf.tfwtf
No package or stack in the current directory
================================================================================
Static checks summary:

Found 1 error(s).

ERROR Not all paths in ROS_PACKAGE_PATH [bad:/home/learner/dev/catkin_ws/src:/opt/ros/
noetic/share] point to an existing directory:
 * bad

================================================================================
Beginning tests of your ROS graph. These may take a while...
analyzing graph...
... done analyzing graph
running graph rules...
... done running graph rules
running tf checks, this will take a second...
... tf checks complete

Online checks summary:

Found 2 warning(s).
Warnings are things that may be just fine, but are sometimes at fault

WARNING The following node subscriptions are unconnected:
 * /rosout:
   * /rosout

WARNING No tf messages
```

图 4.21　roswtf 报告系统的错误

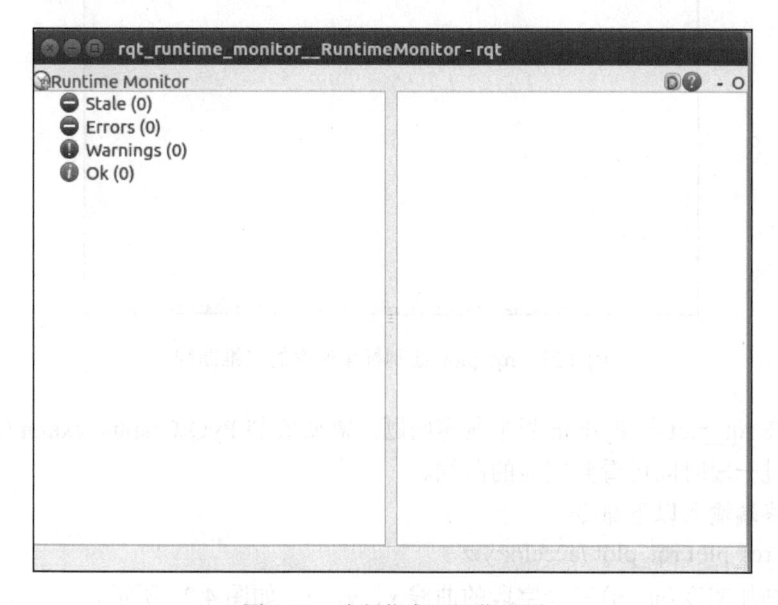

图 4.22　诊断信息可视化界面

4.3　机器人数据的二维可视化

4.3.1　rqt_plot 绘制时间趋势曲线

ROS 有一些比较通用的工具可以绘制标量数据图。其中，rqt_plot 可以将消息中提供的时间戳作为时间序列，将每一个标量字段数据分别绘制成二维曲线。 example4 节点通过两个不同的话题分别发布一个标量速率(Rate)和一个矢量(非标量)加速度(Accel)。其中 rate 和 accel 数值定义如下：

```
msg_rate.data = i;
msg_accel.x = 2 * i;
msg_accel.y = 2 * i;
msg_accel.z = 2 * i;
```

rate 和 accel 数值变化的趋势为

```
++i;
```

运行以下命令可以绘制标量速率的二维曲线，如图 4.23 所示。

```
$ roslaunch chap04_example example4_record.launch
$ rosrun rqt_plot rqt_plot /rate/data
```

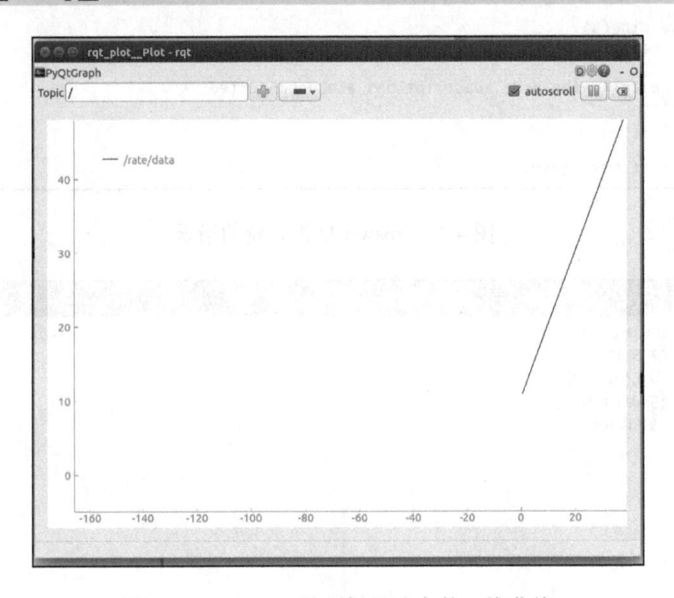

图 4.23　rqt_plot 绘制标量速率的二维曲线

有时存在 rqt_plot 与 Python 版本兼容问题，需要安装 PyQtGraph。example4 节点运行成功后，经过一段时间可看到明显的曲线。

在新的终端输入以下命令：

```
$ rosrun rqt_plot rqt_plot /accel/x:y:z
```

分别绘制加速度(accel)三个字段的曲线 x、y、z，如图 4.24 所示。

在 rqt_plot 界面左上方的 Topic 中，可以添加或删减指定字段 x、y、z。

4.3.2　画图工具

ROS 的画图工具 rxtool 功能包提供很多强大的工具，可以方便快捷地开发机器人应用程序、进行调试、查看数据和检查内部信息，也可以作为功能包内的一个节点运行。ROS 允许通过 launch 文件启动这些工具，但需要在 launch 文件中通过 node 的 arge 字段传递相关参数。

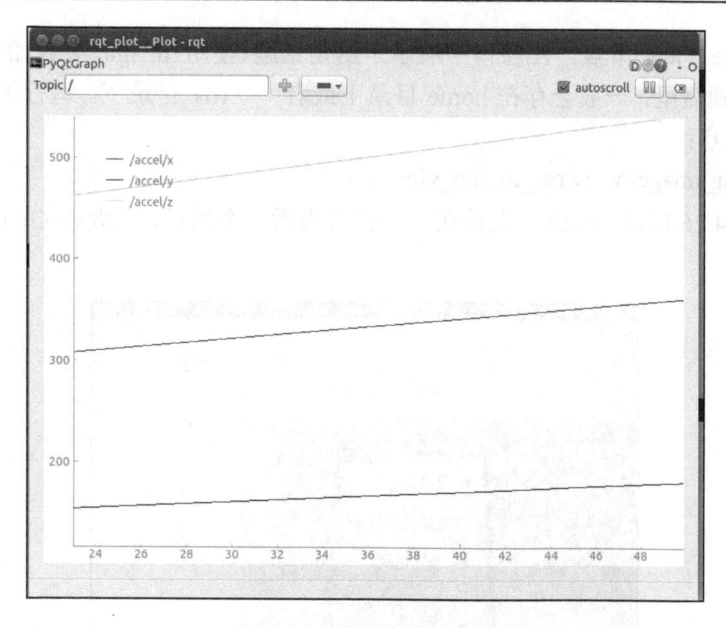

图 4.24　三个字段的曲线

在 launch 文件中加入以下代码，可以使 rxplot 作为节点运行。

```
<node pkg=" rxtools" type=" rxplot" name="accel_plot"
args=" /accel/x:y:z "/>
```

4.3.3　图像可视化

在 ROS 系统中，可以展示来自摄像头的图像。例如，运行 example8 程序，显示/camera 话题的图像，如图 4.25 所示。

```
$ roslaunch chap04_example example8.launch
$ rosrun image_view image_view image:=/camera
```

图 4.25　显示摄像头图像

利用 image_view 节点，在窗口中展示了给定话题(使用 image 参数)的图像。可以将当前帧保存在硬盘里，一般会存在 home 目录下或者 ～/.ros 目录下。运行下面的命令启动 image_view 节点：

```
$ rosrun rqt_image_view rqt_image_view
```

显示如图 4.26 所示，此命令支持在一个窗口查看多个图像，需要在 GUI 上手动选择图像话题。

图 4.26　rqt_image_view 显示摄像头图像

4.4　三维刚体变换与 tf 树

4.4.1　轴角与欧拉角

对于空间向量旋转的表达，通常使用轴角或欧拉角。轴角使用一条旋转轴与旋转的角度描述空间中的旋转。欧拉角将物体的一次轴角旋转拆分为三次旋转，分别称为绕 x 轴的滚转(row)、绕 y 轴的俯仰(pitch)与绕 z 轴的偏航(yaw)，如图 4.27 所示。用 rpy 角描述这三次旋转，即以偏航角 r(绕 z)、俯仰角 p(绕 y)、滚转角 y(绕 x)为顺序组成列向量：

$$R = \begin{bmatrix} r \\ p \\ y \end{bmatrix} \tag{4.1}$$

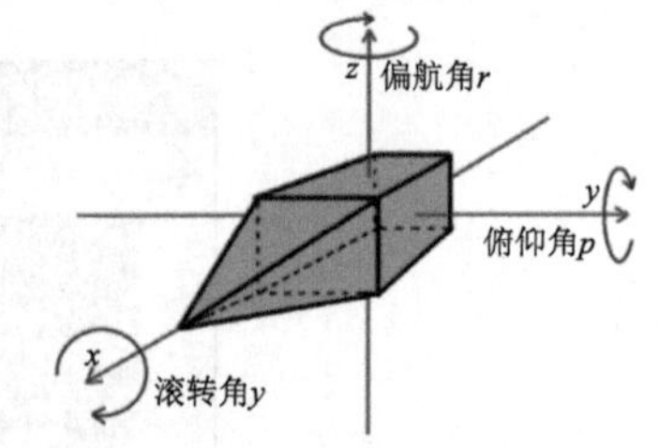

图 4.27　以欧拉角表示旋转运动示意

轴角与欧拉角的表达非常直观，但存在一个共同的缺点，即存在奇异性问题：轴角在旋转角度 θ 超过 2π 时会产生周期性；欧拉角 rpy 将旋转分解，当物体分别绕 z 轴、y 轴进行一次 $\theta=\pm\pi/2$ 的旋转后，将导致 x 轴与 z 轴(或其反向延长线)原先的位置重合，使下一次的旋转失去意义，造成了模型自由度的丢失。

4.4.2　旋转矩阵与四元数

对于三维旋转运动，可以使用三维矩阵表示沿着俯仰角 p 与滚转角 y 的旋转。进而使用对应欧拉角三次旋转的矩阵的连续左乘，表达空间中的向量的旋转，具体方式是构造旋转矩阵，以九个变量表达三个自由度，即附加冗余度的方式克服轴角和欧拉角的奇异性问题。为了描述位姿的连续变化，通常使用齐次坐标的方法对旋转与位移的表达进行合并，使整个变换关系变为线性关系，有利于进行迭代位姿计算。

四元数是一种通过增加冗余度消除奇异性的位姿旋转表示方法。作为一种高阶复数，四元数可以用较少的数值描述一次旋转运动，相对于矩阵乘法更加简洁，又避免了奇异性问题。一个四元数 q 可以表示为

$$q=(x,y,z,w)=x\mathrm{i}+y\mathrm{j}+z\mathrm{k}+w=((x,y,z),w)=(v,w) \tag{4.2}$$

其中，w 为实部；v 为虚部向量。类比于二维复平面，四元数的三支虚部满足以下关系：

$$\begin{cases}\mathrm{i}^2=\mathrm{j}^2=\mathrm{k}^2=-1\\ \mathrm{ij}=\mathrm{k},\quad \mathrm{ji}=-\mathrm{k}\\ \mathrm{jk}=\mathrm{i},\quad \mathrm{kj}=-\mathrm{i}\\ \mathrm{ki}=\mathrm{j},\quad \mathrm{ik}=-\mathrm{j}\end{cases} \tag{4.3}$$

一般在三维空间中，仅使用单位四元数(模为 1 的四元数)的三支虚部坐标作为旋转的四元数描述，而实部则作为“第四维”，为四元数凑出 $x^2+y^2+z^2+w^2=1$ 的单位四元数性质。虚轴各自在[−1, 1]的范围内取值，对三维空间进行表达。四元数乘积的模等于模的乘积，以此保证旋转结果始终为单位四元数。单位四元数也存在其逆等于其共轭的性质。

从欧拉角转换为四元数：

$$q=\begin{bmatrix}w\\x\\y\\z\end{bmatrix}=\begin{bmatrix}\cos(\mathrm{roll}/2)\cos(\mathrm{pitch}/2)\cos(\mathrm{yaw}/2)+\sin(\mathrm{roll}/2)\sin(\mathrm{pitch}/2)\sin(\mathrm{yaw}/2)\\ \sin(\mathrm{roll}/2)\cos(\mathrm{pitch}/2)\cos(\mathrm{yaw}/2)-\cos(\mathrm{roll}/2)\sin(\mathrm{pitch}/2)\sin(\mathrm{yaw}/2)\\ \cos(\mathrm{roll}/2)\sin(\mathrm{pitch}/2)\cos(\mathrm{yaw}/2)+\sin(\mathrm{roll}/2)\cos(\mathrm{pitch}/2)\sin(\mathrm{yaw}/2)\\ \cos(\mathrm{roll}/2)\cos(\mathrm{pitch}/2)\sin(\mathrm{yaw}/2)-\sin(\mathrm{roll}/2)\sin(\mathrm{pitch}/2)\cos(\mathrm{yaw}/2)\end{bmatrix} \tag{4.4}$$

从四元数转换到欧拉角：

$$\begin{bmatrix}\mathrm{roll}\\ \mathrm{pitch}\\ \mathrm{yaw}\end{bmatrix}=\begin{bmatrix}\arctan\left(\dfrac{2(wx+yz)}{1-2\left(x^2+y^2\right)}\right)\\ \arcsin(2(wy-zx))\\ \arctan\left(\dfrac{2(wz+xy)}{1-2\left(y^2+z^2\right)}\right)\end{bmatrix} \tag{4.5}$$

4.4.3　ROS 中的坐标变换工具：tf 树

机器人在空间中的运动控制通常涉及多个坐标系间的相互转换。ROS 为这种坐标系间的互相转换提供了解决方案，使用 tf 坐标变换软件包配置机器人。tf 就是坐标转换，包括位置和姿态两个方面。注意区分坐标转换和坐标系转换，前者是一个坐标在不同坐标系下

的表示，后者表示不同坐标系的相对位姿关系。ROS 中的机器人模型包含大量的部件，每一个部件统称为连接(Link，比如手部、头部、某个关节、某个连杆)，每一个连接对应着一个坐标系(Frame)，两者是绑定在一起的。tf 靠话题通信机制持续地发布不同连接之间的坐标关系。

tf 软件库负责管理与机器人相关的各坐标系之间的关系，其目的是实现系统中任一个点在所有坐标系之间的坐标变换。只要给定一个坐标系下的一个点的坐标，就能获得这个点在其他任意坐标系的坐标。为了合理、高效地表示任意坐标系的变换关系，tf 采用多层多叉树的形式描述 ROS 系统的坐标系，树中的每一个节点都是一个坐标系，节点之间的连线对应了当前节点与其子节点间的坐标转换关系。tf 树的特点是每个节点只有一个父节点，即每个坐标系都有一个父坐标系，但可以有多个子坐标系。需要注意的是，这种转换关系是单向的，即节点间的连线均为有向边，只有子节点可以将坐标上载至父节点下，此过程不可逆。

tf 包的作用是在程序中提前声明不同坐标系的相对位置(称为广播)，并在后续程序运行过程中不断更新，并以时间为轴进行跟踪，系统会生成两坐标系间的转换关系。在后续运行过程中，程序能够通过指令自动调用这些转换关系(称为监听)，获得 A 坐标系下的某向量在 B 坐标系下的表达。当机器人在世界坐标系下不断移动时，机器人坐标系与世界坐标系的转换关系将实时更新。

借助 tf，用户可以获取到类似于以下的申请的答复：

(1) 获取五秒前 A 坐标系与 B 坐标系的姿态对应关系。

(2) 获取此时 B 坐标系观测下的某物体相对于 A 坐标系的位姿。

(3) 获取此时 A、B 坐标系在世界坐标系下的位姿。

有关 tf 树的详细内容，将在本书 7.3 节讲述。

4.5　机器人数据的三维可视化

4.5.1　rviz 与 3D 可视化

rviz 是 ROS 系统的 3D 可视化工具，用于将机器人代码模型转化为可视的 3D 模型。

运行以下命令安装及编译 rviz：

```
$ sudo apt-get install ros-noetic-rviz
$ rosdep install rviz
$ rosmake rviz
$ rosrun rviz rviz
```

如果无法启动，可注册 bash：

```
$ source devel/setup.bash
```

或在终端中输入：

```
$ roscore
$ rosrun rviz rviz
```

或

```
$rosrun rqt_rviz rqt_rviz
```

启动后界面如图 4.28 所示，中间黑色区域为 3D 可视化区域，左侧为显示面板，右侧为当前视角的参数面板。除了已经显示的选项，可通过左下方的 Add 按钮来增加新的显示选项，如添加 PointCloud2。

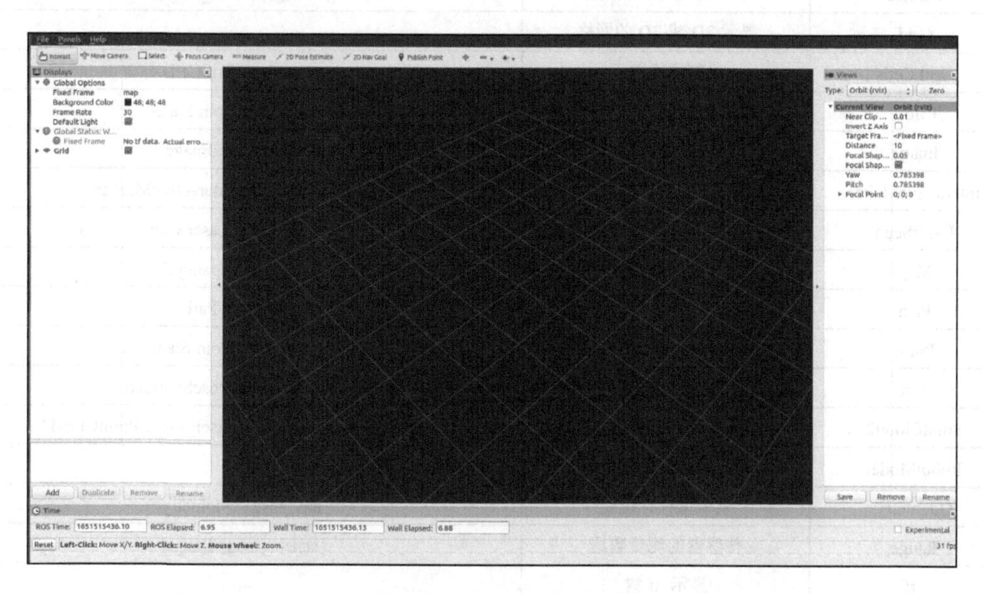

图 4.28　rviz 启动后界面

该窗口包含了显示类型，中部给出了显示类型的描述，最后是显示项的名称，名称可由用户任意选取，但是必须唯一。

(1) 显示属性：下拉项为显示项的属性。

(2) 显示状态： OK、Warn、Error 和 Disable 四种。图 4.29 中 Global Status 为 Warn。

(3) rviz 主要的显示类型如表 4.2 所示。

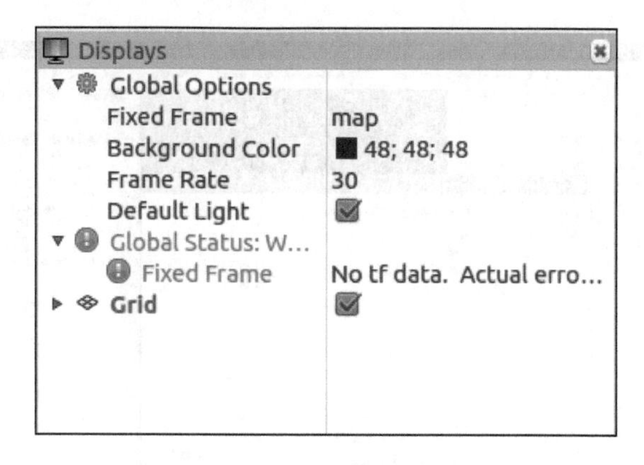

图 4.29　显示项属性

表 4.2　显示类型

类型	描述	消息类型
Axes	显示坐标系	—
Camera	从相机视角显示图像	sensor_msgs/Image,sensor_msgs/CameraInfo
Grid	显示 2D 或 3D 的网格	—
Grid Cells	绘制栅格单元	nav_msgs/GridCells
Effort	显示施加在关节上的力	sensor_msgs/JointStates
Image	显示图像	sensor_msgs/Image
InteractiveMaker	可交互式 Markers	visualization_msgs/InteractiveMarker
LaserScan	显示激光雷达数据	sensor_msgs/LaserScan
Map	显示地平面上的地图	nav_msgs/OccupancyGrid
Path	显示源自导航包的路径	nav_msgs/Path
Point	在区域绘制一个点	geometry_msgs/PointStamped
Pose	位姿可视化	geometry_msgs/PoseStamped
PointCloud2	显示点云数据	sensor_msgs/PointCloud,sensor_msgs/PointCloud2
RobotModel	显示机器人模型	—
Odometry	累积里程计位姿	nav_msgs/Odometry
Range	传感器的测量数据	sensor_msgs/Range
tf	显示 tf 树	—

rviz 工具集成了能够完成 3D 数据处理的 OpenGL 接口，可以将传感器数据在模型化世界(world)中展示。例如，节点 example9 发送点云 PointCloud2 到 rviz 显示，运行以下命令：

```
$ roslaunch chap04_example example9.launch
$ rosrun rqt_rviz rqt_rviz
```

然后单击面板左上角的 File，选择第一项，打开 example9 所在路径下的配置文件，如图 4.30 所示。

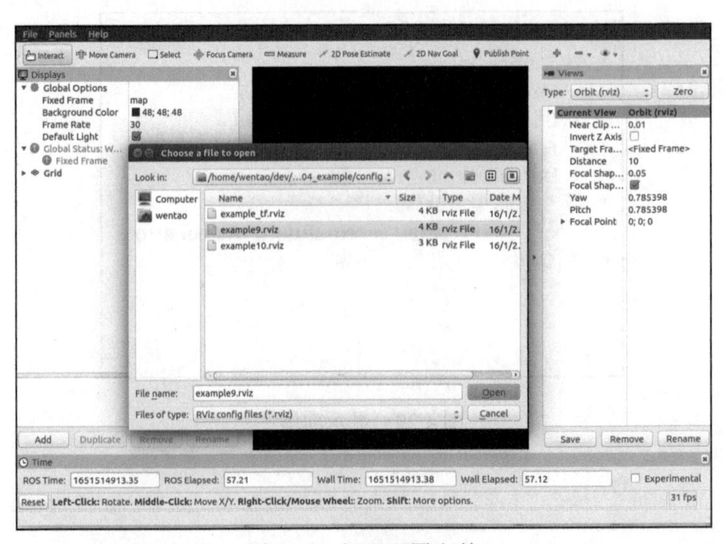

图 4.30　打开配置文件

最后将点云信息显示在面板上，如图 4.31 所示。

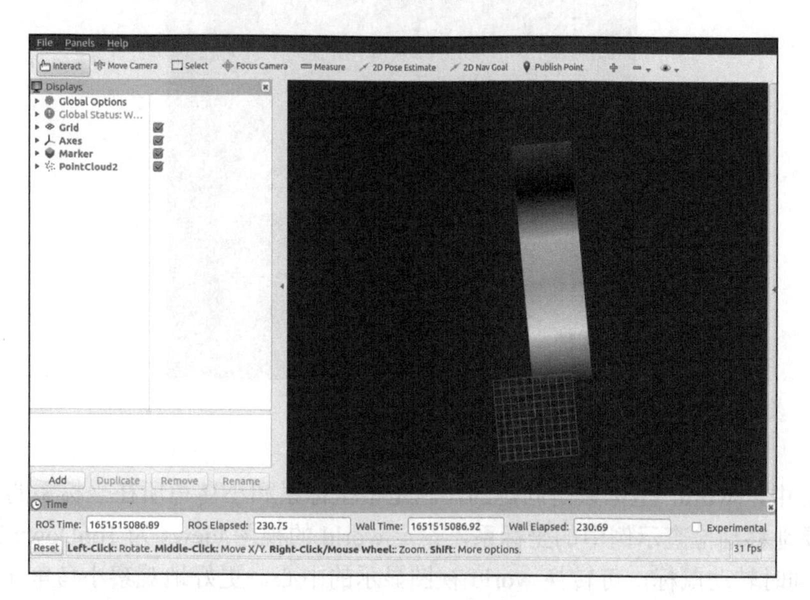

图 4.31 显示点云信息

点云在 rviz 中的显示

4.5.2 话题与坐标系的关系

如果话题发布的特定传感器数据在真实世界里具有一个物理位置，则该话题需要有一个坐标系。当机器人具有多个设备且每个设备都有不同的坐标系或位姿时，这样的坐标系本身没有其他用处，只是进行坐标变换。机器人的坐标变换树都会有一个根(Root)坐标系作为参照，在 rviz 中对比根坐标系和其他坐标系，查看机器人相对于真实世界坐标系的运动。

4.5.3 可视化坐标变换

运行以下 launch 文件：

```
$ roslaunch turtle_tf turtle_tf_demo.launch
```

如果发生错误，可能是在 launch 文件启动时侦听器失效，侦听器是一个必须启动的节点，启动成功后才能进行坐标变换，因此需要打开另外一个终端运行下面的命令：

```
$ roslaunch turtle_tf turtle_tf_listener
```

运行成功后，窗口显示两只小乌龟。通过键盘的上下左右四个箭头按键可以控制小乌龟移动，注意需要在启动 launch 文件的终端中使用键盘才能控制小乌龟移动，图 4.32 显示了小乌龟移动跟随情况。

在 rqt_rviz 中查看小乌龟坐标：

```
$ rosrun rqt_rviz rqt_rviz
```

(1) 固定坐标设定为 /world。

(2) 单击面板左侧下方 Add 按钮将坐标转换 tf 树添加到左边的区域，界面显示 /turtle1 和 /turtle2 两个坐标系，它们同为/world 坐标系的子坐标系。

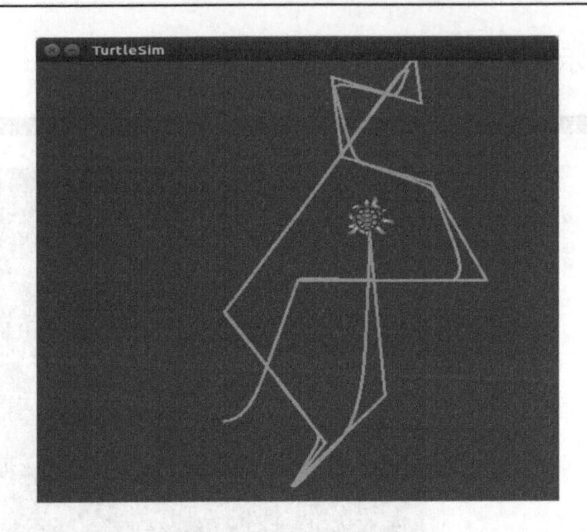

图 4.32　小乌龟跟随

在 rviz 中，/world 坐标系是固定的，它是根坐标系和小乌龟所在坐标系的父坐标系。为了更容易地移动检查示例中的坐标系，设定 world 的视图 views 为 TopDownOrtho，通过按 shift 键同时转动鼠标，可转换 world 视图显示的中心，更好地观察小乌龟在 2D 平面中的移动。

在终端中使用方向键移动小乌龟并在 rviz 中观察实时现象，如图 4.33 所示。

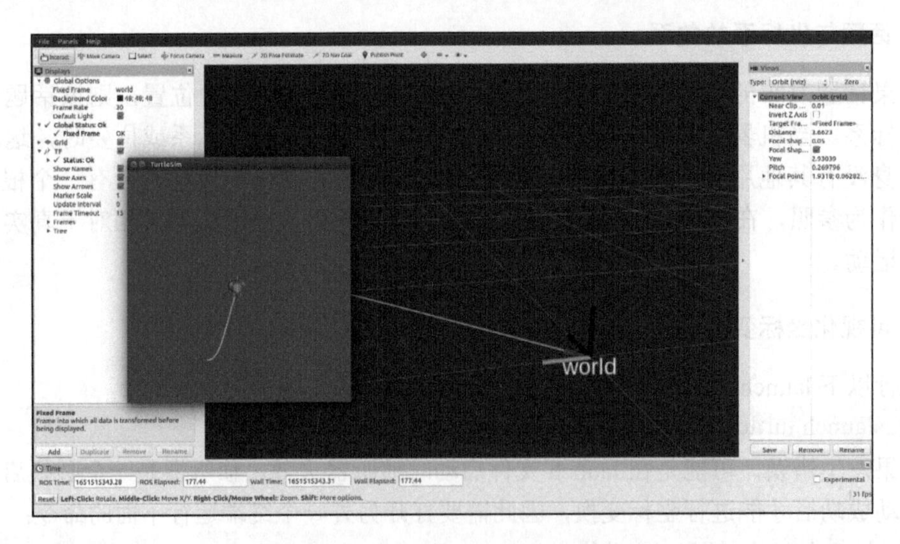

图 4.33　检查小乌龟坐标系的移动

4.6　保存与回放数据

使用 ROS 系统可能会遇到再次显示机器人的运行状况或分析机器人的某些运行数据的情况，此时需要对数据进行记录和备份。

4.6.1　消息记录包文件

ROS 能够存储所有节点通过话题发布的消息，把发布在一个或者多个话题上的消息录制到一个记录包文件中，然后通过回放这些消息，可以重现节点的运行过程，包括消息的时间延迟、字段参数和时间戳等。消息记录包中存储的数据使用的是二进制格式，能够支持超高速数据流的处理和记录，每个消息与发布它的话题都被记录下来。在播放记录包时，通过指明特定话题的名称，选择消息记录包中全部话题的某个特定子集进行播放。

4.6.2　使用 rosbag 记录数据

使用 rosbag 命令，话题的数据会被存储在一个 bag 文件中。

执行以下命令，运行小乌龟和键盘控制的两个节点：

```
$ roscore
$ rosrun turtlesim turtlesim_node
$ rosrun turtlesim turtle_teleop_key
```

记录所有发布的话题，打开一个新窗口输入：

```
$ rostopic list -v
```

显示内容如图 4.34 所示。

```
learner@learner:~/dev/catkin_ws$ rostopic list -v

Published topics:
 * /rosout_agg [rosgraph_msgs/Log] 1 publisher
 * /rosout [rosgraph_msgs/Log] 2 publishers
 * /turtle1/pose [turtlesim/Pose] 1 publisher
 * /turtle1/color_sensor [turtlesim/Color] 1 publisher
 * /turtle1/cmd_vel [geometry_msgs/Twist] 1 publisher

Subscribed topics:
 * /rosout [rosgraph_msgs/Log] 1 subscriber
 * /turtle1/cmd_vel [geometry_msgs/Twist] 1 subscriber

learner@learner:~/dev/catkin_ws$ 
```

图 4.34　话题列表

能记录的只有 publish topics 发布的消息。图 4.34 中，/turtle1/color_sensor 和/turtle1/pose 是 turtlesim 发布的话题。创建临时文件夹记录数据，然后运行 rosbag record ，并加上 a 选项，将所有发布的话题数据进行累加记录。打开一个新窗口运行以下命令：

```
～/dev/catkin_ws/src/chap04_example$ mkdir bagfiles
～/dev/catkin_ws/src/chap04_example$ cd bagfiles
～/dev/catkin_ws/src/chap04_example/bagfiles$ rosbag record -a
```

然后在运行 rosbag 的窗口按 Ctrl+C 键退出，在 bagfiles 文件夹内可看到生成的记录文件 2022-04-17-15-20-19.bag。也可记录用户自定义的话题，运行以下命令：

```
$ rosrun chap04_example example4
～/dev/catkin_ws/src/chap04_example/bagfiles$ rosbag record /temp /accel
```

当运行一个复杂的系统时，会有大量的数据存在，如摄像头传输的数据，在实际操作时无法记录所有数据，只能选择保存重要数据。此次实验记录的是 temp 和 accel，如图 4.35 所示，完成实验或者结束记录，按 Ctrl+C 键，将数据保存到 2022-04-17-15-20-19.bag。

```
learner@learner:~/dev/catkin_ws/src/chap04_example/bagfiles$ rosbag record /temp
 /accel
[ INFO] [1650180019.906666785]: Subscribing to /accel
[ INFO] [1650180019.908912683]: Subscribing to /temp
[ INFO] [1650180019.910929338]: Recording to '2022-04-17-15-20-19.bag'.
```

图 4.35　记录 temp 和 accel 数据

通过使用 rosbag help record 命令可以查看记录包文件的大小、记录的持续时间、分割文件到某个给定大小等选项。可以将对 rosbag record 的调用直接写到 launch 文件中，在 launch 文件中增加一个节点：

```
<node pkg=" rosbag" type=" record" name="bag _record"
args=" /temp / accel"/>
```

在话题和其他命令传递参数时要使用 args 参数。在使用 launch 文件直接启动记录时，记录包文件会默认被创建，并储存在 ～/.ros 路径下，也可以使用 -o(前缀)或 -O(全名)给文件命名并保存在其他路径。

4.6.3　回放消息记录文件

在消息记录包文件(bag)中能够回放话题发布的所有消息数据。首先启动 roscore，然后进入想要回放的消息记录包所在的文件夹，最后运行命令 rosbag play <your bagfile>，可以看到回放的消息内容如图 4.36 所示。

```
~/dev/catkin_ws/src/chap04_example/bagfiles$ rosbag play 2020-10-30-21-10-47.bag
```

```
^Clearner@learner:~/dev/catkin_ws/src/chap04_example/bagfiles$ rosbag play 2020-
10-30-21-10-47.bag
[ INFO] [1650180058.906607815]: Opening 2020-10-30-21-10-47.bag

Waiting 0.2 seconds after advertising topics... done.

Hit space to toggle paused, or 's' to step.
 [RUNNING]  Bag Time: 1604063448.060665   Duration: 0.000000 / 155.999980
 [RUNNING]  Bag Time: 1604063448.060976   Duration: 0.000311 / 155.999980
 [RUNNING]  Bag Time: 1604063448.161198   Duration: 0.100533 / 155.999980
 [RUNNING]  Bag Time: 1604063448.261335   Duration: 0.200670 / 155.999980
 [RUNNING]  Bag Time: 1604063448.361524   Duration: 0.300859 / 155.999980
 [RUNNING]  Bag Time: 1604063448.461722   Duration: 0.401057 / 155.999980
 [RUNNING]  Bag Time: 1604063448.561996   Duration: 0.501332 / 155.999980
 [RUNNING]  Bag Time: 1604063448.662154   Duration: 0.601489 / 155.999980
 [RUNNING]  Bag Time: 1604063448.762344   Duration: 0.701679 / 155.999980
 [RUNNING]  Bag Time: 1604063448.862489   Duration: 0.801824 / 155.999980
 [RUNNING]  Bag Time: 1604063448.962700   Duration: 0.902035 / 155.999980
 [RUNNING]  Bag Time: 1604063449.061071   Duration: 1.000406 / 155.999980
 [RUNNING]  Bag Time: 1604063449.065557   Duration: 1.004892 / 155.999980
 [RUNNING]  Bag Time: 1604063449.166018   Duration: 1.105353 / 155.999980
 [RUNNING]  Bag Time: 1604063449.266134   Duration: 1.205469 / 155.999980
```

图 4.36　回放消息记录包文件

在回放消息记录包的命令行窗口，按“空格”键暂停播放，也可以按 s 键步进播放，使用 Ctrl+C 组合键停止回放，使用以下命令可以 2 倍速度加快播放：

```
$ rosbag play -r 2 <your bagfile>
```

4.6.4　rosbag 检查消息记录包的话题和消息

通过 rosbag 检查消息记录包的话题和消息，主要有两种方法。

第一种：只需要输入 rosbag info<bag_file>。

可以通过 rosbag info 指令查看 bag 文件的内容，进入 bag 文件所在的目录，运行以下命令：

```
$ rosbag info <your bagfile>
```

其中，bag 文件的名称是由时间、后缀等内容组成，如 2020-10-30-20-58-47.bag，所以查看这个记录包应该执行以下命令：

```
~/dev/catkin_ws/src/chap04_example/bagfiles$ rosbag info 2020-10-30-20-58-47.bag
```

然后会显示消息记录包的信息，如图 4.37 所示。

```
learner@learner:~/dev/catkin_ws/src/chap04_example/bagfiles$ rosbag info 2020-10-30-20-58-4
7.bag
path:        2020-10-30-20-58-47.bag
version:     2.0
duration:    1:24s (84s)
start:       Oct 30 2020 20:58:47.24 (1604062727.24)
end:         Oct 30 2020 21:00:11.94 (1604062811.94)
size:        773.1 KB
messages:    10782
compression: none [1/1 chunks]
types:       geometry_msgs/Twist             [9f195f881246fdfa2798d1d3eebca84a]
             rosgraph_msgs/Log               [acffd30cd6b6de30f120938c17c593fb]
             rosgraph_msgs/TopicStatistics [10152ed868c5097a5e2e4a89d7daa710]
             turtlesim/Color                 [353891e354491c51aabe32df673fb446]
             turtlesim/Pose                  [863b248d5016ca62ea2e895ae5265cf9]
topics:      /rosout                  6 msgs    : rosgraph_msgs/Log             (2 connec
tions)
             /statistics            177 msgs    : rosgraph_msgs/TopicStatistics (2 connec
tions)
             /turtle1/cmd_vel        40 msgs    : geometry_msgs/Twist
             /turtle1/color_sensor 5280 msgs    : turtlesim/Color
             /turtle1/pose         5279 msgs    : turtlesim/Pose
learner@learner:~/dev/catkin_ws/src/chap04_example/bagfiles$
```

图 4.37　消息记录包的信息

图 4.37 输出信息显示了消息记录包的创建日期、持续时间、文件大小、内部消息的数量、话题的名字和类型，以及存储 message topic 的数目。

第二种：利用 rqt_bag。这种方法不仅具有图形界面，还允许回放消息记录包、查看图像、绘制标量数据图和消息的数据原结构。输入如下命令，打开回放消息记录包界面，如图 4.38 所示。

```
~/dev/catkin_ws/src/chap04_example/bagfiles$ rqt_bag
```

通过右击直线部分可查看相应的信息，例如，查看 View(by Topic)中的 plot，可以看到标量数据图。

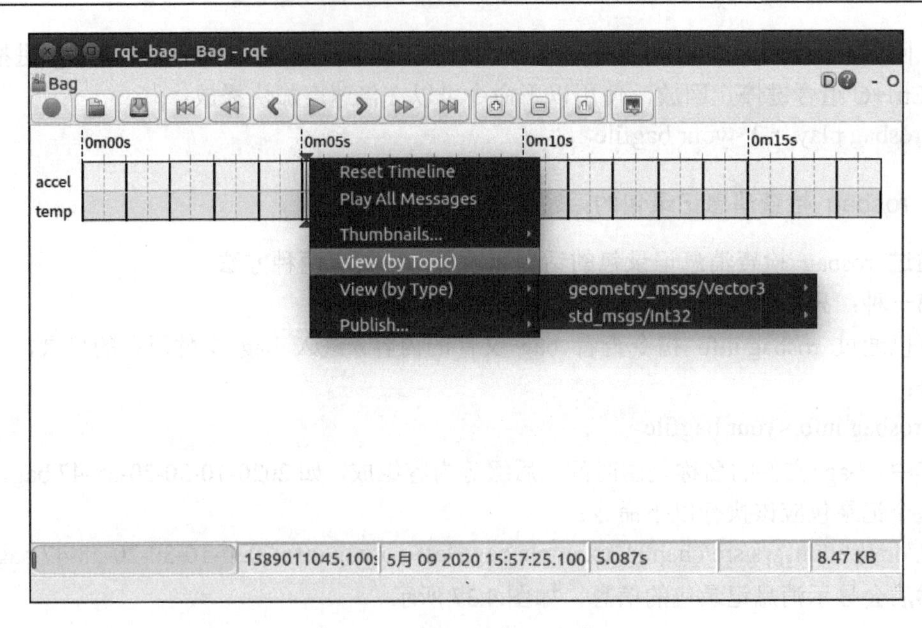

图 4.38　回放消息记录包界面

习　题

4-1　通过 gdb 调试一个 ROS 节点，并使节点在终端显示。类似于 gdb 调试的方式，调用 valgrind 分析节点。

4-2　尝试运行 ROS 节点，使用 rqt_plot 绘制特定消息的标量数据。对于非标量数据，使用 ROS 中的其他 rqt 工具，例如，rqt_image_view 显示图像以及 rqt_rviz 以 3D 形式显示多维数据。

4-3　什么是段错误？调试段错误有哪些方法？它们有什么区别？

4-4　运行小乌龟和键盘控制的两个节点，移动小乌龟，使用 rosbag 命令记录 /turtle1/pose 话题的数据并回放消息记录文件。

第 5 章　ROS 建模与可视化仿真

为了验证机器人结构、运动控制和轨迹规划等设计是否有效，在建立实际机器人之前，需要对设计的机器人进行仿真。在仿真过程中，能够实时得到期望性能与仿真性能间差距的反馈，检验机器人的设计是否合理，尽量避免在实际应用时机器人出现失误。本章首先介绍使用 URDF 或者 xacro 建立机器人模型，然后使用 ROS 的 Gazebo 和 rviz 创建一个虚拟环境，展示建立的机器人模型，最后介绍如何使用代码控制机器人在仿真环境中运动。

5.1　统一机器人描述格式——URDF

5.1.1　URDF 规范

统一机器人描述格式(Unified Robot Description Format)，简称 URDF。ROS 中的 URDF 功能包包含一个 C++ 解析器，URDF 文件使用 XML 格式描述机器人模型。URDF 语法规范参见 XML specifications。

安装 urdf_tutorial 包：

```
$ sudo apt-get install ros-noetic-urdf-tutorial
```

然后安装 liburdfdom-tools，提供 URDF 文件检查：

```
$ sudo apt-get install liburdfdom-tools
```

URDF 软件包由一些不同的功能包和组件组成，其构成如图 5.1 所示。

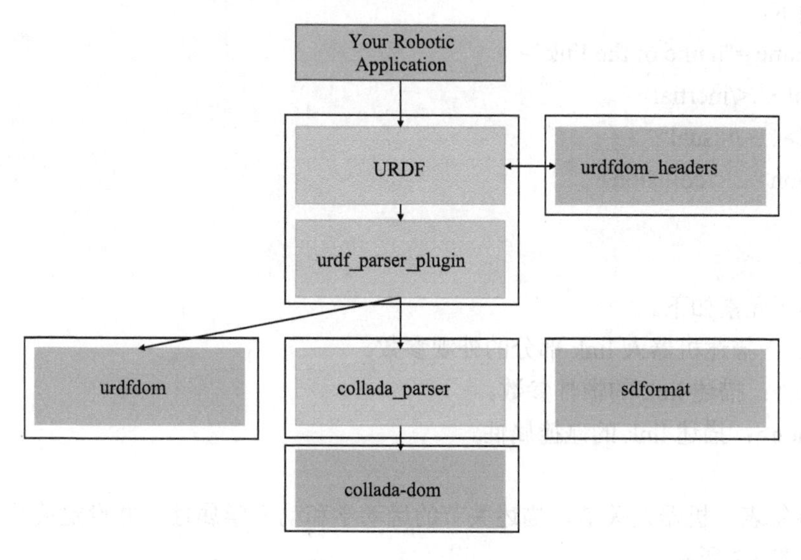

图 5.1　URDF 组成

urdf_parser_plugin：实现写入 URDF 数据结构的方法。

urdfdom_headers：提供使用 URDF 解析器的核心数据结构头文件。

collada_parser：通过解析 Collada 文件来填充数据结构。

urdfdom：通过解析 URDF 文件来填充数据结构。

Collada-dom：使用 Maya、Blender 和 Softtimage 等 3D 计算机图形软件对 Collada 文档进行转换。

初步了解 URDF 软件包后，进一步研究 URDF XML 标签，有助于对机器人建模的理解。URDF 机器人模型常用的 URDF 标签如下。

1. link

link 标签主要描述机器人某个刚体部分(连杆)的尺寸、颜色和形状等外观和物理属性，可以设置连杆的运动学参数和动态参数，如惯性矩阵和碰撞属性，如图 5.2 所示。

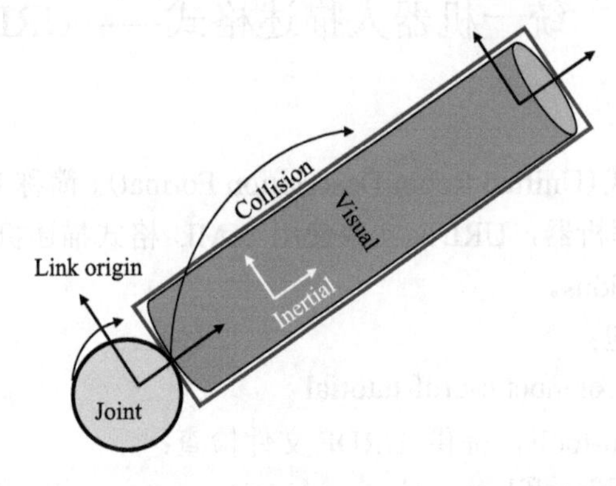

图 5.2　link

语法如下：

```
<link name ="name of the link">
<inertial>...</inertial>
<visual> ...</visual>
<collision> ...</collision>
…
</link>
```

主要的子元素如下。

<visual>：描述机器人 link 部分的外观参数。

<inertial>：描述 link 的惯性参数。

<collision>：描述 link 的碰撞属性。

2. joint

joint 标签表示机器人关节，描述关节的运动学和动力学属性，并设定关节运动和速度的极限，如图 5.3 所示。

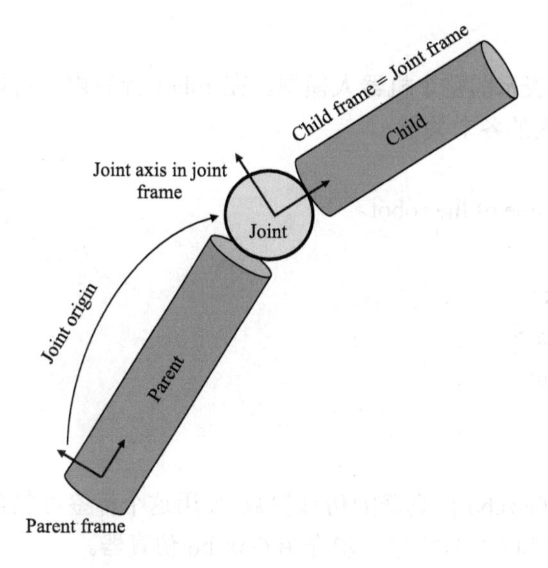

图 5.3　joint

语法如下：

```
<joint name = "name of the joint" type="joint type">
<parent link="link1"/>
<child link="link2"/>
<calibration ... />
<dynamics damping .../>
<limit effort .../>
…
</joint>
```

连杆之间通过关节(Joint)来连接，第一个被称为父连杆(Parent)，第二个被称为子连杆(Child)。

关节类型(Type)主要有以下几种。

fixed：固定关节，是不允许运动的特殊关节。

continuous：转动关节，可以绕单轴无限旋转。

revolute：旋转关节，类似于 continuous，但旋转角度有限。

prismatic：滑动关节，沿某一轴线移动的关节，带有位置极限。

floating：浮动关节，允许进行平移、旋转运动。

planar：平面关节，允许在平面正交方向上平移或者旋转。

主要的子元素如下。

<calibration>：关节的参考位置，用来校准关节的绝对位置。

<dynamics>：描述关节的物理属性，如阻尼值、物理静摩擦力等。

<limit>：描述运动的一些极限值，包括关节运动的上下限位置、力矩限制、速度限制。

<safe_controller>：描述安全控制器参数。

3. robot

封装了用 URDF 表示的整个机器人模型。在 robot 标签内，可以定义机器人的名字、各个连杆，以及机器人的各个关节。

语法如下：

```
<robot name= "<name of the robot>"
    <link> ...</link>
    <link> ...</link>
    <joint> ...</joint>
    <joint> ...</joint>
</robot>
```

4. gazebo

在 URDF 中包含 Gazebo 仿真器的仿真参数，使用这个标签可包含 Gazebo 插件、Gazebo 材料属性等，在 5.4 节和 5.5 节将进一步介绍 Gazebo 仿真器。

一个使用 gazebo 标签的例子如下：

```
<gazebo reference="link_name">
<material>Gazebo/Blue</material>
</gazebo>
```

这里使用 URDF 文件描述了一种具有四个轮子的移动小车机器人，如图 5.4 所示。

图 5.4　移动小车机器人模型

在 chap05_example 文件夹中建立一个功能包来保存机器人模型，该功能包依赖于 controller_manager、joint_state_controller、robot_state_publisher、urdf 和 xacro 等软件包，输入以下命令：

```
~ /dev/catkin_ws/src/chap05_example$ catkin_create_pkg myurdf controller_manager joint_state_controller robot_state_publisher
~/dev/catkin_ws/src/chap05_example$ cd myurdf
~/dev/catkin_ws/src/chap05_example/myurdf$ mkdir robot
~/dev/catkin_ws/src/chap05_example/myurdf$ cd robot
```

注意需要在 CMakeLists.txt 中添加 urdf、rviz 和 xacro 等所需要的功能包，代码如下：

```
find_package(catkin REQUIRED COMPONENTS
  controller_manager
  joint_state_controller
  robot_state_publisher
  fake_localization
  laser_filters
  map_server
  roscpp
  rospy
  std_msgs
  tf
```

```
  urdf
  xacro
)
```

在生成的功能包里，用上述命令新建一个 robot 文件夹用来保存 URDF 文件，然后建立一个模型描述文件，并编写机器人的每个连杆和关节之间的连接关系，并用.urdf 扩展名保存文件，如图 5.5 所示。

```
~/dev/catkin_ws/src/chap05_example/myurdf/robot$ gedit robot.urdf
```

```
learner@learner:~$ roscd chap05_example
learner@learner:~/dev/catkin_ws/src/chap05_example$ catkin_create_pkg myurdf con
troller_manager joint_state_controller robot_state_publisher
Created file myurdf/CMakeLists.txt
Created file myurdf/package.xml
Successfully created files in /home/learner/dev/catkin_ws/src/chap05_example/myu
rdf. Please adjust the values in package.xml.
learner@learner:~/dev/catkin_ws/src/chap05_example$  cd myurdf
learner@learner:~/dev/catkin_ws/src/chap05_example/myurdf$ mkdir robot
learner@learner:~/dev/catkin_ws/src/chap05_example/myurdf$  cd robot
learner@learner:~/dev/catkin_ws/src/chap05_example/myurdf/robot$ gedit robot.urd
f
```

图 5.5　创建 urdf 文件

robot.urdf 代码

小车模型 robot.urdf 代码，请扫描二维码查看。

以 robot.urdf 文件为例，各部分语法定义如下。

使用以下代码定义 link：

```
<link name="base_link">
    <visual>
        <geometry>
            <box size="0.08 .2 .05"/>
        </geometry>
        <origin rpy="0 0 1.54" xyz="0 0 0.02"/>
        <material name="white">
            <color rgba="1 1 1 0.9"/>
        </material>
    </visual>
    <collision>
        <geometry>
            <box size="0.09 .2 .05"/>
        </geometry>
    </collision>
    <inertial>
        <mass value="10"/>
        <inertia ixx="1.0" ixy="0.0" ixz="0.0" iyy="1.0" iyz="0.0" izz="1.0"/>
    </inertial>
```

```
</link>
```

其中

link name：定义连接名称为 base_link。

visual：被定义的物体结构可见。

origin：rpy 指的是旋转，xyz 含义为偏移量。

geometry：定义几何形状(圆柱体、立方体、球体和网格)为 box，这里定义一个长、宽、高分别为 0.08、0.2、0.05 的长方体。

material：定义材质(颜色和纹理)，这里定义的颜色为 rgba="1 1 1 0.9 "。

使用以下代码定义 joint：

```
<joint name="wheel1_joint" type="continuous">
    <origin rpy="1.6 1.6 0" xyz="0.07 0.07 0"/>
    <parent link="wheel_front_axle" />
    <child link="wheel1_link" />
    <axis xyz="0 0 1" />
</joint>
```

其中

joint name：关节名称，这里定义为 wheel1_joint，类型为 continuous。

parent link：父连接，这里是 wheel_front_axle。

child link：子连接，这里是 wheel1_link。

origin：xyz 是与起点位置的偏移量，rpy 是旋转。

ROS 提供了一个检查 URDF 语法的命令，如图 5.6 所示。

```
$ check_urdf robot.urdf
```

```
learner@learner:~/dev/catkin_ws/src/chap05_example/myurdf/robot$ check_urdf robo
t.urdf
robot name is: robot
---------- Successfully Parsed XML ---------------
root Link: base_link has 2 child(ren)
    child(1):  wheel_back_axle
        child(1):  wheel3_link
        child(2):  wheel4_link
    child(2):  wheel_front_axle
        child(1):  wheel1_link
        child(2):  wheel2_link
learner@learner:~/dev/catkin_ws/src/chap05_example/myurdf/robot$
```

图 5.6　检查 URDF 语法

打开新终端，进入 robot.urdf 所在的文件夹，使用 urdf_to_graphiz 命令生成两个文件：robot.gv 和 robot.pdf。

URDF 逻辑树

```
~/dev/catkin_ws/src/chap05_example/myurdf/robot$ urdf_to_graphiz robot.urdf
```

使用 evince 命令打开 robot.pdf，界面如图 5.7 所示。

```
~/dev/catkin_ws/src/chap05_example/myurdf/robot$ evince robot.pdf
```

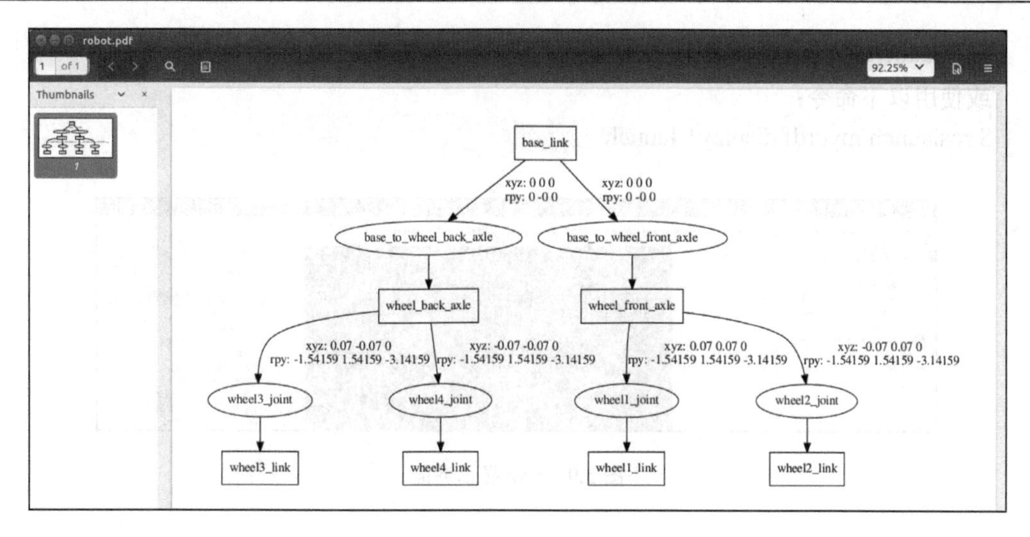

图 5.7　robot.pdf 显示

5.1.2　模型可视化

为了查看机器人的 3D 模型，需要将建立的机器人模型可视化，运行以下命令建立 launch 文件夹：

```
~/dev/catkin_ws/src/chap05_example/myurdf$ mkdir launch
```

在 myurdf/launch 文件夹下新建 display.launch 文件。创建 launch 文件的方式如图 5.8 所示，输入以下代码，保存启动文件。

```
learner@learner:~/dev/catkin_ws/src/chap05_example/myurdf$ mkdir launch
learner@learner:~/dev/catkin_ws/src/chap05_example/myurdf$ cd launch/
learner@learner:~/dev/catkin_ws/src/chap05_example/myurdf/launch$ gedit display.
launch
```

图 5.8　创建 launch 文件

代码如下：

```
<?xml version="1.0"?>
<launch>
<arg name="model" />
<arg name="gui" default="False" />
<param name="robot_description" command="$(find xacro)/xacro.py $(arg model)" />
<param name="use_gui" value="$(arg gui)"/>
<node name="joint_state_publisher" pkg="joint_state_publisher" type="joint_state_publisher" />
<node name="robot_state_publisher" pkg="robot_state_publisher" type="robot_state_publisher" />
<node name="rviz" pkg="rviz" type="rviz" args="-d $(find urdf_tutorial)/urdf.rviz" />
</launch>
```

运行 launch 文件，会显示如图 5.9 所示的 rviz 初始显示界面。

```
$ roslaunch myurdf display.launch model:="`rospack find myurdf`/robot/robot.urdf"
```

或使用以下命令：

```
$ roslaunch myurdf display1.launch
```

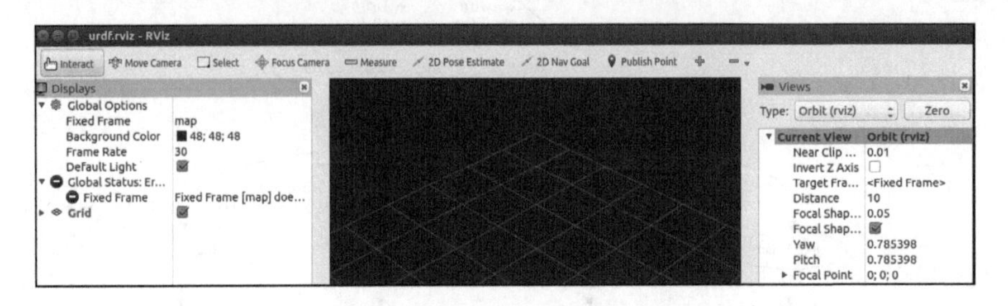

图 5.9　rviz 显示界面

在运行 launch 文件前需要编译 myurdf 包。如果编译报错，显示找不到 joint_state_controller 相关包，通过查看错误信息显示所缺少的安装包，例如，运行以下命令安装 joint_state_controller 相关包：

```
$ sudo apt-get install ros-noetic-joint-state-controller
```

或使用以下命令：

```
$ sudo apt install ros-noetic-joint-state-publisher-gui
```

单击左下角的 Add 按钮，添加 RobotModel，将 Fixed Frame 选为 base_link，可以显示如图 5.10 所示的机器人 3D 模型。

机器人模型显示

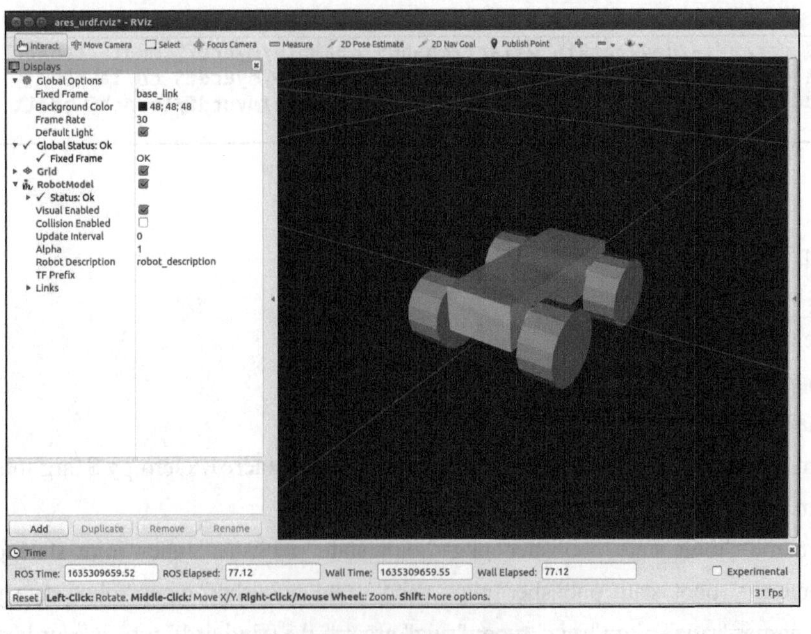

图 5.10　机器人 3D 模型

5.1.3 运动学模型

运动学模型研究机器人动力和运动的关系，包括对机器人系统的建模、空间分析、运动分析以及运动控制等。常见的机器人运动处理方法有欧拉角法和四元数法，其本质都是在机器人的身上设立若干参考点和系统坐标系，并将某一个外界的系统设立为参考坐标系，通过系统坐标系和参考坐标系之间的矩阵变换将参考点移动到期望的位置上。

机器人运动模型一般通过坐标变换得到，常用的方法为 D-H 坐标变换。这种方法需要定义每个子坐标系的坐标轴，并且对关节、连杆定义 4 个参数。用公共法线距离和所在平面内两轴的夹角这两个参数来描述一个连杆，另外两个参数表示相邻连杆的关系，分别为两连杆的相对位置和两连杆法线的夹角。

机器人运动学方程求解方法如下。

1. 代数法

代数法求解通过逐次在运动学方程式的两边同时乘上一个齐次变换矩阵的逆，达到分离变量的目的。

2. 几何法

通过几何图形求解角度值，求解过程中利用正弦定理、余弦定理、反正切公式等求解角度。

对于具有 n 个连杆的机械手，机器人运动学方程需要确定与末端坐标系$\{n\}$固联的手爪相对于基坐标系$\{0\}$的变换。根据齐次变换的乘法规则，可得以下模型：

$$L_n^0 = L_1^0 L_2^1 \cdots L_n^{n-1} \tag{5.1}$$

式中，L_n^0 表示末端坐标系$\{n\}$相对于基座$\{0\}$的位姿。

5.1.4 动力学模型

为了将模型转换成能实际运动的机器人，需要对关节所用的类型进行检查。首先安装 PR2 机器人模型：

```
$ cd dev/catkin_ws/src
$ sudo apt-get install ros-noetic-pr2-common
```

以上功能包编译成功后，在添加 PR2 夹持器的 robot_arm.urdf 模型文件中，使用了不同类型的关节，最常用的关节是转动关节。代码如下：

```
<joint name="arm_1_to_arm_base" type="revolute">
    <parent link="arm_base"/>
    <child link="arm_1"/>
    <axis xyz="1 0 0"/>
    <origin xyz="0 0 0.15"/>
    <limit effort ="1000.0" lower="-1.0" upper="1.0" velocity="0.5"/>
</joint>
    <axis xyz="1 0 0"/>
```

limit 标签用于选择以下属性：effort(关节所承受的最大力)，lower(赋值给关节的下限，旋转关节的单位是弧度，移动关节的单位是米)，upper(赋值给关节的上限)，velocity(强制关节的最大速度)。

在 launch 文件中添加如下代码，可以发布机器人的关节状态。

```
<!-- 运行 joint_state_publisher 节点，发布机器人的关节状态-->
<node name="joint_state_publisher" pkg="joint_state_publisher" type="joint_state_publisher" />

<!-- 运行 robot_state_publisher 节点，发布 tf-->
<node name="robot_state_publisher" pkg="robot_state_publisher" type="robot_state_publisher" />
```

一种有效判断关节的轴或转动限值是否合适的方法是使用 joint_state_publisher GUI 运行 rviz。

```
$roslaunch myurdf display2.launch model:="`rospack find myurdf`/robot/robot_arm.urdf"gui:=true
```

将 launch 文件中的 joint_state_publisher 均改为 joint_state_publisher_gui，则运行界面显示如图 5.11 所示，界面中的每个滑块都能控制一个关节。

joint_state_publisher GUI 运行界面

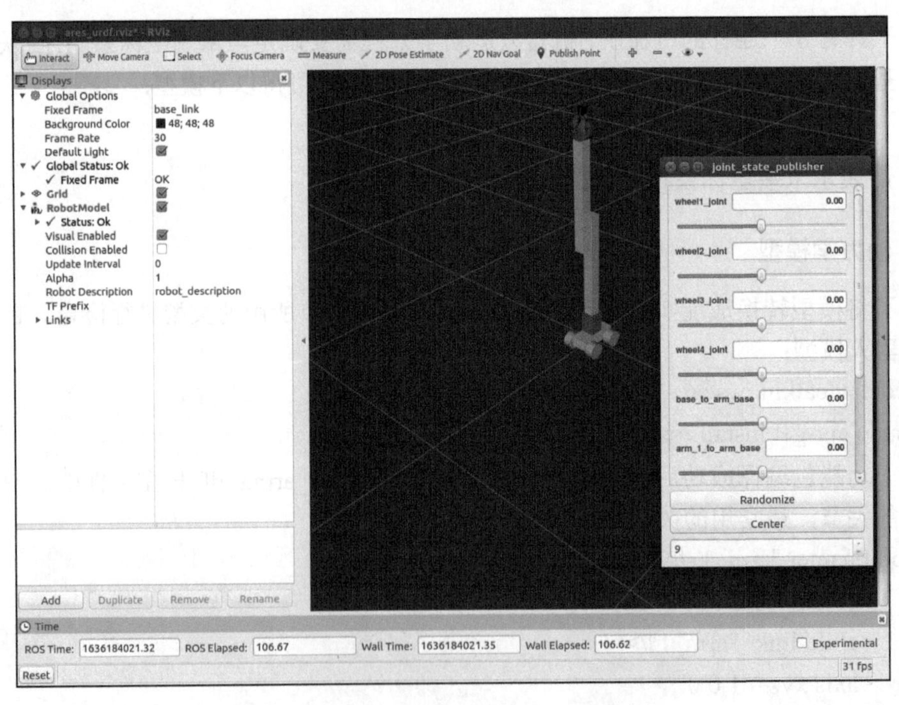

图 5.11　joint_state_publisher GUI 运行界面

URDF 文件中每一个 axis 对应一个调节器，joint_state_publisher 具有调节 joint 的功能。

5.1.5　外观、物理和碰撞属性

当机器人仿真需要在 Gazebo 或其他仿真软件运行时，必须添加外观属性、物理属性和碰撞属性。外观属性是指机器人的几何大小和材质等，物理属性主要是质量和转动惯量，碰撞属性需要设定几何尺寸来计算可能的碰撞，通过设定重量计算惯性。模型文件中所有连接需要为连杆添加碰撞和转动惯量属性，为关节添加动力学属性，否则无法对机器人进行仿真。以下代码向 base_link 连接添加外观、物理和碰撞三个属性。

```
<link name="base_link">
    ...
<visual>
    <geometry>
        <cylinder length="1" radius="2"/>
    </geometry>
    <origin rpy="1.6 1.6 0" xyz="1 0 0"/>
    <material name="gray">
        <color rgba="0.8 0.8 0.9 1"/>
    </material>
</visual>
    <collision>
    <geometry>
        <box size="0.09 .2 .05"/>
    </geometry>
</collision>
<inertial>
    <mass value="10"/>
<inertia ixx="1.0" ixy="0.0" ixz="0.0" iyy="1.0" iyz="0.0" izz="1.0"/>
</inertial>
</link>
```

在设计碰撞模型时，需要将碰撞的模型设成简单的几何体以提高碰撞检测速度，将碰撞模型大小设置偏大，从而设置安全区。接触系数有摩擦系数、刚度系数和阻尼系数三个参数，定义了当机器人模型与其他物体发生接触时应如何反应。关节动力学有摩擦力和阻尼两个属性。一般情况下，这些都被设为 0。

5.1.6　加载图形到机器人模型

为了使机器人看起来更加真实，可以向机器人模型添加更多元素，例如，加载创建的图像网格(Mesh)或者使用其他机器人图形。URDF 模型支持 .dae 和 .stl 格式的网格，在 rivz 中显示机器人的夹持器模型如图 5.12 所示。

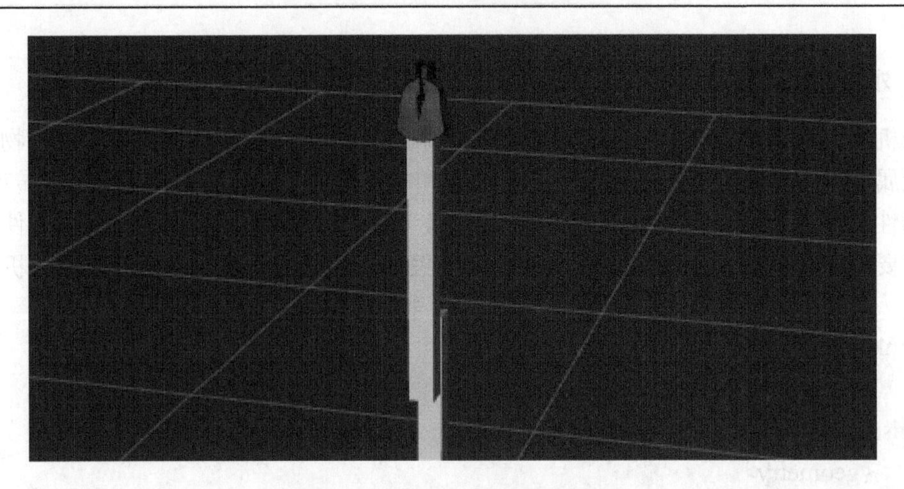

图 5.12　机器人的夹持器模型

以下代码展示了如何使用加载 PR2 机器人的夹持器网格到机器人模型。

```
<link name="left_gripper">
    <visual>
        <origin rpy="0 0 0" xyz="0 0 0"/>
        <geometry>
            <mesh filename="package://pr2_description/meshes/gripper_v0/l_finger.dae"/>
        </geometry>
    </visual>
</link>
```

5.2　xacro 机器人建模方法

URDF 模型的进化版本——xacro 模型文件，在模型管理上进行了改进，减少 URDF 文件的尺寸，增加文件的可读性和可维护性。它允许创建模型并复用这些模型去创建相同的结构(如更多的机械臂和车轮)，可精简模型的代码。此外，它可以创建宏定义，引用其他文件，提供可编程接口，定义常量和变量，能够做数学计算和调用条件语句等。在 xacro 文件中，通过使用宏命令构建更简洁和可读性更强的 XML 文件，这种宏命令可以扩展 XML 表达范围。

5.2.1　使用常量

通过使用 xacro 声明常量，可以避免多行重复使用同一数值。若不使用 xacro，修改一个值，则需要修改多个地方，不利于文件的维护。

常量的定义如下：

```
<xacro:property name="M_PI" value="3.14"/>
```

定义标签 xacro:property 具有以下两个参数属性。

(1) name：常量名。

(2) value：常量值。

常量的使用语法如下：

```
<origin xyz="0 0 0" rpy="${M_PI/2} 0 0"/>
```

例如，小车的四个轮子使用相同的大小和半径，定义如下：

```
< xacro:property name="wheel_length" value="0.04" / >
< xacro:property name="wheel_radius" value="0.04 " / >
```

此时使用${name_of_variable}引用轮子的长度和半径：

```
<cylinder length="${wheel_length}" radius="${wheel_radius}" / >
```

5.2.2　使用数学方法

在括号${ }结构里可进行简单的四则运算(+、–、*、/)、一元负号和括号(不包括求幂和求模运算)来构建更复杂的模型，例如：

```
<cylinder radius="${wheel_radius/2}" length=" .1" / >
<origin xyz="${ reflect * (width+ .02) } 0.25"/ >
```

使用数学方法，做好参数设计，可以方便地通过修改某个值来改变模型的大小，例如，上面示例中的 wheel_radius、reflect 和 width。

5.2.3　使用宏

宏是 xcaro 功能包里最有用的组件，宏定义如下：

```
<xacro:macro name="name" params="A B C">
```

具体模型定义(类似函数内容)：</xacro:macro>。

定义标签 xacro:macro 具有以下参数属性。

(1) name：宏定义的名字类似函数名。

(2) params：类似函数参数，可以是字符串。

URDF 文件在 xacro 中可以实现文件之间的调用格式，举例如下：

```
<xacro:include filename="$(find myurdf)/robot/robot_base.xacro"/>
```

例如，为了减少文件，使用宏来做 intertial 初始化：

```
<xacro:macro name= "default_inertial" params= "mass">
    <inertial>
        < mass value ="$(mass)" />
        < inertia ixx="1.0 " ixy="0.0 " ixz ="0.0 " iyy="1.0 " iyz ="0.0 " izz="1.0 " />
    </inertial>
<xacro:macro>
```

使用上述宏定义的语法如下：

```
<xacro: default_inertial mass= "100" />
```

在 URDF 文件中，车轮的大小描述如下：

```
<cylinder length="0.04" radius="0.04"/>
<origin xyz="0 0.00856913 0" rpy="0 0 0" />
```

车轴的大小描述如下：

```
<cylinder length="0.11" radius="0.013"/>
```

这里涉及的参数有车轮半径(wheel_radius)和车轮大小(wheel_length)、车轴半径(axle_radius)和车轴大小(axle_length)。

在 xacro 中定义参数的语法为

```
<xacro:property name="wheel_length" value="0.04" />
<xacro:property name="wheel_radius" value="0.04" />
<xacro:property name="axle_length" value="0.11" />
<xacro:property name="axle_radius" value="0.013" />
```

每个轮子和连接的代码基本相同，使用 xacro 创建一个小车机器人，在终端输入以下命令：

robot.xacro
代码

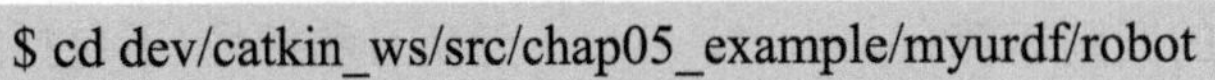

```
$ cd dev/catkin_ws/src/chap05_example/myurdf/robot
$ gedit robot.xacro
```

编辑 xacro 小车模型 robot.xacro，声明 XML 文件及版本。请扫描二维码查看。

验证小车模型文件的正确性有两种方法。

(1)重新编写并运行 xacro.launch 文件：

```
<launch>
    <arg name="model" />
    <arg name="gui" default="False" />
    <param name="robot_description" command="$(find xacro)/xacro $(find myurdf)/
robot/robot.xacro" />
    <param name="use_gui" value="$(arg gui)"/>
    <node name="joint_state_publisher" pkg="joint_state_publisher" type="joint_state_ publisher" >
    <node name="robot_state_publisher" pkg="robot_state_publisher" type="state_ publisher" />
    <node name="rviz" pkg="rviz" type="rviz" args="-d $(find urdf_tutorial)/urdf.rviz" />
</launch>
```

然后运行：

```
$ roslaunch myurdf robot_xacro.launch gui:=true
```

通过验证，xacro 文件会得到图 5.13 所示的小车模型，与 URDF 文件生成的小车模型相同。

(2)转换成 URDF 文件，再使用 check_urdf，转换命令如下：

```
$ rosrun xacro xacro robot.xacro > robot_xacro.urdf
$ check_urdf robot_xacro.urdf
```

为了检查语法是否正确，可复制 display1.launch 文件中的内容，并做以下修改得到 display4.launch：

```
<?xml version="1.0"?>
<launch>
    <!-- 设置机器人模型路径参数 -->
    <param name="robot_description" textfile="$(find myurdf)/robot/robot_xacro.urdf" />
    <!-- 设置 GUI 参数，显示关节控制插件 -->
```

```
    <param name="use_gui" value="true"/>
    <!-- 运行 joint_state_publisher 节点，发布机器人的关节状态 -->
    <node name="joint_state_publisher" pkg="joint_state_publisher" type="joint_state_publisher" />
    <!-- 运行 robot_state_publisher 节点，发布 tf -->
    <node name="robot_state_publisher" pkg="robot_state_publisher" type="robot_state_publisher" />
    <!-- 运行 rviz 可视化界面 -->
    <node name="rviz" pkg="rviz" type="rviz" args="-d $(find myurdf)/config/ares_urdf.rviz" required="true" />
</launch>
```

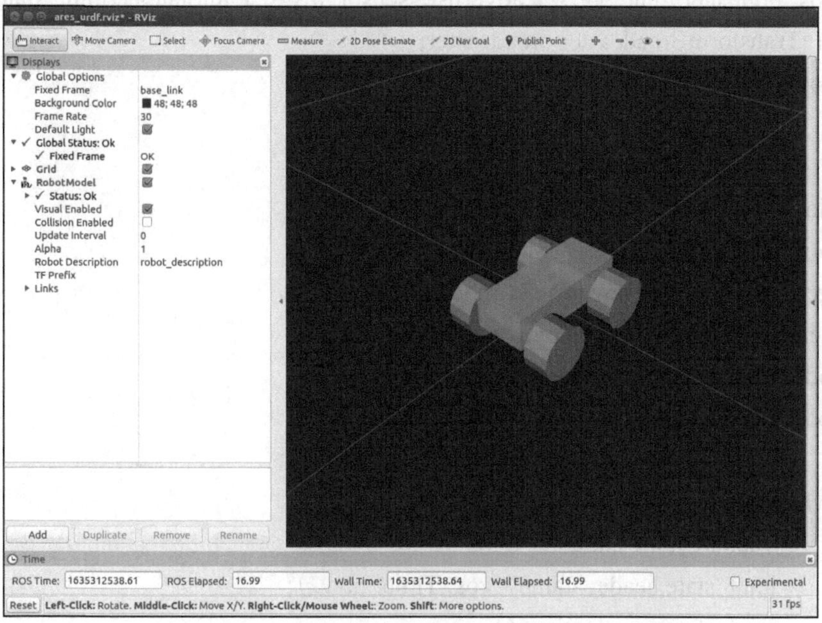

图 5.13　小车模型

运行以下命令，可显示生成的模型，发现与原 robot.urdf 的模型一致。

```
$ roslaunch myurdf display4.launch
```

5.2.4　使用代码移动机器人

ROS 提供了控制机器人移动的工具，如 joint_state_publisher 和 robot_state_publisher。joint_state_publisher 从 ROS 参数服务器中读取 robot_description 参数，将所有 non-fixed joint 的 JointState 消息发布到 /joint_states 话题，而 robot_state_publisher 从 /joint_states 话题中获取机器人 joint 角度作为输入，使用机器人的运动学树模型计算出机器人 link 的 3D 姿态，最后将其发布到话题/tf 和/tf_static。

这里创建一个简单的节点来移动小车机器人，通过启动 rviz 仿真环境观察车轮转动和小车运动是否符合编写的/joint_states 运动控制信息。在 chap05_example 中利用 catkin_create_pkg 或 catkin_create_pkg 命令创建 move_robot 功能包，并新建 src 文件夹，然后创建发布/joint_states 节点的控制程序 state_publisher.cpp，代码如下：

```
#include <string>
#include <ros/ros.h>
#include <sensor_msgs/JointState.h>
#include <tf/transform_broadcaster.h>

int main(int argc, char** argv) {
    ros::init(argc, argv, "state_publisher");
    ros::NodeHandle n;
    ros::Publisher joint_pub = n.advertise<sensor_msgs::JointState>("joint_states", 1);
    tf::TransformBroadcaster broadcaster;
    ros::Rate loop_rate(120);

    const double wheel_radius = 0.04;
    double vel = 0;
    // message declarations
    geometry_msgs::TransformStamped odom_trans;
    sensor_msgs::JointState joint_state;
    odom_trans.header.frame_id = "odom";
    odom_trans.child_frame_id = "base_link";

    while(ros::ok()) {
        //update joint_state
        joint_state.header.stamp = ros::Time::now();
        joint_state.name.resize(4);
        joint_state.position.resize(4);
        joint_state.name[0] ="wheel1_joint";
        joint_state.position[0] = vel;
        joint_state.name[1] ="wheel2_joint";
        joint_state.position[1] = vel;
        joint_state.name[2] ="wheel3_joint";
        joint_state.position[2] = vel;
        joint_state.name[3] ="wheel4_joint";
        joint_state.position[3] = vel;

        // update transform
        odom_trans.header.stamp = ros::Time::now();
```

```
        odom_trans.transform.translation.x = -vel/10; // 为了仿真效果，降低位置变化的大小
        odom_trans.transform.translation.y = 0.0;
        odom_trans.transform.translation.z = 0.0;
        odom_trans.transform.rotation = tf::createQuaternionMsgFromYaw(0.02 * 2 * M_PI * wheel_radius);

        //send the joint state and transform
        joint_pub.publish(joint_state);
        broadcaster.sendTransform(odom_trans);

        vel += 0.02 * 2 * M_PI * wheel_radius; // 车轮每次转动弧长
        loop_rate.sleep();
    }
    return 0;
}
```

ROS 通常使用 tf 坐标系，如 map、odom 和 base_link。map tf 坐标系是世界固连坐标系，用于长时间的全局参考。odom 坐标系用于精确的、短时间的局部参考。base_link 与移动机器人的底座严格相连。这些坐标系是相互关联的，它们之间的关系通过图形表示为 map|odom|base_link。创建了一个名为 odom 的坐标系，所有变换都以 odom 坐标系作为参考，所有连接都是 base_link 的子连接，所有坐标系都会连接到 odom 坐标系：

```
...
geometry_msgs::TransformStamped odom_trans;
odom_trans.header.frame_id = "odom";
odom_trans.child_frame_id = "base_link";
...
```

创建一个用于控制模型所有关节的新话题。Joint_state 是一条消息，它保存的数据用来描述一系列转矩控制关节的状态。模型共有 4 个关节，因此创建一条带有 4 个字段的消息：

```
sensor_msgs::JointState joint_state;
joint_state.header.stamp = ros::Time::now();
joint_state.name.resize(4);
joint_state.position.resize(4);
joint_state.name[0] ="wheel1_joint";
joint_state.position[0] = vel;
...
```

在本示例中，机器人会沿着直线运动，对机器人的坐标和运动进行计算的代码如下：

```
odom_trans.header.stamp = ros::Time::now();
odom_trans.transform.translation.x =-vel/10;
odom_trans.transform.translation.y = 0.0;
```

```
odom_trans.transform.translation.z = 0.0;
odom_trans.transform.rotation = tf::createQuaternionMsgFromYaw(0.02 * 2 * M_PI * wheel_radius);
```

然后发布机器人的最新状态：

```
joint_pub.publish(joint_state);
broadcaster.sendTransform(odom_trans);
```

此外，需要创建 launch 文件来启动节点、模型和所有必要的组件。在 move_robot/launch 文件夹下以 display_state.launch 为名创建一个新文件：

```
<?xml version="1.0"?>
<launch>
    <arg name="model" />
    <arg name="gui" default="False" />
    <param name="robot_description" command="$(find xacro)/xacro.py $(arg model)" />
    <param name="use_gui" value="$(arg gui)"/>
    <node name="state_publisher_example" pkg="move_robot" type="state_publisher_example" />
    <node name="robot_state_publisher" pkg="robot_state_publisher" type="robot_state_publisher" />
    <node name="rviz" pkg="rviz" type="rviz" args="-d $(find myurdf)/config/ares_urdf.rviz"/>
</launch>
```

启动该节点前，必须安装以下功能包：

```
$ sudo apt-get install ros-noetic-map-server
$ sudo apt-get install ros-noetic-fake-localization
$ cd ~/dev/catkin_ws && catkin_make
```

使用代码
移动机器人

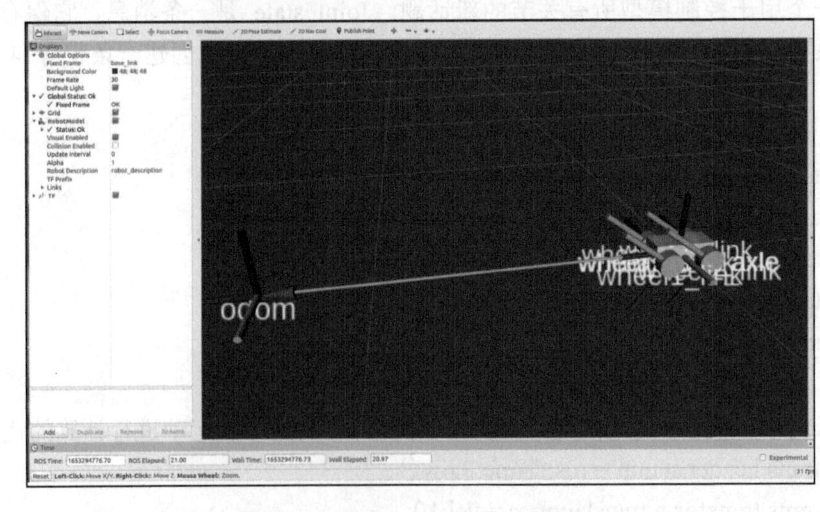

图 5.14　机器人小车沿着直线移动

使用以下命令，启动带有完整模型的新节点：

```
$ roslaunch move_robot display_state.launch model:="`rospack find myurdf`/robot/robot.xacro"
```

单击 Add 按钮添加 tf 坐标系，通过节点捕捉机器人运动。当坐标系选择 base_link 时，可以看到车轮转动，小车位置不变，当坐标系选择 odam 时，可以看到小车车轮转动，同时，小车在前进，如图 5.14 所示。

5.3　Gazebo 仿真器

在 ROS 系统中对创建的模型进行仿真，需要使用 Gazebo。Gazebo 是一款 3D 动态模拟器，能够在复杂的室内和室外环境中准确有效地模拟机器人群。与游戏引擎提供高保真度的视觉模拟类似，Gazebo 提供一整套传感器模型和高保真度的物理模拟，具有对用户和程序非常友好的交互方式。它能够在三维环境中对多个机器人、传感器及物体进行仿真，产生实际传感器反馈和物体之间的物理响应。ROS 自带一个版本的 Gazebo，Gazebo 在 ROS 中有良好的接口，包含 ROS 和 Gazebo 的所有控制。若要实现 ROS 到 Gazebo 的通信，首先安装 ROS-Gazebo 接口。

安装以下软件包：

```
$ sudo apt install ros-noetic-gazebo-ros-pkgs ros-noetic-gazebo-msgs ros-noetic-gazebo-plugins ros-noetic-gazebo-ros-control
```

其中

gazebo_ros_pkgs：ROS 和 Gazebo 连接功能包。

gazebo-msgs：　ROS 和 Gazebo 交互的消息和服务的数据结构。

gazebo-plugins：传感器、执行结构的 Gazebo 插件。

gazebo-ros-control：ROS 和 Gazebo 之间通信的标准控制器。

安装后，使用以下命令检查 Gazebo 是否安装正确：

```
$ roscore & rosrun gazebo_ros gazebo
```

安装成功后，开启 Gazebo，显示界面如图 5.15 所示：

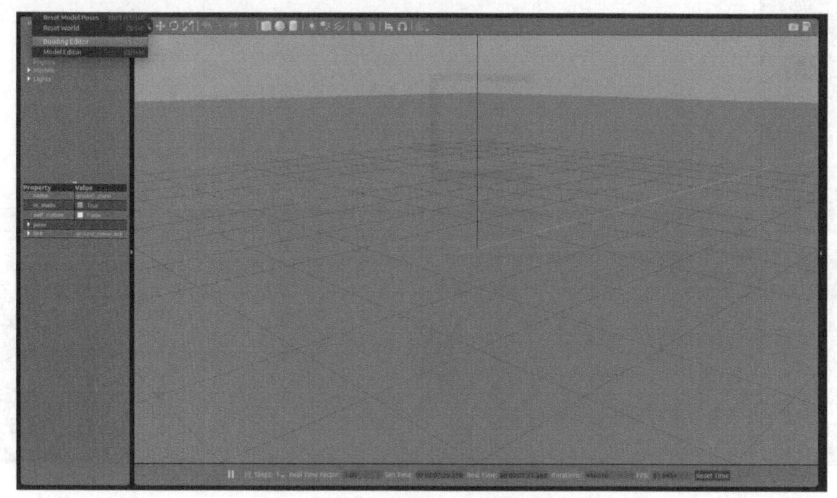

图 5.15　Gazebo 界面

```
$ gazebo
```

创建仿真环境，可以加载已有的 world 文件。从控制面板进入 building editor，也可以自己创建。

首先，利用左上角的 Create Walls、Add Features 中的 Wall、Window 、Door 、 Stairs 四个组件来搭建环境。例如，在 Wall 上右击可以打开 Wall Inspector 编辑器，可编辑 Wall 的长度等信息，如图 5.16 所示。

在 Gazebo 中构建仿真环境

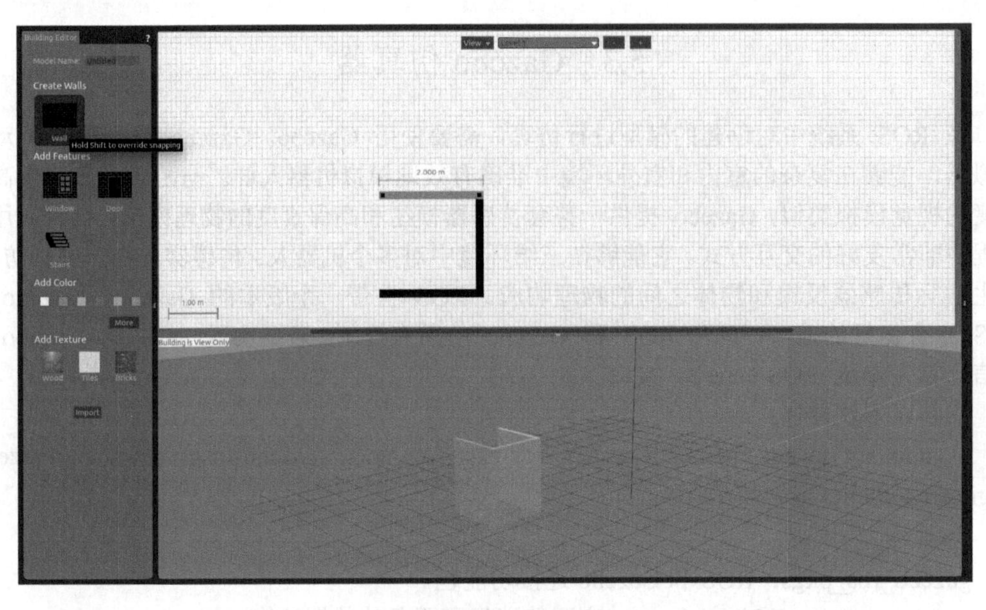

图 5.16　建立墙体

通过 Add Color、Add Texture 命令可以渲染墙体，如图 5.17 所示。

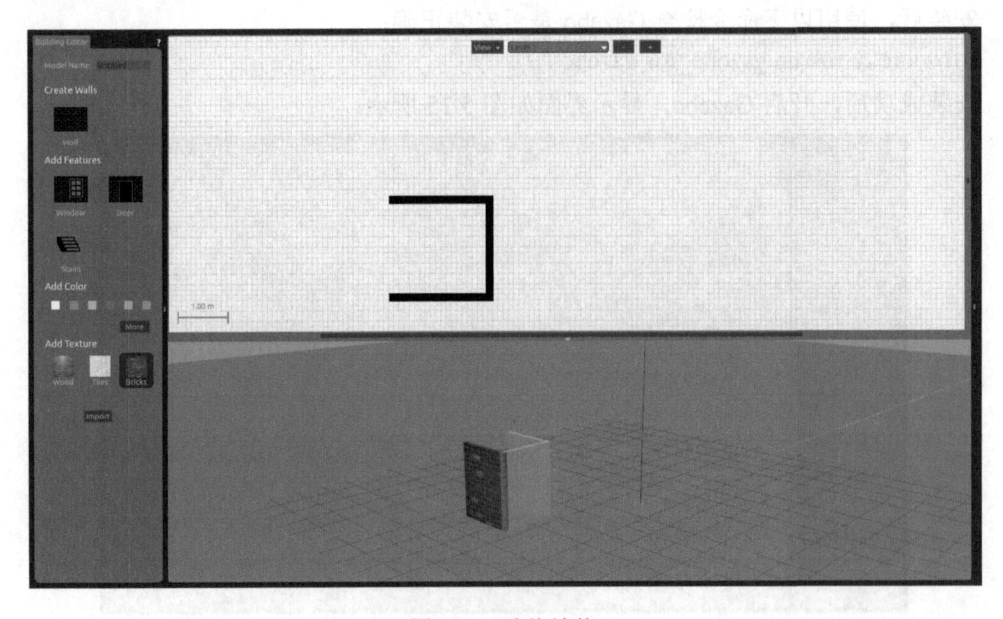

图 5.17　渲染墙体

保存之前，先在 home 目录下按 Ctrl+H 键打开隐藏目录，在 .gazebo/models 路径下新建一个文件夹，用来保存搭建好的模型，此处命名为 simple_walls，注意模型名字要和这个文件名一致。然后保存模型，如图 5.18 所示。

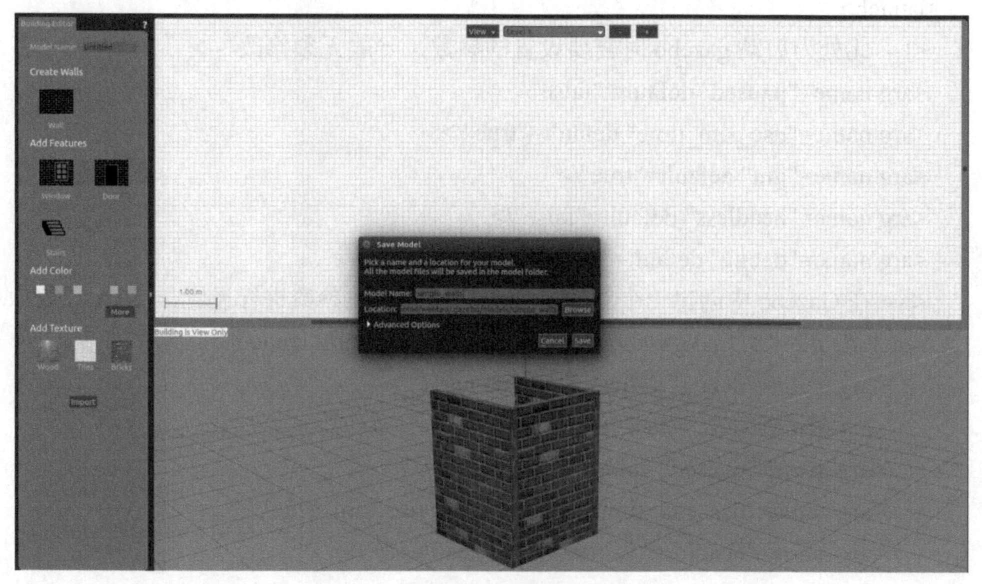

图 5.18　保存模型

最后，再次打开 Gazebo 编辑器，在 insert 选项卡里调出搭建好的模型 simple_walls，利用 Gazebo 已有的模型可以继续完善自己的环境，搭建一个自己的 world，保存为 world 文件，本示例保存为 walls.world，如图 5.19 所示。

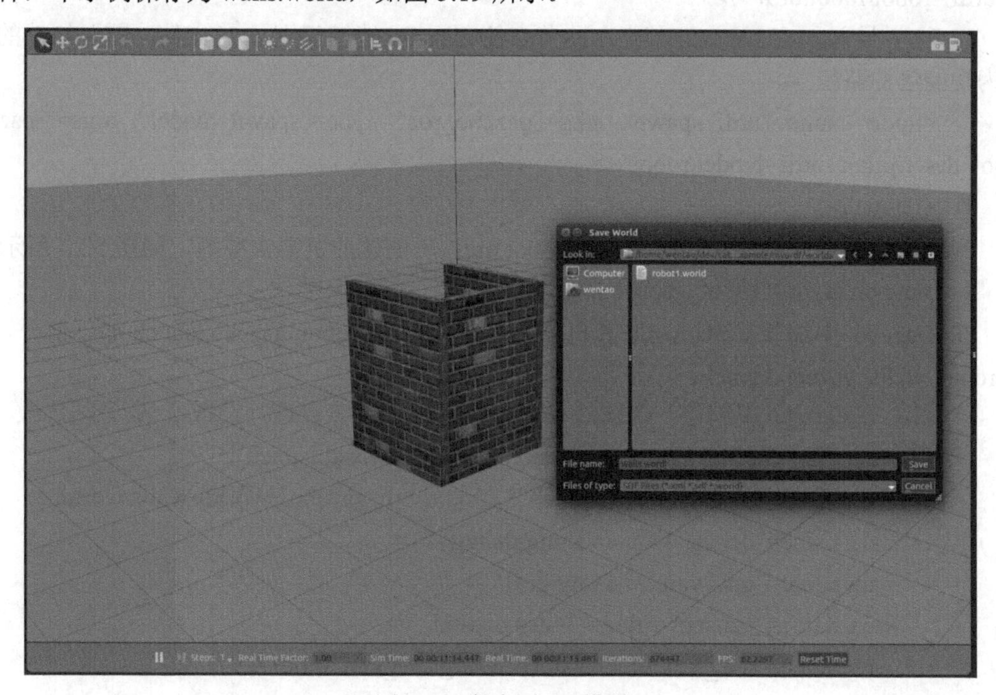

图 5.19　保存 world 模型

创建 robot_gazebo.launch 同时启动 Gazebo 仿真环境 empty_world 和机器人模型。其中，empty_world.launch 文件是 gazebo_ros 功能包下的启动文件。

```
<?xml version="1.0"?>
  <launch>
   <!-- 此处为启动 gazebo 时需要设置的参数，一般无须修改 -->
   <arg name="paused" default="false"/>
   <arg name="use_sim_time" default="true"/>
   <arg name="gui" default="true"/>
   <arg name="headless" default="false"/>
   <arg name="debug" default="false"/>
   <!-- 在 Gazebo 中创建一个新的 world，并使用上述参数进行设置，一般无须修改 -->
   <include file="$(find gazebo_ros)/launch/empty_world.launch">
      <arg name="debug" value="$(arg debug)" />
      <arg name="gui" value="$(arg gui)" />
      <arg name="paused" value="$(arg paused)"/>
      <arg name="use_sim_time" value="$(arg use_sim_time)"/>
      <arg name="headless" value="$(arg headless)"/>
   </include>
   <!-- 导入 urdf 文件，第一个参数修改为功能包名，第二个参数修改为 urdf 文件的
路径 -->
   <param name="robot_description" command="$(find xacro)/xacro --inorder '$(find
myurdf)/robot/robot.urdf'" />
   <!-- 导入 urdf_ spawn 节点，此节点使 Gazebo 能够识别 urdf 文件。需要修改的参
数为功能包的路径 -->
   <node name="urdf_spawn" pkg="gazebo_ros" type="spawn_model" args="-param
robot_description -urdf -model robot" />
   </launch>
```

利用如下命令，在 Gazebo 中加载 robot.urdf 所创建的机器人模型，如图 5.20 所示。

```
$ roslaunch myurdf robot_gazebo.launch
```

在 Gazebo 中加载 walls.world 和机器人模型，修改 robot_gazebo.launch 如下部分，得到 robot_walls_gazebo.launch：

```
   <!-- 在 Gazebo 中创建一个新的 world，并使用上述参数进行设置，一般无须修改 -->
   <include file="$(find gazebo_ros)/launch/empty_world.launch">
      <arg name="world_name" value="$(find robot_gazebo)/worlds/walls.world"/>
      <arg name="debug" value="$(arg debug)" />
      <arg name="gui" value="$(arg gui)" />
      <arg name="paused" value="$(arg paused)"/>
      <arg name="use_sim_time" value="$(arg use_sim_time)"/>
      <arg name="headless" value="$(arg headless)"/>
```

```
</include>
```

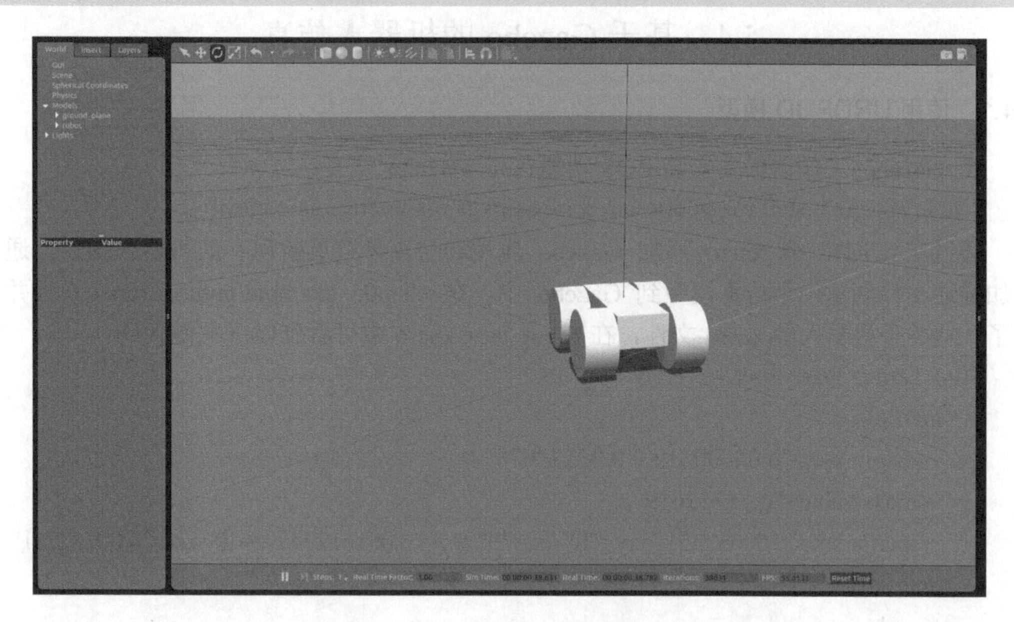

图 5.20　Gazebo 仿真模型

加载仿真环境和移动机器人模型

运行 robot_walls_gazebo.launch，在 Gazebo 中同时加载 walls.world 和机器人模型，如图 5.21 所示。

```
$ roslaunch myurdf robot_walls_gazebo.launch
```

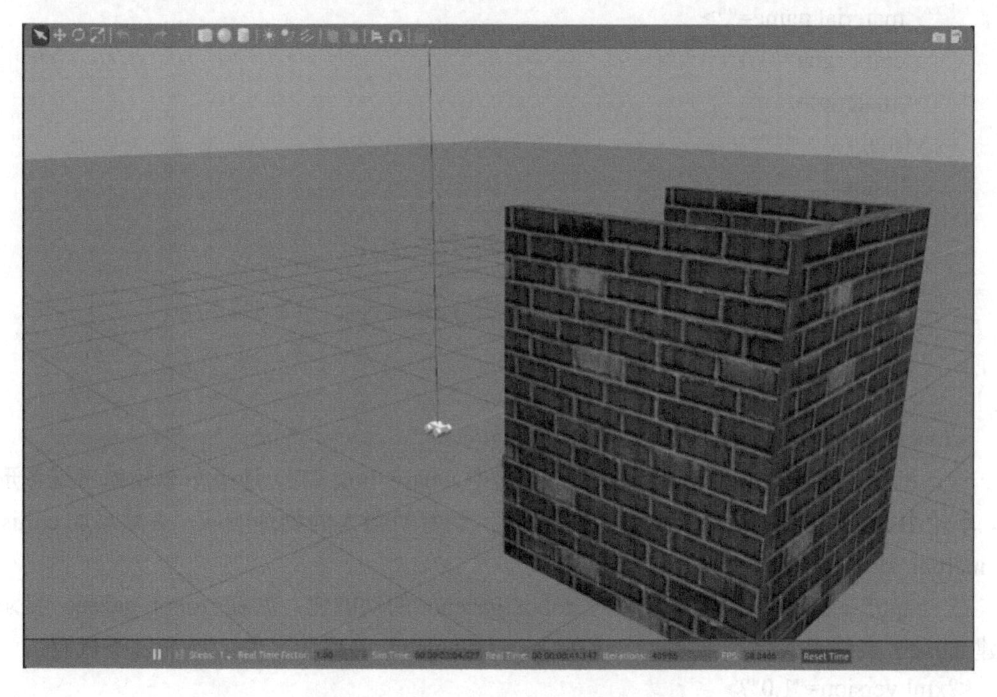

图 5.21　加载 walls.world 和机器人模型

5.4　基于 Gazebo 的机器人仿真

5.4.1　使用 URDF 3D 模型

在 Gazebo 工作前需要安装 ROS 功能包与 Gazebo 交互：

```
$ sudo apt-get install ros-noetic-gazebo-ros-pkgs ros-noetic-ros-control
```

通过在 URDF 或 xacro 添加 Gazebo 属性和仿真参数更新现有的机器人描述，通过添加描述文件创建一个仿真模型到 Gazebo 中。在 chap05_example/myurdf/robot 设计并保存了一些关于机器人的 xacro 文件，在 robot_base.xacro 中可看到以下关键代码：

```
<link name="base_link">
  <inertial>
    <origin xyz="0.00000813 0 0.02322078" />
    <mass value="0.55722619" />
    <inertia ixx="0.00067251" ixy="0" ixz="0" iyy="0.0016127" iyz="0" izz="0.00182111" />
  </inertial>
  <visual>
    <origin xyz="0 0 0" rpy="0 0 0" />
    <geometry>
        <mesh filename="package://myurdf/meshes/base_link.STL" />
    </geometry>
    <material name="">
    <color rgba="1 1 1 1" />
    </material>
  </visual>
  <collision>
    <origin xyz="0 0 0" rpy="0 0 0" />
    <geometry>
        <mesh filename="package://myurdf/meshes/base_link.STL" />
    </geometry>
  </collision>
</link>
```

这是机器人底盘 base_link 的新代码。其中，base_link.STL 是小车车轮的三维图形文件，车轮由原来的圆柱形状改变为麦克纳姆轮。计算机器人的物理响应，必须添加 collision 和 inertial 属性。

在 chap05_example 中创建名字为 robot_gazebo 的功能包，并在 robot_gazebo 目录下新建 launch 文件夹，然后创建一个名为 gazebo.launch 的启动文件，添加以下代码：

```
<?xml version="1.0"?>
<launch>
```

```
    <!-- these are the arguments you can pass this launch file, for example paused:=true -->
    <arg name="paused" default="true"/>
    <arg name="use_sim_time" default="false"/>
    <arg name="gui" default="true"/>
    <arg name="headless" default="false"/>
    <arg name="debug" default="true"/>
    <!-- We resume the logic in empty_world.launch, changing only the name of the world to
be launched -->
     <include file="$(find gazebo_ros)/launch/empty_world.launch">
       <arg name="world_name" value="$(find robot_gazebo)/worlds/robot.world"/>
      <arg name="debug" value="$(arg debug)" />
      <arg name="gui" value="$(arg gui)" />
      <arg name="paused" value="$(arg paused)"/>
      <arg name="use_sim_time" value="$(arg use_sim_time)"/>
      <arg name="headless" value="$(arg headless)"/>
    </include>
    <!-- Load the URDF into the ROS Parameter Server -->
    <arg name="model" />
    <param name="robot_description"
       command="$(find xacro)/xacro.py $(arg model)" />
    <!-- Run a python script to the send a service call to gazebo_ros to spawn a URDF robot
-->
    <node name="urdf_spawner" pkg="gazebo_ros" type="spawn_model" respawn="false"
output="screen"
      args="-urdf -model robot -param robot_description -z 0.05"/>
  </launch>
```

使用以下命令启动该文件：

```
$ roslaunch robot_gazebo gazebo.launch model:="`rospack find myurdf`/robot/ares_
base.xacro"
```

得到如图 5.22 所示的机器人模型，可以对其进行纹理渲染，在 rviz 中可看到 URDF 文件中声明的纹理，但在 Gazebo 中看不到它们。为了在 Gazebo 中添加可见纹理，需要在相应的 Gazebo 模型文件中创建 robot.gazebo 文件。将 myurdf/robot/ares_base.xacro 文件另存为 robot_base.xacro，并添加以下代码，即可引用 robot.gazebo 文件：

```
<xacro:include filename="$(find myurdf)/robot/robot.gazebo" />
```

在 Gazebo 仿真器，对于非固定的连接需要添加材质渲染颜色。例如，将 base_link 渲染为橙色，加入如下代码，Gazebo 仿真器会对这个连接进行相应的操作：

```
<gazebo reference="base_link">
  <material>Gazebo/Orange</material>
</gazebo>
```

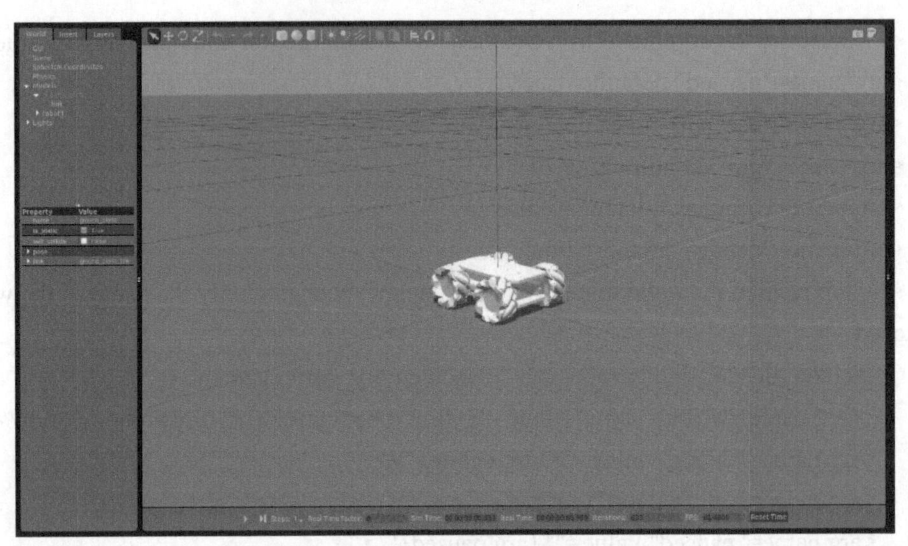

图 5.22　原始机器人模型

为了实现 Gazebo 仿真，需要 Gazebo 动态链接到 ROS，既可以在 robot.gazebo 文件添加，也可以在 URDF 文件中指定插件，格式如下：

```
<gazebo>
    <plugin name="gazebo_ros_control" filename="libgazebo_ros_control.so">
        <robotNamespace>/</robotNamespace>
    </plugin>
</gazebo>
```

启动新文件：

```
$ roslaunch robot_gazebo gazebo.launch model:="`rospack find myurdf`/robot/robot_base.xacro"
```

将看到如图 5.23 所示的输出。

基于 Gazebo 的机器人仿真

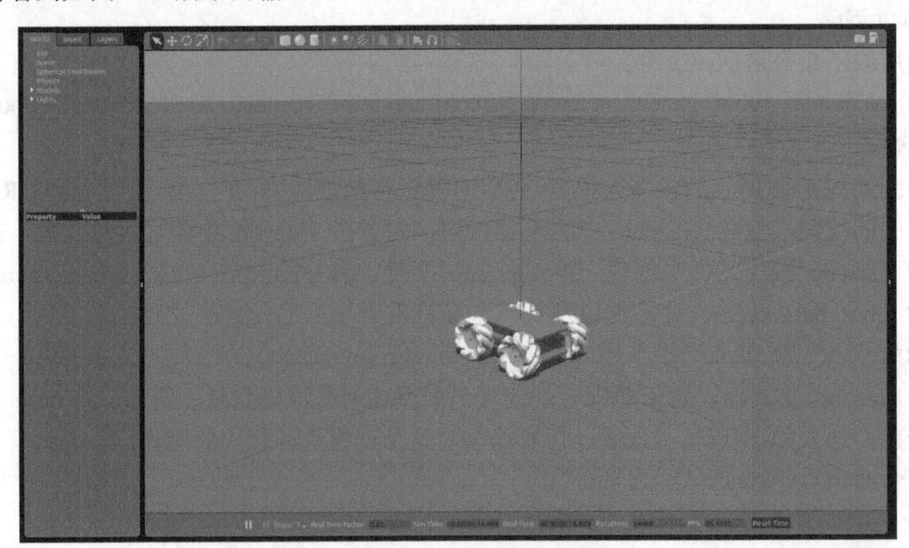

图 5.23　渲染后的机器人模型

5.4.2 添加传感器

在 Gazebo 中能够对机器人的传感器和物理运动进行仿真，本节将会向模型中添加激光雷达、摄像头和 Kinect 传感器。在 robot_base.xacro 文件基础上增加以下代码，为机器人添加 Hokuyo 激光雷达 3D 模型，并另存为 robot_base_laser.xacro 文件。

```
<!-- Hokuyo Laser -->
<link name="laser_link">
    <inertial>
        <origin xyz="0 0 0" rpy="0 0 0" />
        <mass value="0" />
        <inertia ixx="0" ixy="0" ixz="0" iyy="0" iyz="0" izz="0" />
    </inertial>
    <visual>
        <origin xyz="0 0 0" rpy="0 0 0" />
        <geometry>
            <mesh filename="package://myurdf/meshes/laser_link.STL" />
        </geometry>
        <material name="">
            <color rgba="0.79216 0.81961 0.93333 1" />
        </material>
    </visual>
    <collision>
        <origin xyz="0 0 0" rpy="0 0 0" />
        <geometry>
            <mesh filename="package://myurdf/meshes/laser_link.STL" />
        </geometry>
    </collision>
</link>

<joint name="laser_joint" type="fixed">
    <origin xyz="0.040036 0 0.089" rpy="0 0 0" />
    <parent link="base_link" />
    <child link="laser_link" />
    <axis xyz="0 0 0" />
</joint>
```

为了实现 Hokuyo 激光雷达在 Gazebo 的物理仿真，需要指定 Gazebo 插件，并且发布的话题为/scan ，在 robot.gazebo 文件或 robot_base_laser.xacro 文件添加以下代码：

```
<gazebo reference="laser_link">
    <sensor type="ray" name="laser">
```

```
        <pose>0 0 0 0 0 0</pose>
        <visualize>false</visualize>
        <update_rate>8</update_rate>
        <ray>
          <scan>
              <horizontal>
              <samples>360</samples>
              <resolution>1</resolution>
              <min_angle>-3.14</min_angle>
              <max_angle>3.14</max_angle>
              </horizontal>
          </scan>
          <range>
              <min>0.10</min>
              <max>10.0</max>
              <resolution>0.01</resolution>
          </range>
          <noise>
              <type>gaussian</type>
              <mean>0.0</mean>
              <stddev>0.01</stddev>
          </noise>
        </ray>
        <plugin name="gazebo_laser" filename="libgazebo_ros_laser.so">
        <topicName>scan</topicName>
        <frameName>laser_link</frameName>
        </plugin>
    </sensor>
  </gazebo>
```

使用以下命令启动新的模型，图 5.24 显示附带激光雷达模块的机器人。

```
$ roslaunch robot_gazebo gazebo.launch model:="`rospack find myurdf`/robot/robot_base_laser.xacro"
```

在 Gazebo 仿真界面，选择 Insert 选项卡添加 simple_walls，如图 5.25 所示。

在 Gazebo 界面单击 play 按钮开始仿真，激光雷达会产生“真实”的传感器数据，通过 rostopic echo /scan 命令查看这些数据，如图 5.26 所示。

```
$ rostopic echo /scan
```

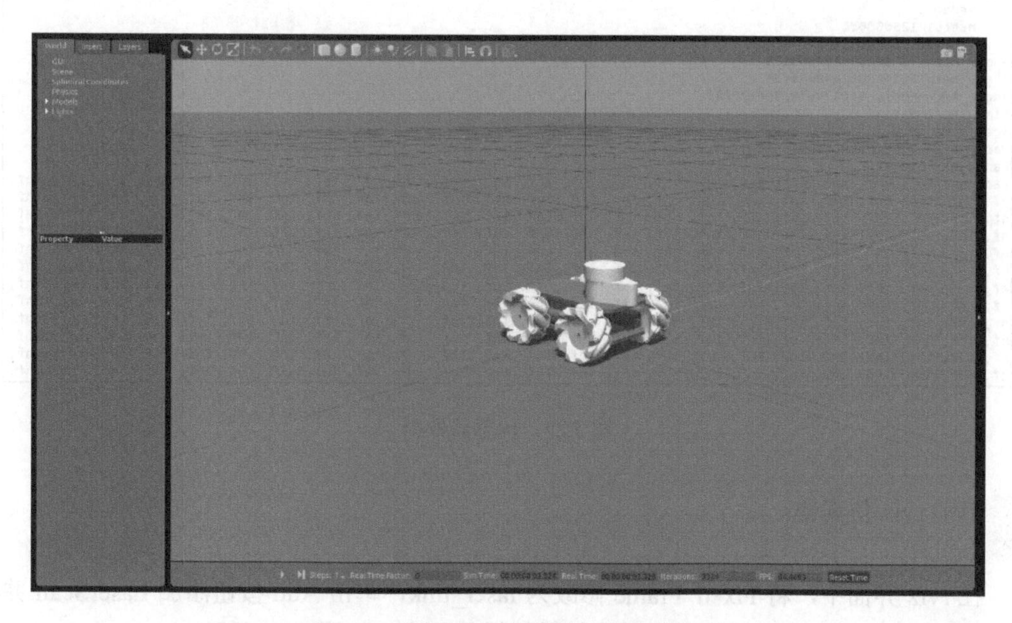

图 5.24　附带激光雷达模块的机器人模型

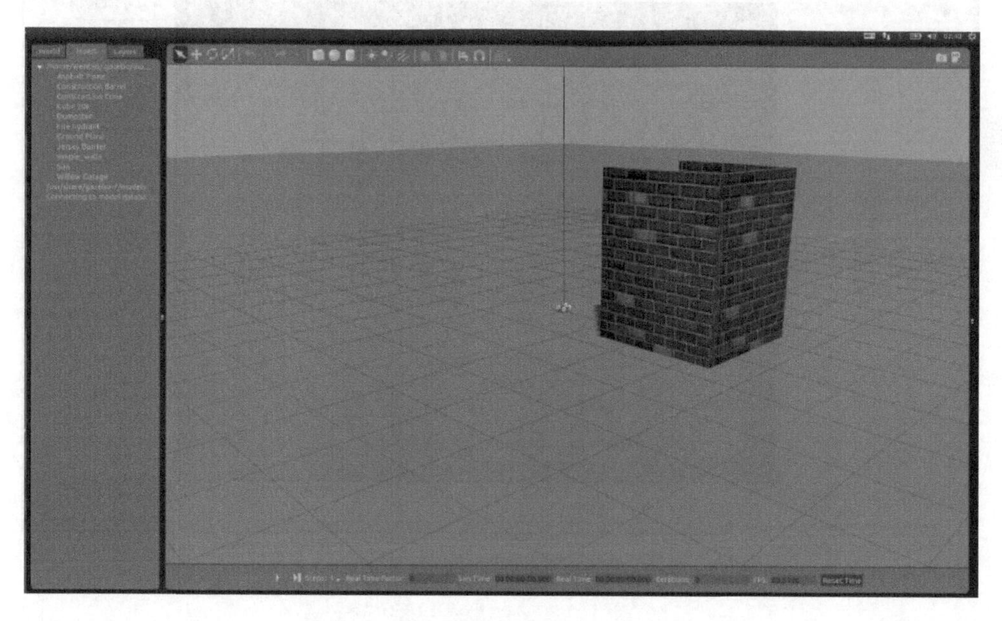

图 5.25　启动机器人模型与 walls.world

```
learner@learner:~/dev/catkin_ws$ rostopic echo /scan
header:
  seq: 0
  stamp:
    secs: 0
    nsecs: 125000000
  frame_id: "laser_link"
angle_min: -3.140000104904175
angle_max: 3.140000104904175
angle_increment: 0.01749303564429283
time_increment: 0.0
scan_time: 0.0
range_min: 0.10000000149011612
range_max: 10.0
ranges: [inf, inf, inf, inf, inf, inf, inf, inf, inf, inf, inf, inf, inf, inf, inf, inf, inf, inf, inf, inf, inf, inf,
nf, inf, inf, inf, inf, inf, inf, inf, inf, inf, inf, inf, inf, inf, inf, inf, inf, inf, inf, inf, inf, inf, inf,
nf, inf, inf, inf, inf, inf, inf, inf, inf, inf, inf, inf, inf, inf, inf, inf, inf, inf, inf, inf, inf, inf, inf,
nf, inf, inf, inf, inf, inf, inf, inf, inf, inf, inf, inf, inf, inf, inf, inf, inf, inf, inf, inf, inf, inf, inf,
nf, inf, inf, inf, inf, inf, inf, inf, inf, inf, inf, inf, inf, inf, inf, inf, inf, inf, inf, inf, inf, inf, inf,
nf, inf, inf, inf, inf, inf, inf, inf, inf, inf, inf, inf, inf, inf, inf, inf, inf, inf, inf, inf, inf, inf, inf,
nf, inf, inf, inf, inf, inf, inf, inf, inf, inf, inf, inf, inf, inf, inf, inf, inf, inf, inf, inf, inf, inf, inf,
nf, inf, inf, inf, inf, inf, inf, inf, inf, inf, inf, inf, inf, inf, inf, inf, inf, inf, inf, inf, inf, inf, inf,
nf, inf, inf, inf, inf, inf, inf, inf, inf, inf, inf, inf, inf, inf, inf, inf, inf, inf, inf, inf, inf, inf, inf,
nf, inf, inf, inf, inf, inf, inf, inf, inf, inf, inf, inf, inf, inf, inf, inf, inf, inf, inf, inf, inf, inf, inf,
nf, inf, inf, inf, inf, inf, inf, inf, inf, inf, inf, inf, inf, inf, inf, inf, inf, inf, inf, inf, inf, inf, inf,
nf, inf, inf, inf, inf, inf, inf, inf, inf, inf, inf, inf, inf, inf, inf, inf, inf, inf, inf, inf, inf, inf, inf,
```

图 5.26　传感器数据

启动 rviz 仿真器：

```
$ rviz
```

在 rviz 界面中，将 Fixed Frame 修改为 laser_link，单击 Add 按钮添加 LaserScan 并将 Topic 修改为/scan，即可显示激光雷达扫描结果的仿真，如图 5.27 所示。

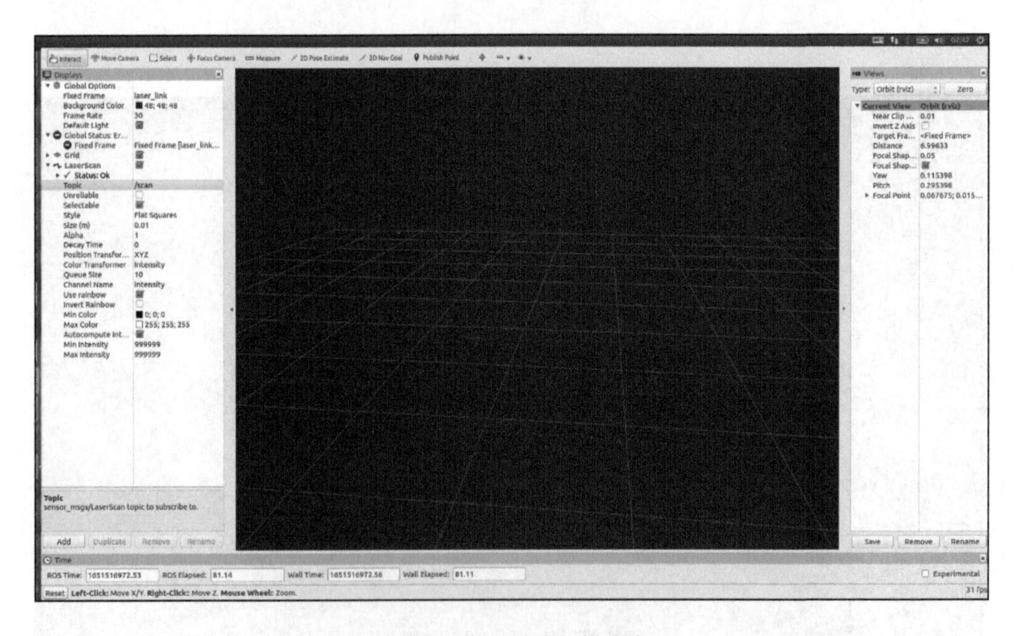

图 5.27　激光雷达扫描仿真

除了在机器人模型中直接添加传感器的代码，也可以把不同传感器模型分别建立 xacro 文件，方便不同机器人模型进行引用，避免重复编写代码。在 myurdf/robot/ sensors 中分别建立了 laser、camera 和 kinect 模型，以方便后面示例的引用。

在 robot_laser.xacro 基础上添加如下代码增加另一个传感器（摄像头），得到 robot_laser_cam.xacro。

```
<?xml version="1.0"?>
<robot name="robot_laser_cam_gazebo" xmlns:xacro="http://www.ros.org/wiki/xacro">
    <!-- Included URDF Files -->
    < xacro:include filename="$(find myurdf)/robot/robot_base_laser.xacro" />
    <ares_base />
    <xacro:include filename="$(find myurdf)/robot/sensors/camera.xacro" />
    <sensors />
    <!-- Camera -->
    <xacro:property name="camera_offset_x" value="0.05" />
    <xacro:property name="camera_offset_y" value="0" />
    <xacro:property name="camera_offset_z" value="0.12" />
    <joint name="camera_joint" type="fixed">
        <origin xyz="${camera_offset_x} ${camera_offset_y} ${camera_offset_z}"
rpy="0 0 0" />
        <parent link="base_link"/>
        <child link="camera_link"/>
    </joint>
    <joint name="camera_head_joint" type="fixed">
        <origin xyz="${camera_offset_x-0.04} ${camera_offset_y} ${camera_offset_
z-0.12}" rpy="1.6 0 1.6" />
        <parent link="camera_link"/>
        <child link="camera_head_link"/>
    </joint>
    <xacro:usb_camera prefix="camera"/>
</robot>
```

上述代码引用提前定义的 camera 模型，但是 camera 模型只定义摄像头的本体，在引用时还需要定义摄像头所在的位置。使用以下命令启动添加摄像头的模型，如图 5.28 所示。

```
$ roslaunch robot_gazebo gazebo.launch model:="`rospack find myurdf`/robot/robot_
laser_cam.xacro"
```

选择 Insert 选项卡添加 simple_walls，单击 play 按钮，在终端输入 rqt_image_view 或以下命令：

```
$ rosrun image_view image_view image:=/camera/image_raw
```

可显示摄像头拍摄的 Gazebo 仿真图像，如图 5.29 所示。

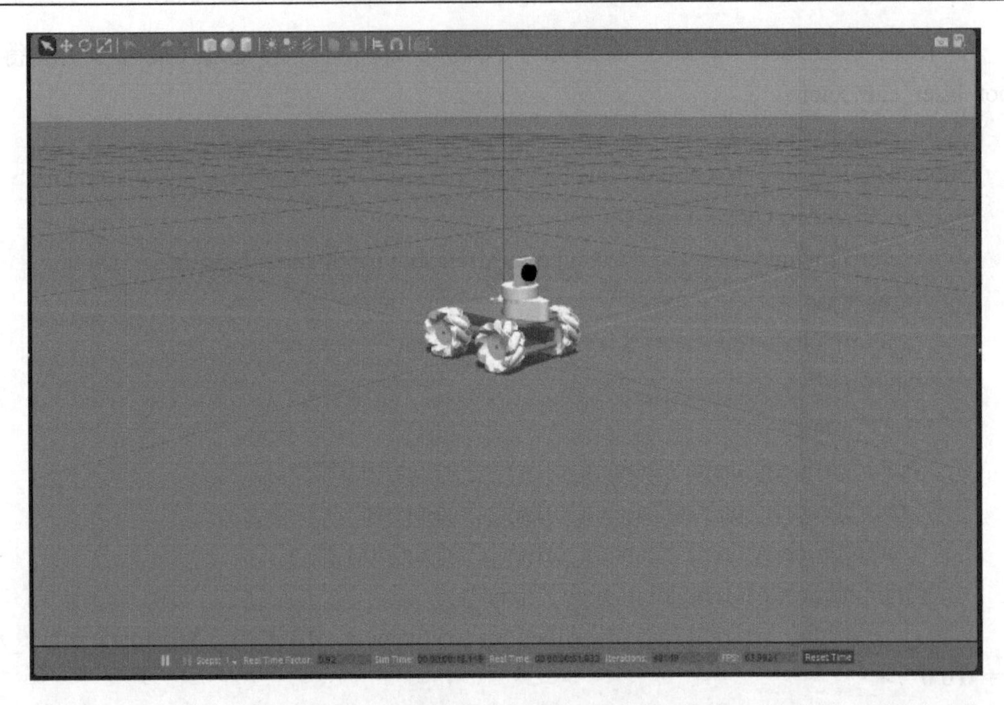

图 5.28　带有激光雷达和摄像头的机器人模型

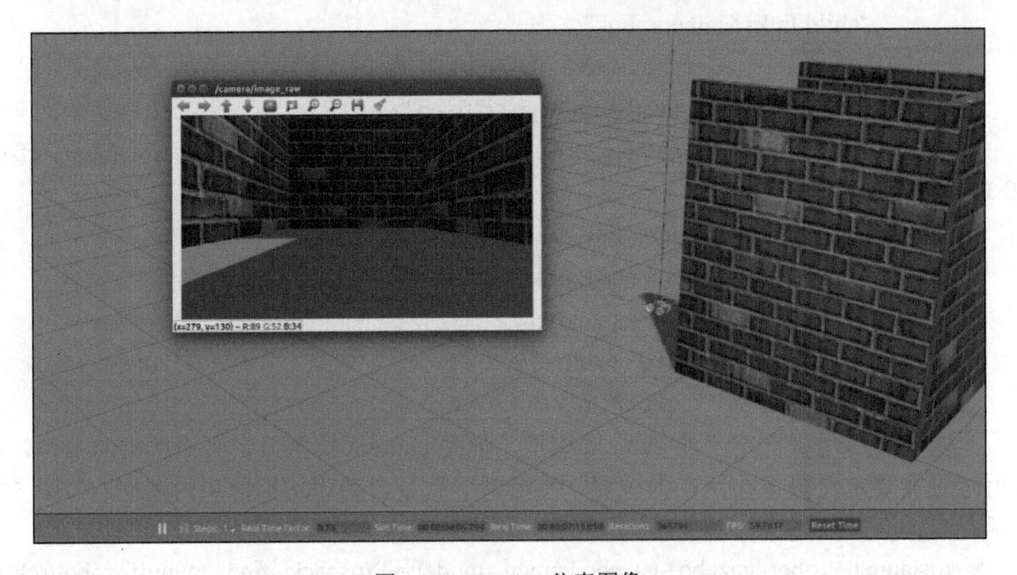

图 5.29　Gazebo 仿真图像

同样的方式，在 robot_laser_cam.xacro 基础上添加如下代码增加另一个传感器(kinect)，得到 robot_laser_cam_kinect.xacro。

```
<xacro:include filename="$(find myurdf)/robot/sensors/kinect.xacro" />
<sensors />
<!-- kinect -->
<xacro:property name="kinect_offset_x" value="-0.05" />
<xacro:property name="kinect_offset_y" value="0" />
```

```
<xacro:property name="kinect_offset_z" value="-0.015" />
<joint name="kinect_joint" type="fixed">
    <origin xyz="${kinect_offset_x} ${kinect_offset_y} ${kinect_offset_z}" rpy="0 0 3.14" />
    <parent link="base_link"/>
    <child link="kinect_link"/>
</joint>
<xacro:kinect_camera prefix="kinect">
```

使用以下命令启动添加 kinect 的模型，如图 5.30 所示。

```
$ roslaunch robot_gazebo gazebo.launch model:="`rospack find myurdf`/robot/robot_laser_cam_kinect.xacro"
```

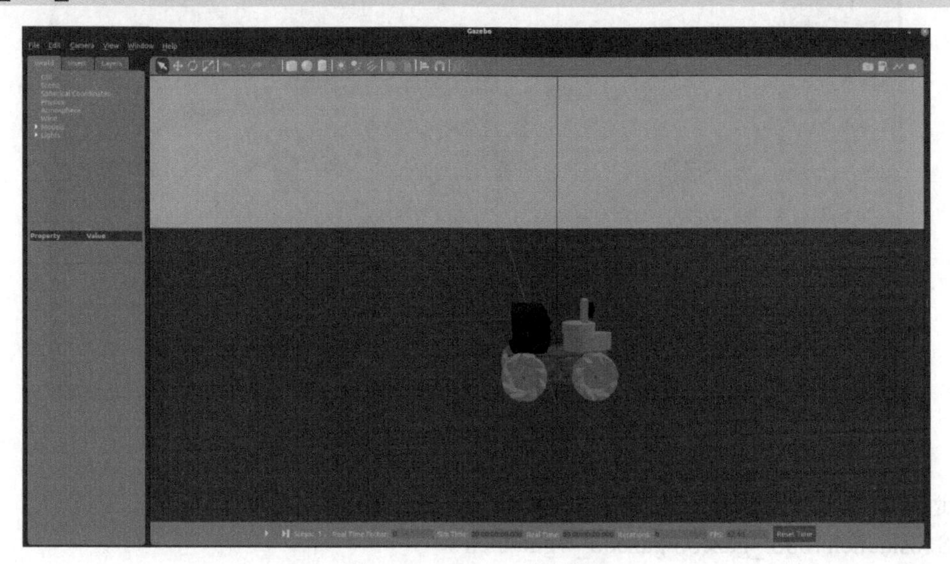

图 5.30　Gazebo 仿真图像

5.4.3　加载和使用地图

本节将会使用一张柳树车库公司(Willow Garage)办公室的地图，已默认安装，保存在 gazebo_worlds 功能包中。为了检查模型，使用以下命令启动 launch 文件：

```
$ roslaunch gazebo_ros willowgarage_world.launch
```

如图 5.31 所示，Gazebo 显示的 3D 办公室只有墙壁，可以添加桌子、椅子和其他物体。

为了同时加载地图和机器人，在 robot_gazebo/launch 文件夹下创建 gazebo_wg.launch 启动文件，并添加以下代码：

```
<?xml version="1.0"?>
<launch>
   <include file="$(find gazebo_ros)/launch/willowgarage_world.launch">
   </include>
   <!-- Load the URDF into the ROS Parameter Server -->
   <param name="robot_description"
```

```
        command="$(find xacro)/xacro.py '$(find myurdf)/robot/robot_laser_cam.xacro'" />
    <node name="robot_state_publisher" pkg="robot_state_publisher" type="state_publisher" />
    <!-- Run a python script to the send a service call to gazebo_ros to spawn a URDF robot -->
    <node name="urdf_spawner" pkg="gazebo_ros" type="spawn_model" respawn="false"
output="screen"
        args="-urdf -model robot1 -param robot_description -z 0.05"/>
  </launch>
```

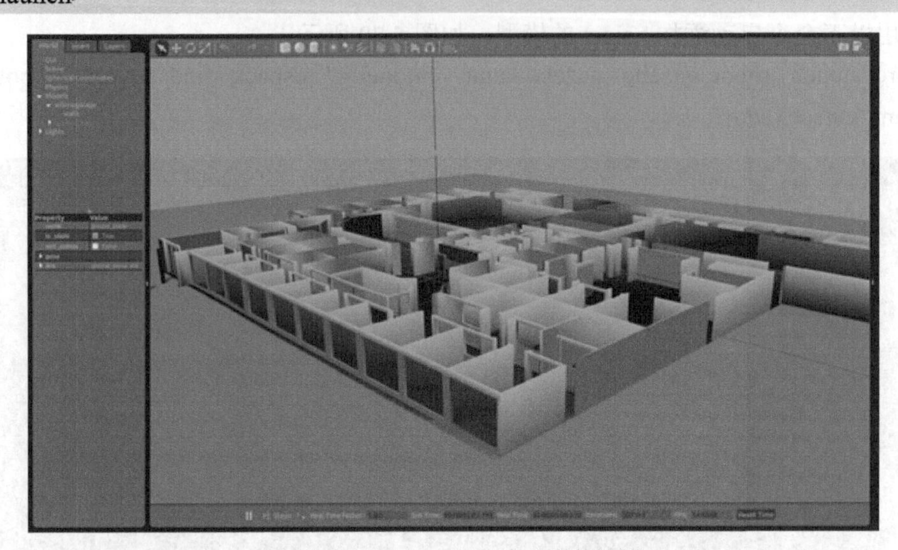

图 5.31　Willow Garage 办公室的地图

运行以下带有机器人的地图模型文件命令，结果如图 5.32 所示。

```
$ roslaunch robot_gazebo gazebo_wg.launch
```

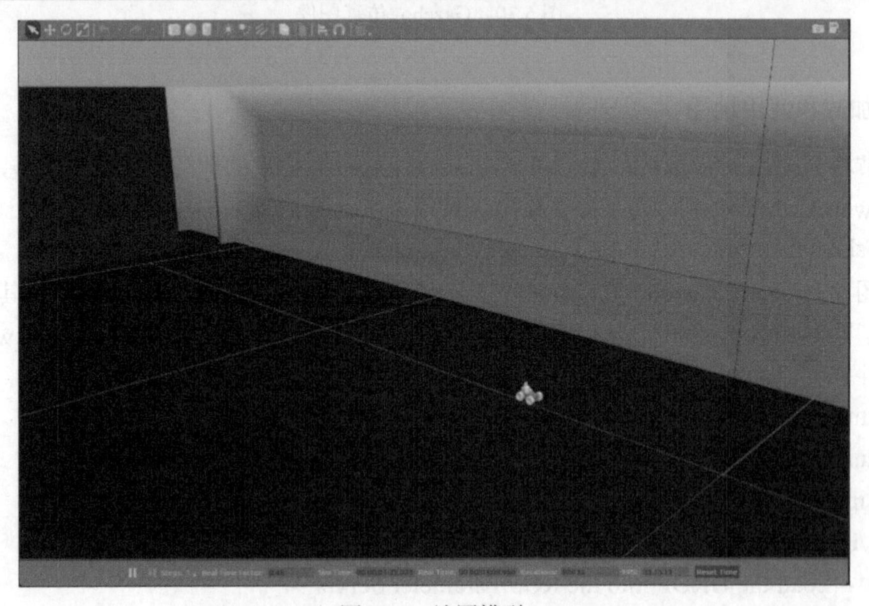

图 5.32　地图模型

在仿真虚拟环境中，可命令机器人移动和接收其传感器的仿真数据。

5.4.4　移动机器人

在 Gazebo 中对机器人、关节、传感器等设备进行编程，Gazebo 中存在 skid 驱动，需要在模型文件(ares_base.xacro)增加以下代码调用这个驱动，得到 robot_base.xacro。

```
<!-- Drive controller -->
    <plugin name="skid_steer_drive_controller" filename="libgazebo_ros_skid_steer_ drive.so">
    <updateRate>100.0</updateRate>
    <robotNamespace></robotNamespace>
    <leftFrontJoint>wheel_lf_joint</leftFrontJoint>
    <rightFrontJoint>wheel_rf_joint</rightFrontJoint>
    <leftRearJoint>wheel_lb_joint</leftRearJoint>
    <rightRearJoint>wheel_rb_joint</rightRearJoint>
    <wheelSeparation>4</wheelSeparation>
    <wheelDiameter>0.1</wheelDiameter>
    <commandTopic>cmd_vel</commandTopic>
    <odometryTopic>odom</odometryTopic>
    <robotBaseFrame>base_footprint</robotBaseFrame>
    <odometryFrame>odom</odometryFrame>
    <torque>1</torque>
    <topicName>cmd_vel</topicName>
    <broadcastTF>1</broadcastTF>
</plugin>
```

其中，wheel_lf_joint、wheel_rf_joint、wheel_lb_joint、wheel_rb_joint 关节为机器人的驱动轮。另一个参数是 topicName，可以通过这个参数命名话题，例如，发布一个 sensor_msgs/Twist 话题调用 /cmd_vel，正确发送消息后机器人将会移动。按照 xacro 文件中的当前方向，机器人将上下移动，需要修改四个轮子的初始 rpy 以设置轮子关节的初始方向。

```
<joint name="wheel_lf_joint" type="continuous">
    <origin xyz="0.0614863916393112 0.0574 0.01625" rpy="0 0 0" />
    <parent link="base_link" />
    <child link="wheel_lf_link" />
    <axis xyz="0 -1 0" />
    <limit effort="100" velocity="100"/>
    <joint_properties damping="0.0" friction="0.0"/>
</joint>
```

所有修改都保存在 chap05_example/myurdf/robot/robot_base.xacro 文件中，使用以下命令启动 launch 文件，如图 5.33 所示。

```
$ roslaunch robot_gazebo gazebo_wg.launch
```

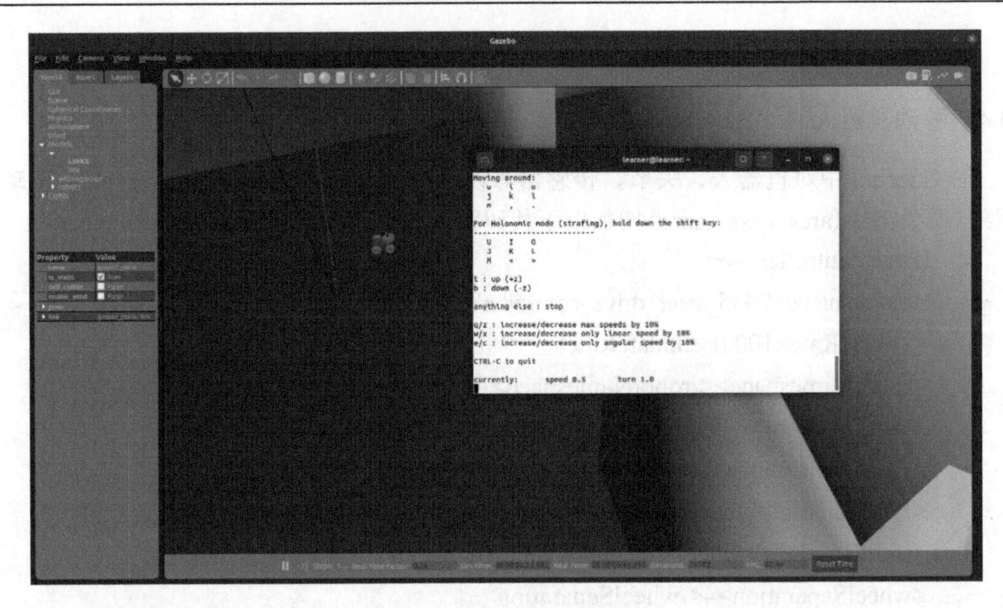

图 5.33　移动机器人模型

可使用键盘来移动地图中的机器人，首先安装 teleop_twist_keyboard 功能包，发布 /cmd_vel 话题：

```
$ sudo apt-get install ros-noetic-teleop-twist-keyboard
$ rosstack profile
$ rospack profile
```

运行以下节点：

```
$ rosrun teleop_twist_keyboard teleop_twist_keyboard.py
```

运行成功后，显示一个新命令行窗口，使用(u，i，o，j，k，l，m，“,”，“.”)键来移动机器人并设置最大速度。其中 u 键是加速，j 键是左转，k 键是减速，l 键是右转。通过以上命令控制机器人运动，可以观察激光雷达数据和摄像头显示的图像。

习　题

5-1　使用 STDR 仿真软件加载一台差速驱动小车，并进行小车运动的超声波避障策略仿真实验。

5-2　参考 5.2 节的 robot.urdf 文件，利用 URDF 机器人建模方法，创建一个车体为圆形的四轮机器人小车，并在仿真环境 rviz 或 Gazebo 中进行显示。

5-3　参考 robot.xacro 文件，利用 xacro 机器人建模方法重新对习题 5-2 进行建模，并添加摄像头和激光雷达传感器，加载到仿真软件 Gazebo 中，通过键盘控制其运动。

5-4　在 5.2.3 节中，以带有四个轮子的小车机器人底座为基础，添加一个带有 3 部件 2 关节的手臂，创建相应配置文件，加载到仿真软件 Gazebo 中，并且控制手臂进行正弦运动。

第 6 章　ROS 下的传感器与执行器

前面章节介绍了如何在 ROS 中编写程序并进行管理，接下来介绍如何使用传感器和执行器实现机器人与现实世界的交互。一个完整的机器人系统一般是由控制系统、驱动系统、执行机构、传感系统等组成，如图 6.1 所示。

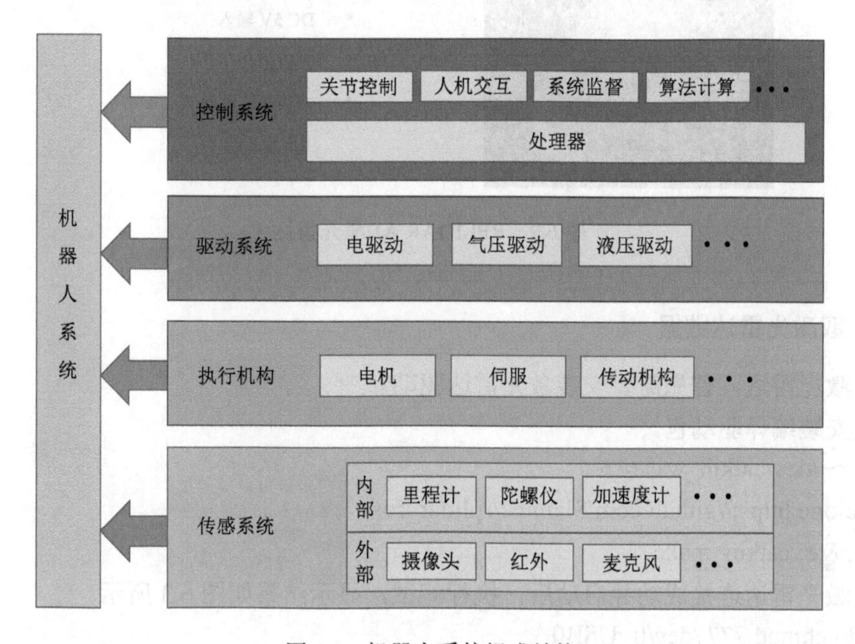

图 6.1　机器人系统组成结构

ROS 支持的传感器设备类型分为 1D 测距仪、2D 测距仪、3D 传感器(测距仪和 RGB-D 摄像机)、音频/语音识别、相机、力/力矩/触摸传感器、位姿估计、射频识别、传感器接口、速度传感器等。常用类型的传感器，包括激光雷达、相机、RGB-D 摄像头、位姿估计设备等。

6.1　激 光 雷 达

移动机器人使用地图导航通过未知区域时，需要获取障碍物的具体位置、建筑内部轮廓等信息，使用激光雷达 Lidar(Light Detection and Ranging)可以实现。激光雷达专门用于测量机器人和物体之间的距离，广泛应用于机器人导航和实时地图创建。

6.1.1　激光雷达简介

激光雷达是通过发射激光束来探测目标位置、速度等特征量的雷达系统，由发射系统、接收系统、信息处理等部分组成。其工作原理与微波雷达或无线电雷达类似，由发射系统发射一个信号，与目标发生相互作用，返回的信号被接收系统收集并处理，获得所需的目标信息。激光雷达具有轻便灵巧、分辨率高、隐蔽性好、抗有源干扰能力强、低空探测性能好等特点，因此激光雷达产品广泛应用于服务机器人、地形测绘、建筑测量等领域。本章的激光雷达如图 6.2 所示。

性能参数：

- 测距范围 12m
- 测量范围 360°
- DC 5V 输入
- 光磁融合
- 非接触式测量

图 6.2　RPLIDAR A1 激光雷达

6.1.2　获取激光雷达数据

使用激光雷达，首先需要安装激光雷达驱动。

下载安装编译驱动包。

```
$ cd ～/dev/catkin_ws/src
$git clone https://github.com/Slamtec/rplidar_ros
$cd .. && catkin_make
```

确认激光雷达连接成功并启动后，执行测试，显示结果如图 6.3 所示。

```
$ sudo chmod 777 /dev/ttyUSB0
$ roslaunch rplidar_ros view_rplidar.launch
```

彩图 6.3

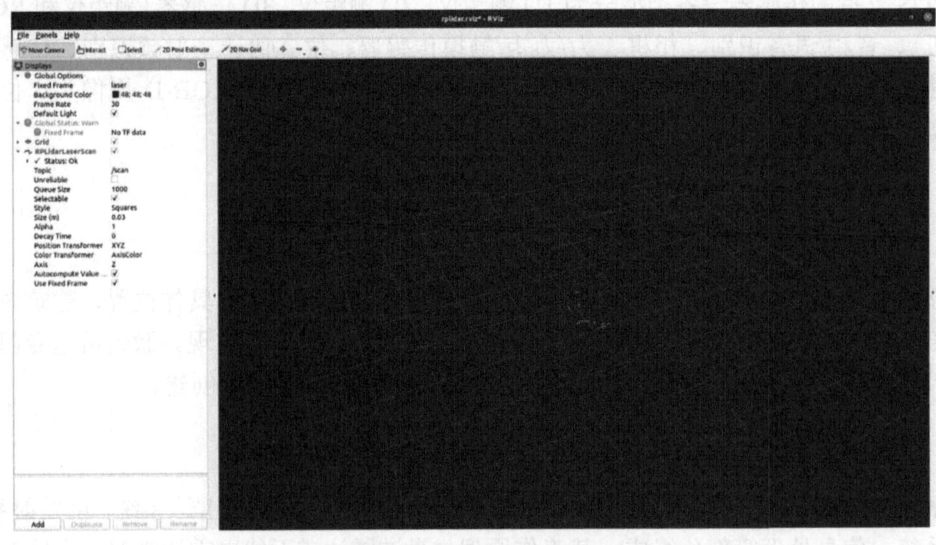

图 6.3　雷达测试显示结果

查看激光雷达的扫描消息类型和结构，如图 6.4 所示。

```
$ rostopic type /scan
$ rosmsg show sensor_msgs/LaserScan
```

```
learner@learner:~$  rosmsg show sensor_msgs/LaserScan
std_msgs/Header header
  uint32 seq
  time stamp
  string frame_id
float32 angle_min
float32 angle_max
float32 angle_increment
float32 time_increment
float32 scan_time
float32 range_min
float32 range_max
float32[] ranges
float32[] intensities

learner@learner:~$
```

图 6.4　激光雷达的扫描消息类型和结构

查看激光雷达检测到的数据，如图 6.5 所示。

```
$ rostopic echo /scan
```

```
learner@learner:~$ rostopic echo /scan
header:
  seq: 1014
  stamp:
    secs: 0
    nsecs:         0
  frame_id: "laser"
angle_min: -3.1415927410125732
angle_max: 3.1415927410125732
angle_increment: 0.005482709966599941
time_increment: 0.0
scan_time: 0.0
range_min: 0.15000000596046448
range_max: 12.0
ranges: [0.40799999237060547, 0.40799999237060547, inf, inf, inf, inf, 0.4289999
9022483826, 0.42899999022483826, 0.42899999022483826, 0.42899999022483826, 0.423
0000078678131, 0.4230000078678131, 0.4230000078678131, 0.4230000078678131, 0.418
9999997615814, 0.41499999165534973, 0.41499999165534973, 0.414000004529953, 0.40
99999964237213, 0.4099999964237213, 0.4000000059604645, 0.4000000059604645, 0.40
00000059604645, inf, inf, inf, inf, inf, inf, inf, inf, inf, inf, inf, inf, inf,
 inf, inf, inf, inf, inf, inf, inf, 0.20100000500679016, 0.20100000500679016, 0.
20100000500679016, 0.20100000500679016, 0.20000000298023224, 0.20000000298023224
, 0.20000000298023224, 0.20000000298023224, 0.20000000298023224, 0.2000000029802
```

图 6.5　查看检测数据

6.1.3　使用激光雷达数据

新建一个节点以获取激光数据，并对原始数据进行访问和修改，然后发布新数据。

在/chap06_example /src 文件夹创建 example1.cpp 文件，代码如下：

```
#include <ros/ros.h>
#include "std_msgs/String.h"
#include <sensor_msgs/LaserScan.h>
#include<stdio.h>
using namespace std;
class Scan{
  public:
  Scan();
  private:
  ros::NodeHandle n;
  ros::Publisher scan_pub;
  ros::Subscriber scan_sub;
  void scanCallBack(const sensor_msgs::LaserScan::ConstPtr& scan);
};
Scan::Scan()
{
  scan_pub = n.advertise<sensor_msgs::LaserScan>("/scan2",1);
  scan_sub = n.subscribe<sensor_msgs::LaserScan>("/scan",1,&Scan::scanCallBack, this);
}
void Scan::scanCallBack(const sensor_msgs::LaserScan::ConstPtr&scan)
{
  int ranges = scan->ranges.size();
  //populate the LaserScan message
  sensor_msgs::LaserScan scan2;
  scan2.header.stamp = scan->header.stamp;
  scan2.header.frame_id = scan->header.frame_id;
  scan2.angle_min = scan->angle_min;
  scan2.angle_max = scan->angle_max;
  scan2.angle_increment = scan->angle_increment;
  scan2.time_increment = scan->time_increment;
  scan2.range_min = 0.0;
  scan2.range_max = 100.0;
  scan2.ranges.resize(ranges);
  for(int i = 0; i < ranges; ++i)
  {
    scan2.ranges[i] = scan->ranges[i]*2;
  }
    scan_pub.publish(scan2);
```

```
}
int main(int argc, char** argv)
{
    ros::init(argc, argv, "example1_laser_scan_publisher");
    Scan scan;
    ros::spin();
}
```

main 函数初始化了一个名为 example1_laser_scan_publisher 的节点，创建了文件中已经定义类的一个实例。在构造函数中创建了两个话题，第一个话题的作用是订阅另一个话题，第二个话题的作用是对激光中的原始数据进行修改，然后发布。这个例子对来自雷达话题的数据乘以 2 后重新发布，在 scanCallBack()函数中实现这个功能，获取输入消息并将所有字段都复制到另一个变量中，再获取存储数据的字段并扩大为原来的 2 倍，新的值被计算并存储，将其发布到新的话题中。

为了启动所有程序，需要创建一个 launch 文件 example1.launch：

```
<?xml version="1.0" encoding="UTF-8"?>
<launch>
    <!-- Example 1 -->
    <node name="rplidarNode"    pkg="rplidar_ros"    type="rplidarNode" output="screen">
    <param name="serial_port"    type="string" value="/dev/ttyUSB0"/>
    <param name="serial_baudrate"    type="int"    value="115200"/><!--A1/A2 -->
    <!--param name="serial_baudrate"    type="int"    value="256000"--><!--A3 -->
    <param name="frame_id"    type="string" value="laser"/>
    <param name="inverted"    type="bool"    value="false"/>
    <param name="angle_compensate"    type="bool"    value="true"/>
    </node>
    <node pkg="rviz" type="rviz" name="rviz"
    args="-d $(find chap06_example)/rviz/laser.rviz"/>
    <node pkg="chap06_example" type="c6_example1" name="c6_example1"/>
</launch>
```

运行以下命令测试程序：

```
$ roslaunch chap06_example example1.launch
```

启动 example1.launch 文件，会启动三个节点：rplidarNode、 rviz 和 example1。

单击 Add 按钮依次添加 By topic 下的 /scan/LaserScan 和/scan2/LaserScan，如图 6.6 所示。

把 Global Options 的 Fixed Frame 改为 laser，即可在可视化界面中看到激光雷达的状态，如图 6.7 所示，在 rviz 可视化的界面内看到两条激光轮廓，外面的轮廓线由新数据产生。

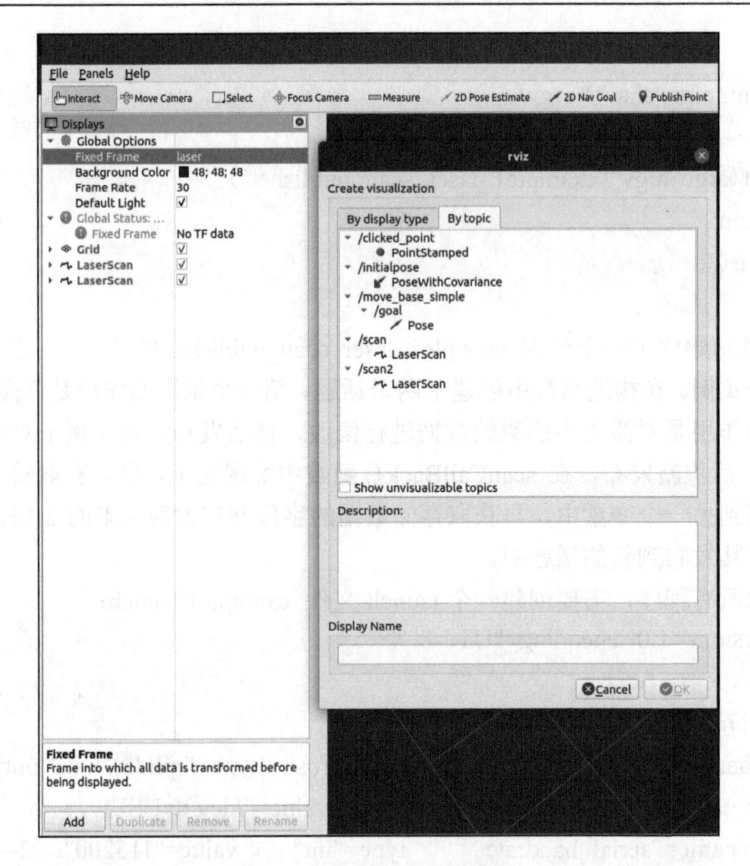

图 6.6　在 Add 中添加话题

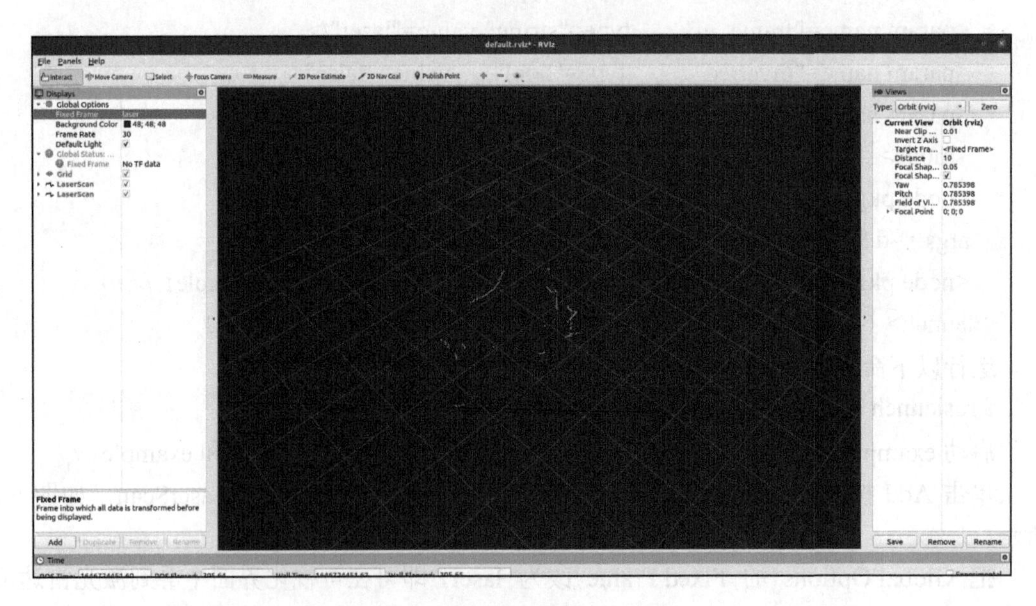

图 6.7　修改激光数据显示界面

6.2　摄像机接口及应用

在导航或者抓取规划时，需要解析摄像机的数据，以便于理解摄像机图像的模式、相关的标签以及坐标系。本节介绍针孔相机如何成像、ROS 中相机坐标的变换、相机标定、创建 USB 摄像头驱动功能包以及如何使用 OpenCV 进行简单的图像处理等内容。

6.2.1　针孔相机成像模型

数码相机图像的拍摄实际上是光学成像过程，相机的成像过程涉及四个坐标系(世界坐标系、相机坐标系、图像(归一化相机)坐标系、像素坐标系)以及这四个坐标系之间的转换。针孔相机成像模型如图 6.8 所示。

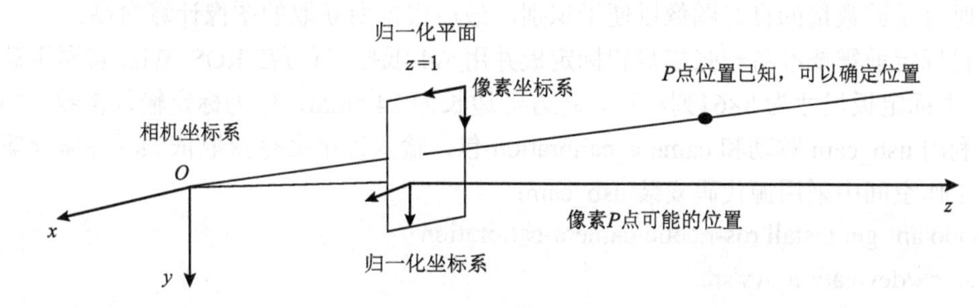

图 6.8　针孔成像模型

其中，O-x-y-z 为相机坐标系，O 为相机的光心，z 轴指向相机前方，x 轴向右，y 轴向下；当 z=1 时称为归一化平面；像素坐标系定义为原点 O，u 轴向右与 x 轴平行，v 轴向下与 y 轴平行。

内参推导过程如下。

首先，根据针孔相机的前投影模型得到三维点和成像平面上点的关系：

$$\frac{z}{f}=\frac{x}{x'}=\frac{y}{y'}\Rightarrow x'=f\frac{x}{z},\quad y'=\frac{x}{z} \tag{6.1}$$

其次，从成像平面到像素坐标关系：

$$u=\alpha X'+c_x \tag{6.2}$$

$$v=\beta Y'+c_y \tag{6.3}$$

最后，整理得到：

$$\begin{bmatrix}u\\v\\1\end{bmatrix}=\frac{1}{z}\begin{bmatrix}f_x & 0 & c_x\\0 & f_x & c_y\\0 & 0 & 1\end{bmatrix}\begin{bmatrix}x\\y\\z\end{bmatrix}\triangleq\frac{1}{z}KP \tag{6.4}$$

针孔成像模型的基本流程如下。

(1) 世界坐标系有一个点 P，世界坐标为 P_{w}。

(2) 相机的运动由 R、t 描述，将其转移到相机坐标系下为 $\dot{P}_{\mathrm{w}}=RP_{\mathrm{w}}+t$。

(3) 将相机坐标投影到归一化平面，得到归一化相机坐标 $P_c = \left[\frac{X}{Y}, \frac{Y}{Z}, 1\right]$。

(4) 归一化坐标经过内参计算，对应到其像素坐标 $P_{uv} = KP_c$。

6.2.2 相机标定

在了解相机标定之前，首先要知道相机畸变。为了获得更好的成像效果，在相机前方安装滤镜，由于滤镜自身形状对光纤传播产生影响而引起的畸变称为径向畸变，主要分为桶形畸变和枕形畸变。另外，机械组装过程中不能保证透镜和成像平面严格平行也会引起畸变，称为切向畸变。

ROS 通过 OpenCV 和 camera_calibration 包对相机进行校准标定。在进行校准过程中，在相机前挥动具有已知尺寸的棋盘状视觉目标，校准程序将获取目标的图像，并通知用户何时有足够数量的良好图像以便于识别，最后根据所获取的图像计算内参。

相机标定前需要准备一张棋盘状标定板并用 A4 纸打印(可在 ROS Wiki 官网下载标定板)，其中标定板尺寸为 8×6(列×行)，正方形边长为 24.5mm，作为标定输入参数。相机标定主要利用 usb_cam 驱动和 camera_calibration 包，输入以下命令获取依赖项并编译驱动程序，在工作空间中采用源代码安装 usb_cam：

```
$ sudo apt-get install ros-noetic-camera-calibration
$ cd ～/dev/catkin_ws/src
$ git clone https://github.com/bosch-ros-pkg/usb_cam.git
$ cd ..
$ catkin_make
```

其中，catkin_ws 是工作空间名，运行 usb_cam_node 启动摄像头。

打开新终端，运行 roscore：

```
$ roscore
```

在 usb_cam 包的 launch 文件夹下有 usb_cam-test.launch 文件，运行以下命令：

```
$ cd ～/dev/catkin_ws/src/usb_cam/launch
$ roslaunch usb_cam-test.launch
```

打开摄像头后，在另一个终端输入 rostopic list 命令查看话题列表，如图 6.9 所示。

打开摄像头相当于发布一个新话题，查看是否有图 6.10 所示的两个话题。

在 dev/catkin_ws/src 中安装一个标定包：

```
$ git clone  https://github.com/ros-perception/image_pipeline.git
```

再次编译成功后，输入以下设置标定命令，启动标定程序：

```
$ rosrun camera_calibration cameracalibrator.py --size 8x6 --square 0.028 image:=/usb_cam/image_raw camera:=/usb_cam
```

话题弹出窗口，将标定靶对准摄像头并前后左右旋转移动，界面如图 6.11 所示。

```
^Clearner@learner:~/dev/catkin_ws$  rostopic list
/base_pose_ground_truth
/clock
/cmd_vel
/image_view/output
/image_view/parameter_descriptions
/image_view/parameter_updates
/odom
/robot0/laser_0
/robot0/sonar_0
/robot0/sonar_1
/robot0/sonar_2
/robot0/sonar_3
/robot0/sonar_4
/rosout
/rosout_agg
/scan
/tf
/turtle1/cmd_vel
/turtle1/color_sensor
/turtle1/pose
/usb_cam/camera_info
/usb_cam/image_raw
/usb_cam/image_raw/compressed
/usb_cam/image_raw/compressed/parameter_descriptions
/usb_cam/image_raw/compressed/parameter_updates
/usb_cam/image_raw/compressedDepth
/usb_cam/image_raw/compressedDepth/parameter_descriptions
/usb_cam/image_raw/compressedDepth/parameter_updates
/usb_cam/image_raw/theora
/usb_cam/image_raw/theora/parameter_descriptions
/usb_cam/image_raw/theora/parameter_updates
learner@learner:~/dev/catkin_ws$
```

图 6.9　查看话题列表

```
/usb_cam/camera_info
/usb_cam/image_raw
```

图 6.10　话题信息

图 6.11　开始标定

其中

X：标定板在视野中的左右位置。

Y：标定板在视野中的上下位置。

size：标定板所占视野的尺寸(标定板离摄像头的远近)。

skew：标定板在视野上下左右中的倾斜位置。

为了得到较好的标定结果，标定板尽量出现在摄像头视野的各个位置，保证所有的进度条都是满格，CALIBRATE 按钮变色后，单击该按钮，如图 6.12 所示。

图 6.12　标定结束

待参数计算完成后，终端会显示标定结果。当 SAVE、COMMIT 变色时，单击 SAVE 按钮，将标定参数保存到默认文件夹。当终端显示 Wrote calibration data to, /tmp/calibrationdata.tar.gz，单击 COMMIT 按钮提交数据并退出。打开/tmp 文件夹，标定结果显示为 calibrationdata.tar.gz，解压该压缩包并复制 ost.yaml 文件，重命名后即可使用。修改 launch 文件，加载标定的 yaml 文件。该文件路径为.ros/camera_info/head_camera.yaml，在运行 roslaunch usb_cam-test.launch 的窗口可查看该路径。

yaml 文件参数如下：

```
image_width: 640
image_height: 480
camera_name: head_camera
camera_matrix:
  rows: 3
  cols: 3
  data: [645.8526567577003, 0, 309.625151478002, 0, 653.3055945314558, 331.351466848829, 0, 0, 1]
distortion_model: plumb_bob
```

```
distortion_coefficients:
  rows: 1
  cols: 5
  data:[-0.1821627379712455,-0.06686579504818295, -0.00202080147135575,
0.02064197040071638, 0]
rectification_matrix:
  rows: 3
  cols: 3
  data: [1, 0, 0, 0, 1, 0, 0, 0, 1]
projection_matrix:
  rows: 3
  cols: 4
  data: [609.8624267578125, 0, 320.7728920761292, 0, 0, 627.2333984375, 335.942698044295,
0, 0, 0, 1, 0]
```

参数含义：

image_width、image_height 图片长宽；

camera_name 摄像头名；

camera_matrix 规定了摄像头的内部参数矩阵；

distortion_model 畸变模型；

distortion_coefficients 畸变模型的系数；

rectification_matrix 矫正矩阵(一般为单位阵)；

projection_matrix 外部世界坐标到像平面的投影矩阵。

在未载入标定文件时，调用 image_proc 包。有两种解决方案可供选择：

(1)在启动 usb_cam 的 launch 文件结尾添加<node name="image_proc" pkg="image_proc" type="image_proc" ns="usb_cam"/>。

(2)启动 usb_cam 后，在终端命令窗口添加 ROS_NAMESPACE=usb_cam rosrun image_proc image_proc。

6.2.3　在 ROS 中使用 OpenCV 与 cv_bridge

在 ROS 中使用 OpenCV，必须使用 cv_bridge 软件包。在 OpenCV 中，图像以 Mat 矩阵的形式存储。ROS 以 sensor_msgs/Image 消息格式传递图像，需要利用 cv_bridge 将这两种不相同的格式联系起来，如图 6.13 所示，cv_bridge 是一个 ROS 库，提供 ROS 和 OpenCV 之间的接口。

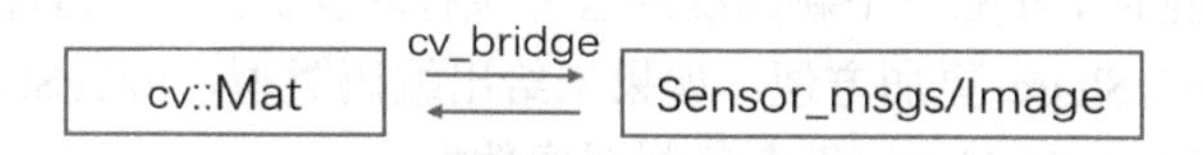

图 6.13　OpenCV 与 cv_bridge

1. ROS 图像消息转换为 OpenCV 图像格式函数

cv_bridge 源码中执行转换的类为 CvImage，该类包含 OpenCV 的图像、消息编码以及 ROS header，CvImage 类定义如下：

```
namespace cv_bridge {
    class CvImage
    {
    public:
      std_msgs::Header header;
      std::string encoding;
      cv::Mat image;
    };

  typedef boost::shared_ptr<CvImage> CvImagePtr;
  typedef boost::shared_ptr<CvImage const> CvImageConstPtr;
  }
```

通过 CvImage 类，将 ROS 的 sensor_msgs/Image 消息转换为 OpenCV 图像格式。cv_bridge 转换为 CvImage 类有两种方式，分别为 toCvCopy 和 toCvShare。

```
// Case 1: Always copy, returning a mutable CvImage
    CvImagePtr toCvCopy(const sensor_msgs::ImageConstPtr& source,
const std::string& encoding = std::string());
    CvImagePtr toCvCopy(const sensor_msgs::Image& source,
const std::string& encoding = std::string());
// Case 2: Share if possible, returning a const CvImage
    CvImageConstPtr toCvShare(const sensor_msgs::ImageConstPtr& source,
const std::string& encoding = std::string());
    CvImageConstPtr toCvShare(const sensor_msgs::Image& source,
const boost::shared_ptr<void const>& tracked_object,
const std::string& encoding = std::string());
```

两个函数的输入是图像消息指针和一个可选的编码参数。这两个函数的区别：

(1) 无论源数据和编码是否匹配，toCvCopy 函数都会从 ROS 消息创建图像副本，优点是可以自由修改 CvImage 类的内容。

(2) 当源数据和编码匹配时，toCvShare 不会创建副本，函数将返回的 cv::Mat 指向 ROS 消息数据源。它的特点是只要保留返回 CvImage 类的副本，ROS 的消息类型就不会被释放。当编码参数不匹配时，分配一个新的缓冲区并执行转换。当一个指针指向另一条消息(如双目图像)，使用 toCvShare 更加方便。如果未给出编码类型，toCvShare 使目标图像编码与消息编码相同，并且 toCvShare 不会复制图像数据。

Cv_bridge 中常用的编码有以下几种格式，其中 mono8 和 bgr8 是大部分 OpenCV 函数所使用的两种图像编码。

mono8: CV_8UC1, 灰度图像；

mono16: CV_16UC1, 16-bit 灰度图像；
bgr8: CV_8UC3，具有蓝绿红顺序的彩色图像；
rgb8: CV_8UC3，具有红绿蓝顺序的彩色图像；
bgra8: CV_8UC4，带有 α 通道的蓝绿红顺序彩色图像；
rgba8: CV_8UC4，带有 α 通道的红绿蓝顺序彩色图像。

2. OpenCV 图像格式转换为 ROS 图像消息的函数

要将 CvImage 转换为 ROS 图像消息，需要使用 toImageMsg()成员函数。

```
class CvImage
{
  sensor_msgs::ImagePtr toImageMsg() const;
  // Overload mainly intended for aggregate messages that contain
     // a sensor_msgs::Image as a member.
  void toImageMsg(sensor_msgs::Image& ros_image) const;
  };
```

6.2.4 创建 USB 摄像头驱动功能包

使用 usb_cam 摄像头驱动，无法修改 USB 摄像头参数，但可以在 ROS 中改变摄像头配置，查看摄像头图像和信息发布方式，并使用 OpenCV 创建基于计时器方法的摄像头驱动，在 src/camera_timer.cpp 中创建代码。

在功能包中必须设置 ROS Image、OpenCV 消息库和相关功能包的依赖项。

```
<depend package= "sensor_msgs" / >
<depend package= "opencv2" / >
<depend package= "cv_bridge" / >
<depend package= "image_transport" / >
```

因此，在 src/camera_timer.cpp 文件中需包含以下头文件：

```
#include <ros/ros.h>
#include < image_transport / image_transport.h>
#include < cv_bridge / cv_bridge.h>
#include < sensor_msgs /image_encodings.h>
#include < opencv2 /highgui/highgui.hpp>
```

image_transport 接口允许以多种传输格式发布图像，包括各种压缩图像格式和 ROS 中各种编解码器，如 compressed 和 Theora。以上给出的 cv_bridge 字段用于从 OpenCV 图像格式到 ROS 图像消息的转换，当存在灰度/颜色转换时，使用 sensor_msgs 对图像进行编码。使用 cv::VideoCapture 时，需要连接 OpenCV 中的 highgui 接口。src/camera_timer.cpp 文件的主要部分代码如下，其中包含一个摄像头驱动类。

```
ros: :NodeHandle nh;
image_transport: :ImageTransport it;
image_transport: :Publisher pub_image_raw;
cv: :VideoCapture camera;
```

```
cv: :Mat image;
cv_bridge: : CvImagePtr frame;
ros: :Timer timer;
int camera_index;
int fps;
```

6.2.5 使用 ImageTransport API

image_transport 功能包用于 image 的订阅和发布，例如，为 JPEG/PNG 格式图像压缩和视频流提供单独插件，为低带宽压缩格式的image提供传输（订阅和发布）。image_transport 提供 class 和 node ，支持各类传输，但用户只能看到 sensor_msgs/Image。image_transport 自身只提供 raw 传输，指定格式的传输由插件提供，支持其他格式传输的依赖为 package.image_transport_plugins。

1. 安装 image_transport

```
$ sudo apt-get install ros-noetic-image-transport
```

2. 图像发布者和订阅者用法

C++ 或 Python 都提供 ImageTransport API，本节主要使用 C++ 编程实现图像的正常发布和订阅，创建并进入功能包：

```
$ cd dev/catkin_ws/src
$ catkin_create_pkg my_image_transport image_transport cv_bridge
$ cd my_image_transport
$ mkdir src
$ cd src
```

在 src 文件中创建如下节点：

```
$ gedit my_publisher.cpp
```

在 my_publisher.cpp 文件中添加如下代码：

```
#include <ros/ros.h>
#include <image_transport/image_transport.h>
#include <opencv2/highgui/highgui.hpp>
#include "opencv2/imgcodecs/legacy/constants_c.h"
#include <cv_bridge/cv_bridge.h>
int main(int argc, char** argv)
{
    ros::init(argc, argv, "image_publisher");
    ros::NodeHandle nh;
    image_transport::ImageTransport it(nh);
    image_transport::Publisher pub = it.advertise("camera/image", 1);
    cv::Mat image = cv::imread(argv[1], CV_LOAD_IMAGE_COLOR);
    sensor_msgs::ImagePtr msg = cv_bridge::CvImage(std_msgs::Header(), "bgr8", image).
toImageMsg();
```

```
    ros::Rate loop_rate(5);
    while(nh.ok()) {
        pub.publish(msg);
        ros::spinOnce();
        loop_rate.sleep();
    }
}
```

其中，image_transport::ImageTransport it(nh)表示用声明的节点句柄初始化 it()，并使用 it()来发布和订阅消息。

```
image_transport::Publisher pub = it.advertise("camera/image", 1);
```

image_transport::Publisher 通过每一个可用的 Transport 发布和订阅不同的 ROS Topic，与 ROS Publisher 不同，它并非注册一个单独的话题，而是多个。话题命名遵循一个标准规则，在接口中只能指定 Base Topic 名，其他具体名字由规则指定。而 advertise 会创建多个以 base Topic Name 为基础的 Topic，如/camera/image/compressed。

创建订阅者节点 my_subscriber 的代码如下：

```
#include <ros/ros.h>
#include <image_transport/image_transport.h>
#include <opencv2/highgui/highgui.hpp>
#include <cv_bridge/cv_bridge.h>
void imageCallback(const sensor_msgs::ImageConstPtr& msg)
{
    try
    {
        cv::imshow("view", cv_bridge::toCvShare(msg, "bgr8")->image);
        cv::waitKey(10);
    }
    catch(cv_bridge::Exception& e)
    {
        ROS_ERROR("Could not convert from '%s' to 'bgr8'.", msg->encoding.c_str());
    }
}
int main(int argc, char **argv)
{
    ros::init(argc, argv, "image_listener");
    ros::NodeHandle nh;
    cv::namedWindow("view");
    cv::startWindowThread();
    image_transport::ImageTransport it(nh);
    image_transport::Subscriber sub = it.subscribe("camera/image", 1, imageCallback);
```

```
    ros::spin();
    cv::destroyWindow("view");
}
```

3. 配置相关文件

为了使以上两个节点编译成功，需要对 CMakeList.txt 和 package.xml 进行修改。CMakeLists.txt 文件的修改如下：

```
cmake_minimum_required(VERSION 2.8.3)
project(my_image_transport)
find_package(catkin REQUIRED COMPONENTS
    cv_bridge
    image_transport
    OpenCV
    )
catkin_package(
# INCLUDE_DIRS include
# LIBRARIES my_image_transport
    CATKIN_DEPENDS cv_bridge image_transport
# DEPENDS system_lib
  )
include_directories(
# include
  ${catkin_INCLUDE_DIRS}
  ${OpenCV_INCLUDE_DIRS}
)
#build my_publisher and my_subscriber
add_executable(my_publisher src/my_publisher.cpp)
target_link_libraries(my_publisher ${catkin_LIBRARIES} ${OpenCV_LIBRARIES})
add_executable(my_subscriber src/my_subscriber.cpp)
target_link_libraries(my_subscriber ${catkin_LIBRARIES} ${OpenCV_LIBRARIES})
```

打开 package.xml，在文件中添加以下代码：

```
<build_depend>opencv2</build_depend>
<exec_depend>opencv2</exec_depend>
```

编译以下功能包：

```
$ catkin_make -DCATKIN_WHITHELIST_PACKAGES="my_image_transport"
```

4. 运行节点

```
$ roscore
```

发布一个节点，写入图像的路径作为参数。

```
$ rosrun my_image_transport my_publisher home/learner/1.png
```

选择不同的 Topic，查看是否有发布的话题：

```
$ rostopic list
```

显示话题列表如下：

```
/camera/image
/camera/image/compressed
/camera/image/compressed/parameter_descriptions
/camera/image/compressed/parameter_updates
/camera/image/compressedDepth
/camera/image/compressedDepth/parameter_descriptions
/camera/image/compressedDepth/parameter_updates
/camera/image/theora
/camera/image/theora/parameter_descriptions
/camera/image/theora/parameter_updates
```

运行订阅者节点，显示如图 6.14 所示。

```
$ rosrun my_image_transport my_subscriber
```

图 6.14　显示图片

运行以下命令可以查看节点之间的关系图：

```
$ rosrun rqt_graph rqt_graph
```

两个节点通信结果如图 6.15 所示。

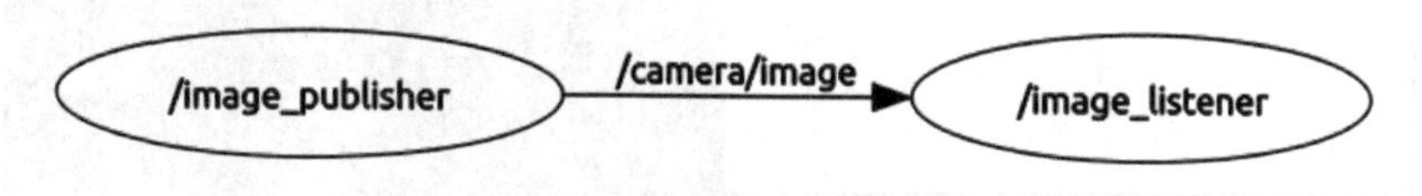

图 6.15　节点通信示意图

6.2.6　显示摄像头输入的图像

在 ROS 中显示摄像头输入的图像常用两种驱动包：usb_cam 和 uvc_cam。这里主要应用 usb_cam 驱动包。

1. 安装工具 cheese 或者 camorama

```
$ sudo apt-get install cheese
$ sudo apt-get install camorama
```

2. 安装 Webcam 驱动包

有以下两种方式。

(1) 直接安装。

```
$ sudo apt-get install ros-noetic-usb-cam
```

(2) 从源码安装。

```
$ sudo apt-get install git-core
$ cd ～/dev/catkin_ws/src/
$ git clone https://github.com/bosch-ros-pkg/usb_cam.git
$ cd ..
$ carkin_make
```

3. ROS 显示摄像头图像

```
$ rosrun usb_cam usb_cam_node
$ rosrun image_view image_view image:=/usb_cam/image_raw
```

如果命令执行或跳出窗口后无响应，出现无法显示图像的问题，可采用以下解决方法：

```
$ sudo apt-get install ros-noetic-image-view
```

或直接使用 rqt_image_view 命令。

以上测试均可启动 usb 摄像头，如图 6.16 所示。

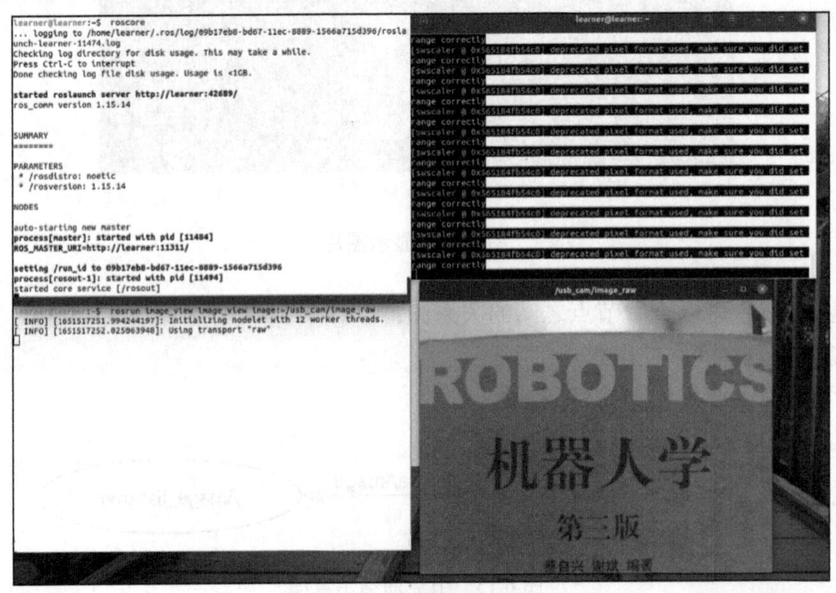

图 6.16　启动摄像头

6.2.7　ROS 图像管道

ROS 图像管道通过 image_proc 功能包运行，它可将从摄像头采集的 RAW 图像转化单色和彩色图像。当标定摄像头后，图像管道就会提取 CameraInfo 消息并修正图像。这里修正是指利用失真模型的参数来修正径向和切向的畸变。通过 ROS 图像管道可以看到更多关于摄像头的话题，首先启动摄像头：

```
$ rosrun usb_cam usb_cam_node
```

运行以下命令：

```
$ rosrun image_view image_view image:=/usb_cam/image_raw
```

能通过 rostopic list 或 rqt_graph 命令查看所有活动话题，如图 6.17 所示。

```
learner@learner:~$ rostopic list
/image_view/output
/image_view/parameter_descriptions
/image_view/parameter_updates
/rosout
/rosout_agg
/usb_cam/camera_info
/usb_cam/image_raw
/usb_cam/image_raw/compressed
/usb_cam/image_raw/compressed/parameter_descriptions
/usb_cam/image_raw/compressed/parameter_updates
/usb_cam/image_raw/compressedDepth
/usb_cam/image_raw/compressedDepth/parameter_descriptions
/usb_cam/image_raw/compressedDepth/parameter_updates
/usb_cam/image_raw/theora
/usb_cam/image_raw/theora/parameter_descriptions
/usb_cam/image_raw/theora/parameter_updates
learner@learner:~$
```

图 6.17　查看所有活动话题

对于一些摄像头，RAW 图像是彩色的。如果查看修正后的图像，运行 rqt_image_view 查看 image_rect_color 话题，或者修改 launch 文件。在 launch 文件中创建以下代码，通过 image_proc 节点可以激活以上话题。

```
<node ns="$(arg camera)" pkg="image_proc" type="image_proc"
name="image_proc"/>
```

6.3　Kinect 立体相机

Kinect 立体相机是一种 3D 体感摄影机，可以获取颜色信息和距离信息，进行机器人三维地图构建，图 6.18 为 Kinect v2 的整体结构。Kinect v2 一共有 3 个摄像头，分别是 RGB 摄像头、深度摄像头和红外摄像头。RGB 摄像头用来获取分辨率为 1920×1080 的彩色图像，每秒钟最多获取 30 帧图像，红外摄像头用来检测目标的相对位置。Kinect v2 两侧是一组四元麦克风阵列，用于声源定位和语音识别，下方为带内置马达的底座，可以调整俯仰角。

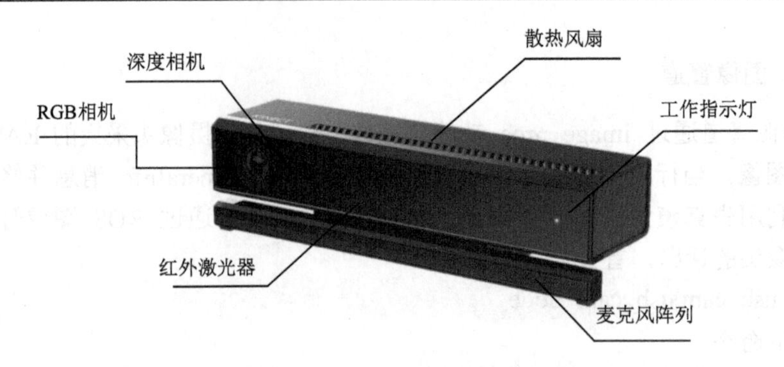

图 6.18　Kinect v2 的硬件结构

使用前需要安装驱动和功能包，Kinect v2 相机的环境搭建以及使用方法如下。

(1) 下载代码，放到 dev/catkin_ws /src 文件夹内：

```
$ git clone https://github.com/OpenKinect/libfreenect2.git
```

编译、安装 OpenCV，并安装以下依赖项：

```
$ sudo apt-get install build-essential cmake pkg-config libturbojpeg libjpeg-turbo8-dev mesa-common-dev freeglut3-dev libxrandr-dev libxi-dev
```

安装 libusb，需添加一个 PPA：

```
$ sudo apt-add-repository ppa:floe/libusb
$ sudo apt-get update
$ sudo apt-get install libusb-1.0-0-dev
```

安装 GLFW3：

```
$ sudo apt-get install libglfw3-dev
```

在 catkin_ws 目录下编译库文件后，通电并运行 Kinect，此时黄灯变成白色，表示有驱动。运行命令 lsusb 列举 USB 设备。如果显示微软的设备，说明设备被识别，只能用于 USB 3.0 接口。

(2) 将 iai_kinect2 功能包源码下载到 ROS 工作空间的 src 目录下：

```
$ cd dev/catkin_ws/src/
$ git clone https://github.com/code-iai/iai_kinect2.git
```

在工作空间 catkin_ws 目录下进行编译：

```
$ catkin_make --only-pkg-with-deps iai_kinect2
```

如果出现缺少 compressed_depth_image_transport 包的错误，安装以下包：

```
$ sudo apt install ros-noetic-compressed-depth-image-transport
$ sudo apt install ros-noetic-compressed-image-transport
```

安装结束后，再次执行编译命令。此外，运行以下命令可输出为 Release 版本：

```
$ catkin_make -DCMAKE_BUILD_TYPE="Release"
```

(3) 测试是否安装成功，启动 viewer 查看图像：

```
$ roslaunch kinect2_bridge kinect2_bridge.launch
```

如果显示 FATAL ERROR 错误，找不到 Kinect v2 装备或初始化失败，可能未安装 GPU 或 openCL，尝试使用 CPU 版本。

```
$ rosrun kinect2_bridge kinect2_bridge _depth_method:=cpu    _reg_method:=cpu
```

或者在 kinect2_bridge.launch 文件修改<arg name="depth_method" default="cpu"> <arg name="reg_method" default="cpu">。

若显示找不到 yaml 格式标定文件的错误和警告，可能是由于相机没有进行标定，不影响其他命令运行，标定相机后，错误和警告自然会消失。运行以下命令，启动 viewer 查看图像，如图 6.19 所示。

```
$ rosrun kinect2_viewer kinect2_viewer
```

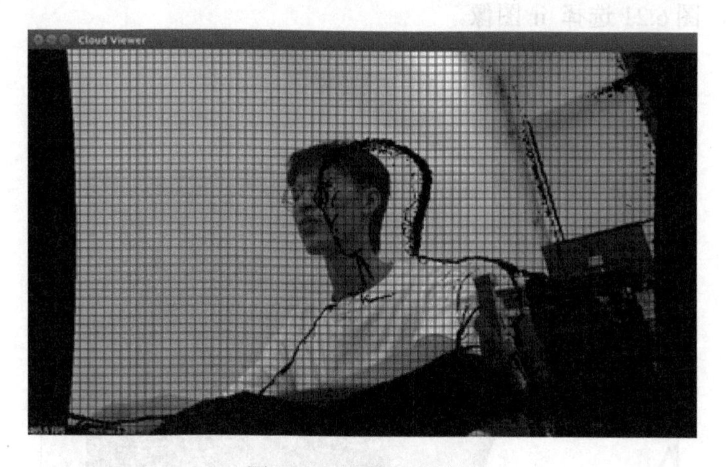

图 6.19　图像显示结果

(4) 程序输出相机图像：

切换目录到 libfreenect2/build，运行可执行文件进行测试：

```
$ cd dev/catkin_ws/src/libfreenect2/build
$ ./bin/Protonect
```

Kinect 相机显示如图 6.20 所示。

图 6.20　程序输出相机图像

6.3.1 获取 Kinect 数据

Kinect 相机除了获取和显示原始的彩色、深度、红外等数据，还可以获取更多信息，运行以下命令：

```
$ roslaunch kinect2_bridge kinect2_bridge.launch publish_tf:=true
$ rosrun rqt_image_view rqt_image_view
```

选择不同话题 color(彩色图像)、ir(红外图像)、 sync(帧同步)、 depth(深度图像)等，显示不同图像，图 6.21 选择 ir 图像。

图 6.21　ir 图像显示结构

Kinect 相机可以获取三维点云数据。三维点云数据是三维坐标系统中一组向量集合，或者是一个点的 RGB 颜色、灰度值、深度等信息。驱动安装成功且连接设备后，使用以下命令测试能否在 rviz 中查看获取的点云数据信息。

```
$ roslaunch kinect2_bridge kinect2_bridge.launch publish_tf:=true
```

通过以下命令设定摄像头的姿态：

```
$ rosrun tf static_transform_publisher 0 0 0 -1.5707963267948966 0 -1.5707963267948966 camera_link kinect2_link 100
$ rosrun rviz rviz
```

修改“Fixed Frame”为 kinect2_link，单击 Add 按钮添加 PointCloud2 类型，并修改 topic 为/kinect2/sd/points，如图 6.22 所示。

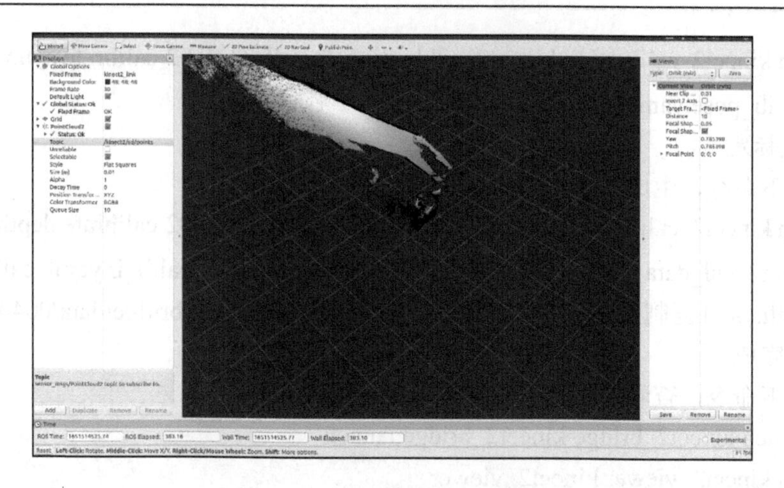

图 6.22　topic 修改后显示结果

6.3.2　立体相机标定

Kinect v2 相机标定，需要安装 kinect2 驱动、 libfreenect2 驱动以及 iai_kinect2 包。前期需要打印好标定板，建立一个文件夹用于放置标定文件，计算标定：

```
$ mkdir dev/kinect2_cal_data
$ cd dev/kinect2_cal_data
```

首先在终端运行以下命令：

```
$ roslaunch kinect2_bridge kinect2_bridge.launch
```

查看设备串口号，本实验所用的设备串口号如下：

```
[Info] [Freenect2Impl] found valid Kinect v2 @2:6 with serial 004004652747
```

在 devt/catkin_ws/src/iai_kinect2/kinect2_bridge/data 的文件夹创建新文件夹，命名为 004004652747，进入 dev/kinect_cal_data 目录，依次运行以下命令进行标定，通过“空格”键将标定文件保存到当前目录。

1. 标定彩色摄像头

```
$ rosrun kinect2_calibration kinect2_calibration chess9x11x0.02 record color
```

重复按“空格”键，记录标定文件，运行以下命令：

```
$ rosrun kinect2_calibration kinect2_calibration chess9x11x0.02 calibrate color
```

生成 calib_color.yaml 文件。

2. 标定红外摄像头

```
$ rosrun kinect2_calibration kinect2_calibration chess9x11x0.02 record ir
```

重复按“空格”键，记录标定文件，运行以下命令：

```
$ rosrun kinect2_calibration kinect2_calibration chess9x11x0.02 calibrate ir
```

生成 calib_ir.yaml 文件。

3. 帧同步标定

```
$ rosrun kinect2_calibration kinect2_calibration chess9x11x0.02 record sync
```

重复按“空格”键，记录标定文件，运行以下命令：

```
$ rosrun kinect2_calibration kinect2_calibration chess9x11x0.02 calibrate sync
```

生成 calib_pose.yaml 文件。

4. 深度标定

运行以下命令，生成 calib_depth.yaml 文件：

```
$ rosrun kinect2_calibration kinect2_calibration chess9x11x0.02 calibrate depth
```

将 kinect2_cal_data 文件夹中标定文件 calib_color.yaml、calib_ir.yaml calib_pose.yaml 和 calib_depth.yaml 复制到 dev/catkin_ws/src/iai_kinect2/kinect2_bridge/data/004004652747 文件夹，标定完成。

运行以下命令，查看标定效果，如图 6.23 所示。

```
$ roslaunch kinect2_bridge kinect2_bridge.launch
$ rosrun kinect2_viewer kinect2_viewer
```

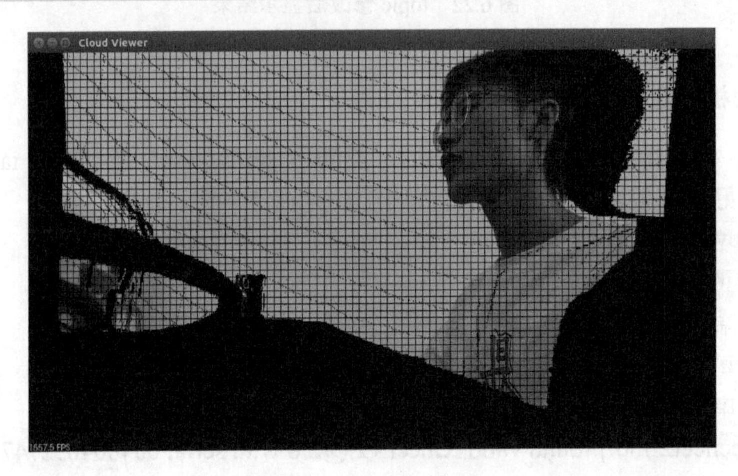

图 6.23 标定后显示结果

6.3.3 创建和使用 Kinect 示例

Kinect 初步获取的点云数据存在噪声、视野范围太大等情况，需要对其进行处理。创建一个节点并过滤来自 Kinect 传感器的点云数据，降低原始数据中点云的数量，从而减少采样的数据。

在 chap06_example/src 文件夹下创建一个新文件 example2.cpp，添加以下代码：

```
#include <ros/ros.h>
#include <sensor_msgs/PointCloud2.h>
// PCL specific includes
#include <pcl_conversions/pcl_conversions.h>
#include <pcl/point_cloud.h>
#include <pcl/point_types.h>
#include <pcl/filters/voxel_grid.h>
#include <pcl/io/pcd_io.h>
ros::Publisher pub;
```

```
void cloud_cb(const pcl::PCLPointCloud2ConstPtr& input)
{
  pcl::PCLPointCloud2 cloud_filtered;
  pcl::VoxelGrid<pcl::PCLPointCloud2> sor;
  sor.setInputCloud(input);
  sor.setLeafSize(0.01, 0.01, 0.01);
  sor.filter(cloud_filtered);
  // Publish the dataSize
  ROS_INFO("[number points]before filtered: %d, after filtered: %d", input->data.size(),
  cloud_filtered.data.size());
  pub.publish(cloud_filtered);
}
```

所有的操作都在 cloud_cb 函数中完成，当收到消息时会调用该函数。创建一个 VoxelGrid 类型的变量 sor，通过 sor.setLeafSize()改变网格的大小，该数值会改变过滤器的网格参数，增大时将获得更低的分辨率和更少的点：

```
void cloud_cb(const pcl::PCLPointCloud2ConstPtr& input)
{
  …
  pcl::VoxelGrid<pcl::PCLPointCloud2> sor;
  …
  sor.setLeafSize(0.01, 0.01, 0.01);
  pub.publish(cloud_filtered);
}
int main(int argc, char** argv)
{
  // Initialize ROS
  ros::init(argc, argv, "my_pcl_tutorial");
  ros::NodeHandle nh;
  // Create a ROS subscriber for the input point cloud
  ros::Subscriber sub = nh.subscribe("/kinect2/sd/points", 1,cloud_cb);
  // Create a ROS publisher for the output point cloud
  pub = nh.advertise<sensor_msgs::PointCloud2>("output", 1);
  // Spin
  ros::spin();
}
```

运行以下命令：

```
$ roslaunch chap06_example example2.launch
```

在 PointCloud2 类型中，修改 topic 为/output，通过图 6.24 可看到点云分辨率发生变化。

图 6.24　topic 修改前后分辨率对照

6.4　轮式里程计

测量一个运动物体的轨迹有多种方法，例如，在汽车轮胎上安装计数码盘获得轮胎转动的周数，再结合轮胎的周长得到汽车运动距离的估计，或者测量汽车的速度、加速度，通过对时间积分计算位移，完成这种运动距离估计的装置(包括硬件和算法)称为里程计(Odometry)。

6.4.1　轮式里程计硬件

双轮差动移动机器人平台所使用的驱动轮电机通常如图 6.25 所示，除了电机本体，在电机末端还装有编码器，里程计的工作原理是根据安装在左右两个驱动轮电机上的光电编码器，来检测车轮在一定时间内转过的弧度，进而推算机器人相对位姿变化。

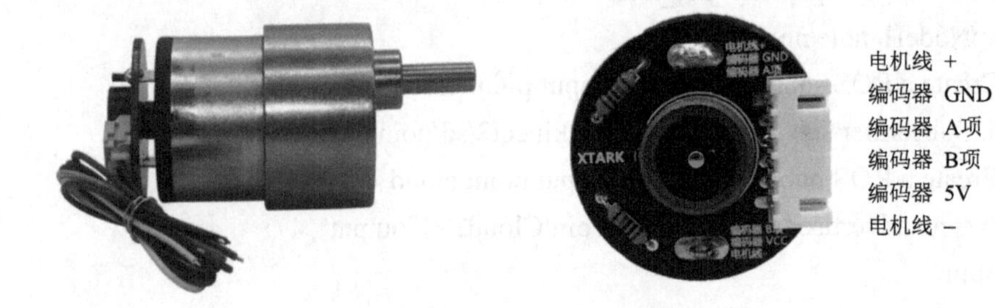

图 6.25　直流电机与编码器

轮式里程计是机器人的重要组成部分，无论是机器人的定位导航还是普通的运动控制，都需要轮式里程计。

6.4.2　航迹推演算法

根据驱动轮上的编码器只能获得每只驱动轮的速度，并不能直接得到机器人的速度和圆弧运动半径，需要采用航迹推演算法对机器人的位姿进行估计，并对机器人当前的速度、旋转速度、左右轮速度进行转换。

图 6.26 为两个相邻时刻的移动机器人位姿，其中 α_1、α_2 表示相邻时刻移动机器人运动角度的变化量，α_3 是两相邻时刻移动机器航向角(朝向角 head)的变化量。m 表示左右轮之间的距离，n 表示右轮比左轮多移动的距离，r 是移动机器人圆弧运动半径。

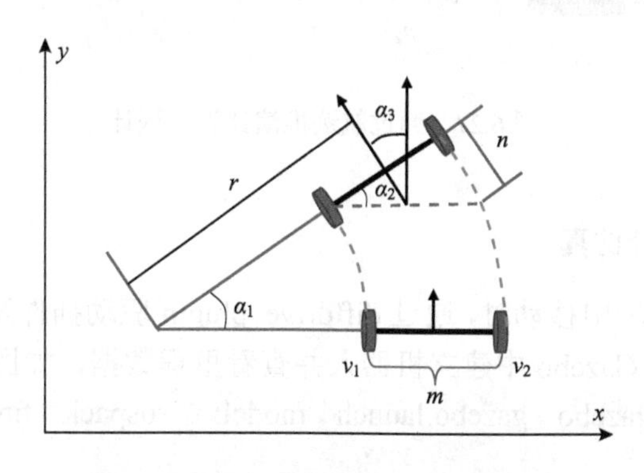

图 6.26　相邻时刻移动机器人位姿图

移动机器人前进速度等于左右轮速度的平均：

$$v = \frac{v_1 + v_2}{2} \tag{6.5}$$

从图 6.26 的几何关系得到

$$\alpha_1 = \alpha_2 = \alpha_3 \tag{6.6}$$

由于相邻时刻时间很短，角度变化量 α_2 很小，计算公式如下：

$$\alpha_2 \approx \sin\alpha = \frac{n}{m} = \frac{(v_2 - v_1)\Delta t}{m} \tag{6.7}$$

机器人绕圆心运动的角速度 ϖ 为航向角变化的速度：

$$\varpi = \frac{\alpha_1}{\Delta t} = \frac{v_2 - v_1}{m} \tag{6.8}$$

通过线速度、角速度可以得出移动机器人圆弧运动半径：

$$r = \frac{v}{\varpi} = \frac{m(v_1 + v_2)}{2(v_2 - v_1)} \tag{6.9}$$

图 6.27 所示为通过航迹推演计算里程计的过程，已知机器人位姿 p_1 和机器人当前左右轮的速度，p_1 经过很短时间到达 p_2，利用微积分的思想可以推算出机器人位姿 p_2，经过不断的推演，就可以计算出 $p_3,\cdots,p_n$，从而得到机器人当前的位姿以及速度、角速度等信息。

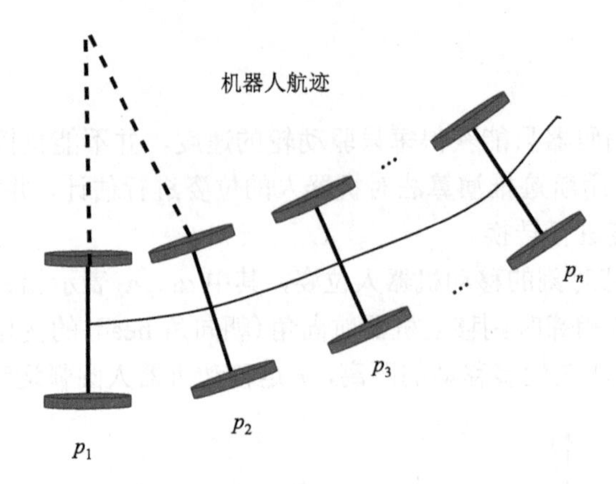

图 6.27　通过航迹推演计算里程计

6.4.3　ROS 中的里程计仿真

当机器人在仿真环境中移动时，通过 diffdrive_plugin 驱动插件发布机器人的里程信息。

输入以下命令，在 Gazebo 中建立机器人并查看里程数据，如图 6.28 所示。

```
$roslaunch robot_gazebo gazebo.launch model:="`rospack find myurdf`/robot/robot_base.xacro"
$ rosrun teleop_twist_keyboard teleop_twist_keyboard.py
```

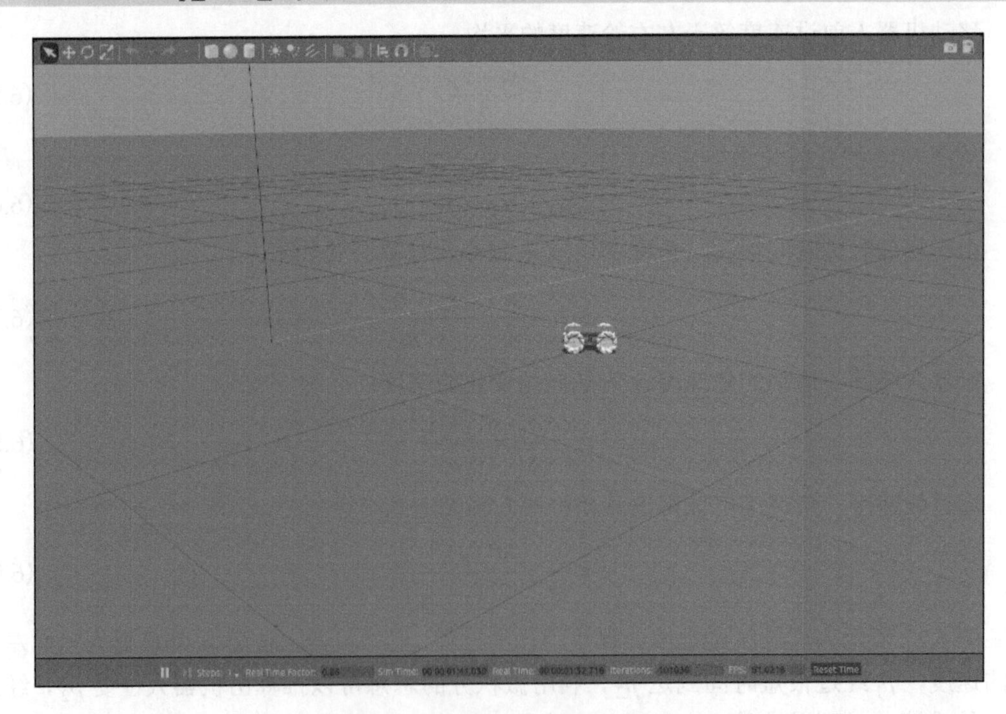

图 6.28　机器人在 Gazebo 显示

通过键盘控制让机器人运动，在/Odometry 话题中生成数据。

在 Gazebo 的仿真界面，单击 robot 按钮查看各种组件和字段的属性。其中有一个属性

pose 是机器人的位姿，通过单击 pose 按钮，查看相应字段的值，可查看机器人在仿真环境中的位置和姿态。

Gazebo 会不间断地发布里程数据，通过话题查看具体数据，也可输入以下命令进行查看，如图 6.29 所示。

```
$ rostopic echo /odom/pose/pose
```

```
learner@learner:~$  rostopic echo /odom/pose/pose
position:
  x: 2.6496571129812916e-10
  y: -5.1867853923499304e-08
  z: 0.0
orientation:
  x: 5.412035715762036e-11
  y: -8.630910292264681e-13
  z: 0.004987828322071546
  w: 0.9999875607069466
---
position:
  x: 8.297311980980294e-07
  y: -8.744863573348548e-08
  z: 0.0
orientation:
  x: 1.9244326091027498e-07
  y: -1.9944123647682287e-05
  z: 0.009975532177361218
  w: 0.9999502429421041
---
```

图 6.29　机器人里程计数据显示

6.5 操作手柄

在 ROS 中除了常见的各种传感器，也可以使用输入设备实现某种操作，如操作手柄。操作手柄由按钮以及电位器组成，通过这些装置，实现或者控制多种运动模式。在 ROS 系统，通过手柄的操作可改变机器人或者小乌龟运动的速度以及方向。

6.5.1 使用 joy_node 发布操作手柄动作信息

首先下载安装 joy：

```
$ sudo apt-get install joystick
```

执行以下命令：

```
$ sudo apt-get install ros-noetic-joystick-drivers
$ rosstack profile & rospack profile
```

将手柄与计算机连接，使用以下命令查看手柄是否被识别：

```
$ ls /dev/input/
```

发现输出信息含端口 js0 后，使用以下命令查看手柄是否工作：

```
$ sudo jstest /dev/input/js0
```

移动手柄，可以产生数值，如图 6.30 所示。

```
learner@learner:~$ sudo jstest /dev/input/js0
[sudo] learner 的密码：
Driver version is 2.1.0.
Joystick (Microsoft X-Box 360 pad) has 8 axes (X, Y, Z, Rx, Ry, Rz, Hat0X, Hat0Y
)
and 11 buttons (BtnA, BtnB, BtnX, BtnY, BtnTL, BtnTR, BtnSelect, BtnStart, BtnMo
de, BtnThumbL, BtnThumbR).
Testing ... (interrupt to exit)
Axes:  0:     0  1:     0  2:     0  3:     0  4:     0  5:     0  6:     0  7:
    0 Buttons:  0:off  1:off  2:off  3:off  4:off  5:off  6:off  7:off  8:off  9
Axes:  0:     0  1:     0  2:     0  3:     0  4:     0  5:     0  6:     0  7:
    0 Buttons:  0:off  1:off  2:off  3:off  4:off  5:off  6:off  7:off  8:off  9
Axes:  0:     0  1:     0  2:     0  3:     0  4:     0  5:     0  6:     0  7:
    0 Buttons:  0:off  1:off  2:off  3:off  4:off  5:off  6:off  7:off  8:off  9
Axes:  0:     0  1:     0  2:     0  3:     0  4:     0  5:     0  6:     0  7:
    0 Buttons:  0:off  1:off  2:off  3:off  4:off  5:off  6:off  7:off  8:off  9
Axes:  0:     0  1:     0  2:     0  3:     0  4:     0  5:     0  6:     0  7:
    0 Buttons:  0:off  1:off  2:off  3:off  4:off  5:off  6:off  7:off  8:off  9
Axes:  0:     0  1:     0  2:     0  3:     0  4:     0  5:     0  6:     0  7:
    0 Buttons:  0:off  1:off  2:off  3:off  4:off  5:off  6:off  7:off  8:off  9
Axes:  0:     0  1:     0  2:     0  3:     0  4:     0  5:     0  6:     0  7:
```

图 6.30　手柄数据

使用 joy 和 joy_node 功能包，对手柄的功能进行测试：

```
$ rosrun joy joy_node
```

终端会输出：

```
[ INFO] [1606355161.303584669]: Opened joystick: /dev/input/js0. deadzone_: 0.050000.
```

通过以下命令查看节点所发布的消息，如图 6.31 所示。

```
$ rostopic echo /joy
```

操作手柄控制 Turtlesim

```
learner@learner:~$ rostopic echo /joy
header:
  seq: 1
  stamp:
    secs: 1650187435
    nsecs: 599153498
  frame_id: "/dev/input/js0"
axes: [0.0, -0.0, 0.0, 0.0, 0.0, 0.0, 0.0, 0.0]
buttons: [0, 0, 0, 0, 0, 0, 0, 0, 0, 0, 0]
---
header:
  seq: 2
  stamp:
    secs: 1650187435
    nsecs: 602885787
  frame_id: "/dev/input/js0"
axes: [0.0, -0.0, 0.0, 0.0, 0.0, 0.0, 0.0, 0.0]
buttons: [0, 0, 0, 0, 0, 0, 0, 0, 0, 0, 0]
---
header:
  seq: 3
  stamp:
    secs: 1650187435
    nsecs: 606974018
```

图 6.31　joy　节点所发布的消息

图 6.31 显示两个主要的向量 axes 和 buttons，分别代表轴向输入和按钮。这些向量用于发布实际硬件中按钮和轴向输入的状态。

通过以下命令可以查看消息使用的类型：

```
$ rostopic type /joy
```

消息所使用的类型为 sensor_msgs/joy。

以下命令查看消息中使用的字段：

```
$ rosmsg show sensor_msgs/joy
```

显示如下信息：

```
std_msgs/Header header
  uint32 seq
  time stamp
  string frame_id
float32[] axes
int32[] buttons
```

以上是手柄的消息结构，了解消息结构以便于编写一个订阅手柄话题的节点，用于控制小乌龟移动。

在控制小乌龟之前，需要知道发布的消息所在话题的名称，以便于运行 turtlesim 和进行导航。

启动 turtlesim 节点：

```
$ rosrun turtlesim turtlesim_node
```

运行以下命令查看当前运行的话题，列表如图 6.32 所示。

```
$ rostopic list
```

```
learner@learner:~$ rostopic list
/diagnostics
/joy
/joy/set_feedback
/rosout
/rosout_agg
/turtle1/cmd_vel
/turtle1/color_sensor
/turtle1/pose
learner@learner:~$
```

图 6.32　话题列表

在话题列表中，turtlesim_node 发布的话题为/cmd_vel，类型查看命令如下：

```
$ rostopic type /turtle1/cmd_vel
```

```
learner@learner:~$  rostopic type /turtle1/cmd_vel
geometry_msgs/Twist
learner@learner:~$
```

图 6.33　/cmd_vel 话题类型

图 6.33 显示话题类型为 geometry_msgs/Twist，运行以下命令得到两个用于发送速度的字段，如图 6.34 所示。

```
$ rosmsg show geometry_msgs/Twist
```

```
learner@learner:~$ rosmsg show geometry_msgs/Twist
geometry_msgs/Vector3 linear
  float64 x
  float64 y
  float64 z
geometry_msgs/Vector3 angular
  float64 x
  float64 y
  float64 z

learner@learner:~$
```

图 6.34　字段类型

6.5.2 操作手柄控制小乌龟移动

手柄 /joy_node 节点控制 /turtlesim_node 节点，需要创建一个新节点接收 /joy_node 节点发布的 /sensor_msgs/Joy 话题消息，同时通过话题 /turtle1/cmd_vel 发布消息给 /turtlesim_node，通过这个节点完成消息数据的转换。

在 chap06_example/src 文件目录下创建源文件 example3.cpp，添加以下代码：

```
#include<ros/ros.h>
#include<geometry_msgs/Twist.h>
#include <sensor_msgs/Joy.h>
#include<iostream>
using namespace std;
class Teleop
{
public:
    Teleop();
private:
    /* data */
    void callback(const sensor_msgs::Joy::ConstPtr& Joy);
    ros::NodeHandle n; //实例化节点
    ros::Subscriber sub ;
    ros::Publisher pub ;
    double vlinear,vangular;//控制乌龟的速度，是通过这两个变量调整
    int axis_ang,axis_lin; //axes[]的键
};
Teleop::Teleop()
```

```
{
//将这几个变量加上参数，可以在参数服务器方便修改
    n.param<int>("axis_linear",axis_lin,1); //默认 axes[1]接收速度
    n.param<int>("axis_angular",axis_ang,0); //默认 axes[0]接收角度
    n.param<double>("vel_linear",vlinear,1); //默认线速度 1m/s
    n.param<double>("vel_angular",vangular,1); //默认角速度 1rad/s
    pub = n.advertise<geometry_msgs::Twist>("/turtle1/cmd_vel",1); //将速度发给乌龟
    sub = n.subscribe<sensor_msgs::Joy>("joy",10,&Teleop::callback,this);
} //订阅手柄发来的数据
void Teleop::callback(const sensor_msgs::joy::ConstPtr& Joy)
 {
    geometry_msgs::Twist v;
    v.linear.x =Joy->axes[axis_lin]*vlinear; //将手柄的数据乘以想要的速度，然后发给乌龟
    v.angular.z =Joy->axes[axis_ang]*vangular;
    ROS_INFO("linear:%.3lf angular:%.3lf",v.linear.x,v.angular.z);
    pub.publish(v);
}
 int main(int argc,char** argv)
{
  ros::init(argc, argv, "joy_to_turtle");
  Teleop teleop  turtle;
  ros::spin();
  return 0;
}
```

然后修改 package.xml 文件和 CMakeLists.txt 文件，在 package.xml 文件添加：

```
<run_depend>message_runtime</run_depend>
```

在 CMakeLists.txt 文件添加：

```
add_executable( c6_example3 src/example3.cpp)
add_dependencies( c6_example3   ${${PROJECT_NAME}_EXPORTED_TARGETS}${catkin_EXPORTED_TARGETS})
target_link_libraries(example3 ${catkin_LIBRARIES})
```

在 launch 文件夹下创建 example3.launch 文件，添加以下代码：

```
<?xml version="1.0"?>
<launch>
    <node pkg="turtlesim" type="turtlesim_node" name="turtlesim_node"/>
    <node  pkg="chap06_example"  type="c6_example3"  name="joy_to_turtle"  output="screen"/>
    <!--input axis -->
    <param name="axis_linear" value="4" type="int"/>
```

```
    <param name="axis_angular" value="3" type="int"/>
    <!--input vel -->
    <param name="vel_linear" value="2" type="double"/>
    <param name="vel_angular" value="1.5" type="double"/>
    <node   respawn="true" pkg="joy" type="joy_node" name="joystick" />
</launch>
```

其中，respawn 是 ROS 启动文件中节点设置的可选项。当 roslaunch 启动所有节点后，会监测每一个节点，保证它们正常的运行状态。respawn 设置为“true”意味着：当该节点终止时，roslaunch 会将该节点重启。

重新编译后，运行以下命令启动节点，移动手柄可控制小乌龟移动，轨迹如图 6.35 所示。

```
$ roslaunch chap06_example example3.launch
```

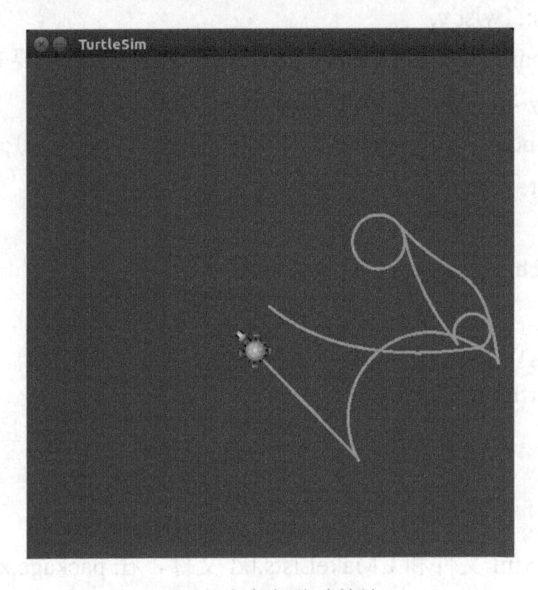

6.35　小乌龟移动轨迹

6.6　惯性测量单元

前面介绍的传感器均是在 ROS 中直接连接使用，但是在实际使用中时，有些传感器并不能直接运用 ROS 获取传感器数据。本节以惯性测量单元(IMU)为例，介绍在 ROS 中如何使用此类传感器。

MPU6050 是一款整合性 6 轴运动处理组件，内部整合 3 轴陀螺仪和 3 轴加速度传感器，其主要参数如图 6.36 所示。MPU6050 具有数字运动处理引擎，便于实现姿态解算。

为了在 ROS 中使用 MPU6050，需要借助单片机读入传感器数据，将读入数据解算后转换成 ROS 中的话题发送消息，ROS 中的其他节点才能订阅话题，获取消息进行后续处理。常见的方案是采用 STM32 开发板或 Arduino，这里选用 Arduino，在第 9 章实体机器人选用 STM32。

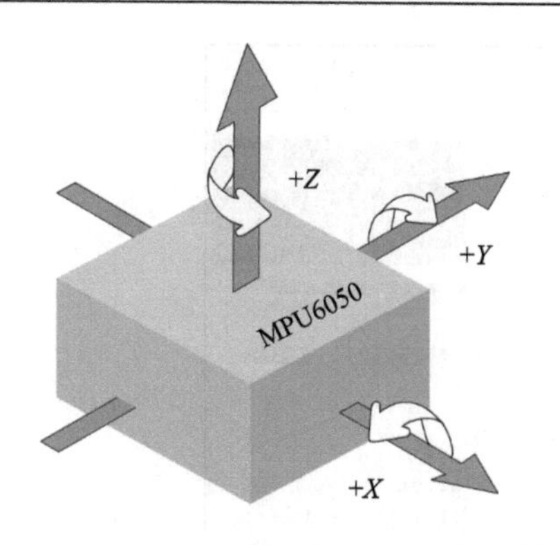

通信接口：I2C 协议（最高频率 400kHz）

测量：加速度 3 轴、陀螺仪 3 轴

ADC 分辨率：16 位

陀螺仪量程：±250°/s 、±500°/s 、±1000°/s、±2000°/s

陀螺仪最高分辨率：131 LSB/(°/s)

加速度量程：±2*g*、±4*g*、±8*g*、±16*g*

加速度最高分辨率：16384 LSB/*g*

温度量程：–40～+85℃

温度分辨率：340 LSB/℃

图 6.36　MPU6050 参数

1. 连接 MPU6050 并烧录程序

按照图 6.37 所示，将 MPU6050 与 Arduino 连接，安装 Arduino 软件。下载 MPU6050 驱动程序和 I2Cdev 程序，将 MPU6050 驱动程序、I2Cdev 程序目录下所有内容复制到 Arduino 安装目录的 libraries 文件夹内。打开 Arduino 软件，按照图 6.38 所示，执行文件→示例→MPU6050→Examples→MPU6050_DMP6 命令打开程序，编译上传文件至 Arduino 开发板，注意需要选择“工具”选项将端口设置为连接 Arduino 开发板的端口。

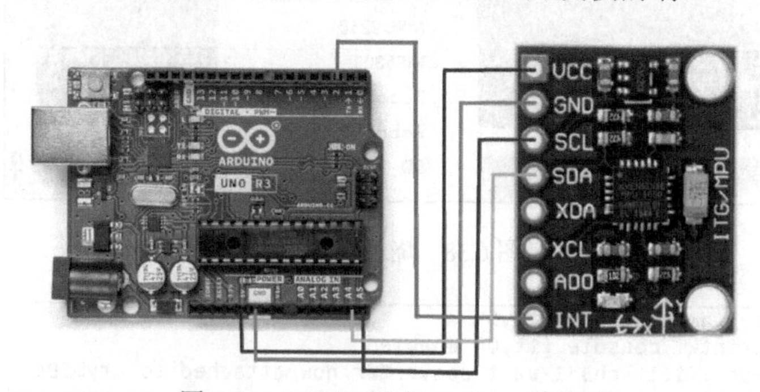

图 6.37　MPU6050 与 Arduino 连线图

2. 在 ROS 中使用 MPU6050

在 ubuntu20.04 中打开终端，安装串口工具，输入以下命令：

```
$ sudo apt-get install ros-noetic -serial
$cd ～dev/catkin_ws/src/
$git clone https://github.com/fsteinhardt/mpu6050_serial_to_imu
$git clone https://github.com/ccny-ros-pkg/imu_tools
$cd ～dev/catkin_ws/
$catkin_make
```

编译成功后，通过 USB 下载线连接 Arduino 开发板，在终端输入：

```
$dmesg | grep ttyS*
```

显示结果如图 6.39 所示，其中 ttyACM0 是连接 Arduino 开发板的串口名称，修改 mpu6050_serial_to_imu 中的 demo.launch 文件，将串口名称与自己的 Arduino 连接计算机所显示的串口一致。使用以下命令，对串口赋予可读可写权限，设置串口波特率为 115200：

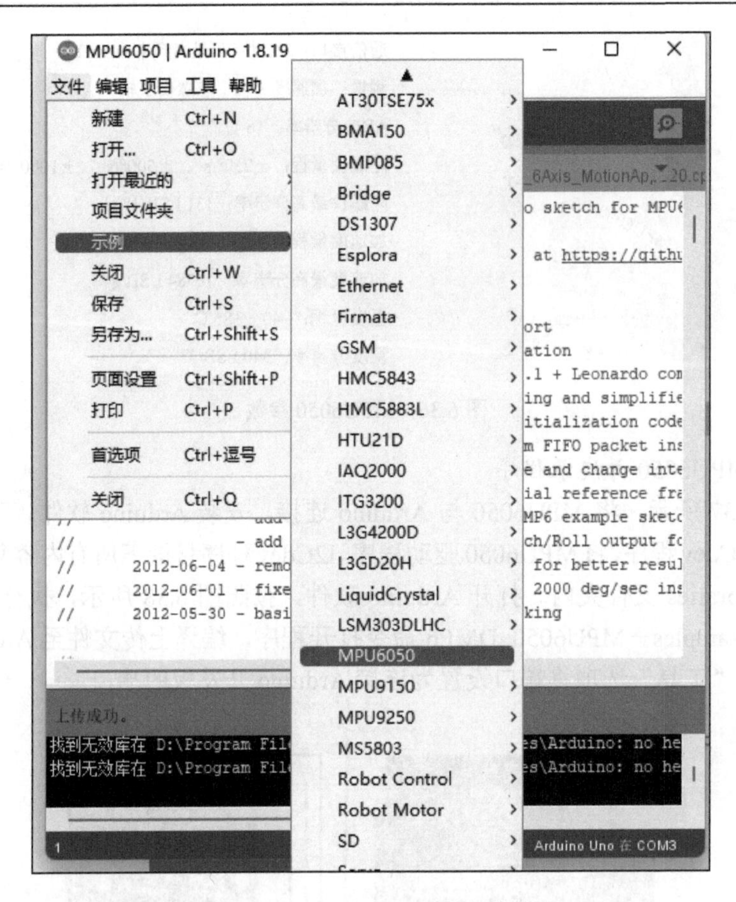

图 6.38　烧录程序过程

```
learner@learner:~$ dmesg | grep ttyS*
[    0.111771] printk: console [tty0] enabled
[23624.967933] usb 1-1.1: ch341-uart converter now attached to ttyUSB0
[26022.586198] ch341-uart ttyUSB0: ch341-uart converter now disconnected from ttyUSB0
[27906.173129] cdc_acm 1-1.1:1.0: ttyACM0: USB ACM device
learner@learner:~$
```

图 6.39　连接的串口名称

```
$sudo chmod a+rw /dev/ttyACM0
$stty -F /dev/ttyACM0 ispeed 115200 ospeed 115200 cs8
$cat /dev//ttyACM0
```

输入第三行命令，如果在终端显示出串口数据，则 MPU6050 传感器数据已成功通过串口读入。此时终端显示的是原始的传感器数据，并不是 ROS 中的 IMU 消息。为了在 ROS 中使用 MPU6050，在 rviz 中以可视化形式显示数据，需要打开文件：～dev/catkin_ws/src/mpu6050_serial_to_imu/arduino/MPU6050/MPU6050.ino，重新上传至 Arduino 开发板，在终端输入以下命令：

```
$ roslaunch mpu6050_serial_to_imu demo.launch
```

在 rviz 中的 IMU 如图 6.40 所示。晃动 MPU6050，rviz 中的 IMU 会实时变化。

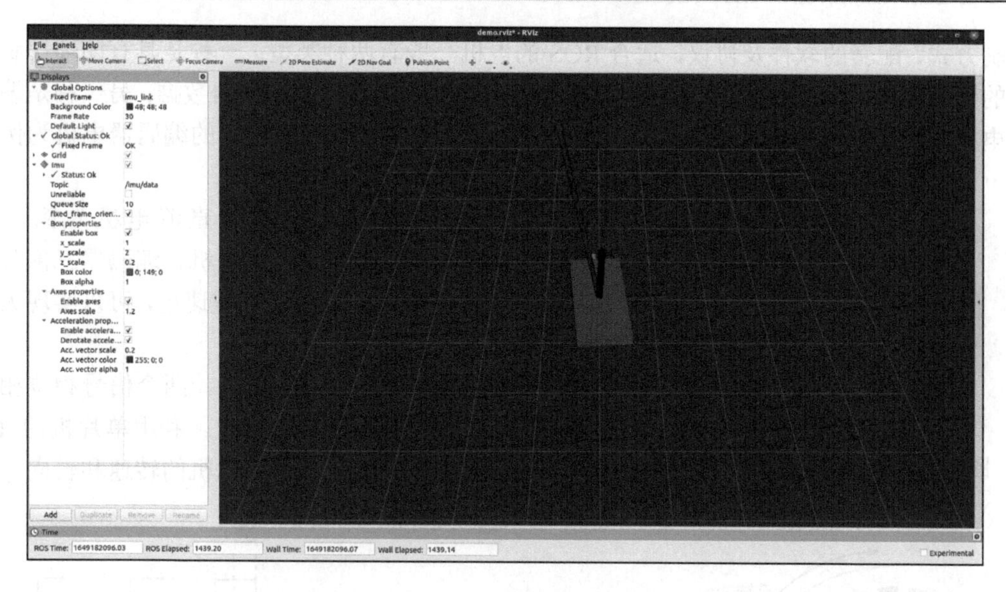

图 6.40　rviz 中的 IMU

在终端输入 rostopic list 可以查看当前话题列表，其中/imu/data 是发布 MPU6050 传感器数据的话题。使用 rostopic echo /imu/data 指令，可以看到实时传输的传感器数据如图 6.41 所示。

```
learner@learner:~$ rostopic list
/clicked_point
/imu/data
/imu/temperature
/initialpose
/move_base_simple/goal
/rosout
/rosout_agg
/tf
/tf_static
/turtle1/cmd_vel
/turtle1/color_sensor
/turtle1/pose
learner@learner:~$ rostopic echo /imu/data
header:
  seq: 2483
  stamp:
    secs: 1650188520
    nsecs: 136331983
  frame_id: "imu_link"
orientation:
  x: 0.2704008035361767
  y: 0.10156705603003502
  z: -0.061262764036655426
```

图 6.41　查看 ROS 中的 IMU 数据

6.7　电　　机

对于轮式机器人，需要靠电机驱动和配套的编码器反馈运动状态。电机涉及驱动电路、控制方式、配套的软件及协议，适合 ROS 的电机一般有两种类型：一种是具有闭环控制系统的伺服电机，通过串行或 CAN 接口完成电机速度控制和读取编码器数据；另一种是编码器电机，除了电机的控制引脚，还有正交编码器。本节以使用更广泛的编码器电机为例进行介绍。

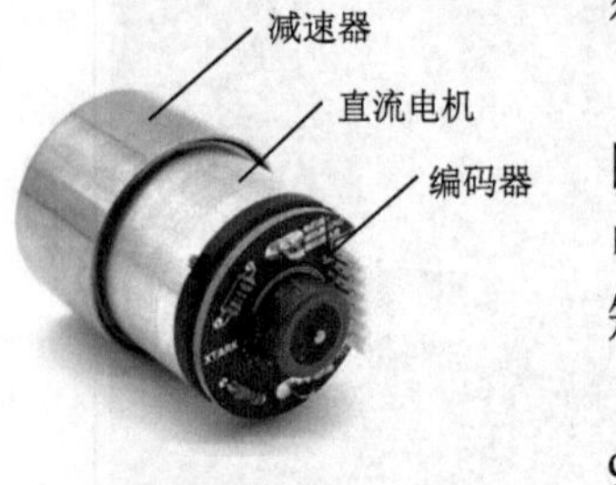

图 6.42　编码器电机

以应用较广泛的带编码器的减速直流电机为例，如图 6.42 所示，主要包含减速器、直流电机、编码器三部分。电机为 12V 直流有刷电机，配合 1∶30 减速箱，可以实现大扭矩输出。

增量式正交编码器，如图 6.43 所示。两个信号相位相差 90°，根据两个信号的先后判断转动方向。利用单片机的 I/O 口对编码器的 A、B 相进行捕获，得到电机的转速和转向。

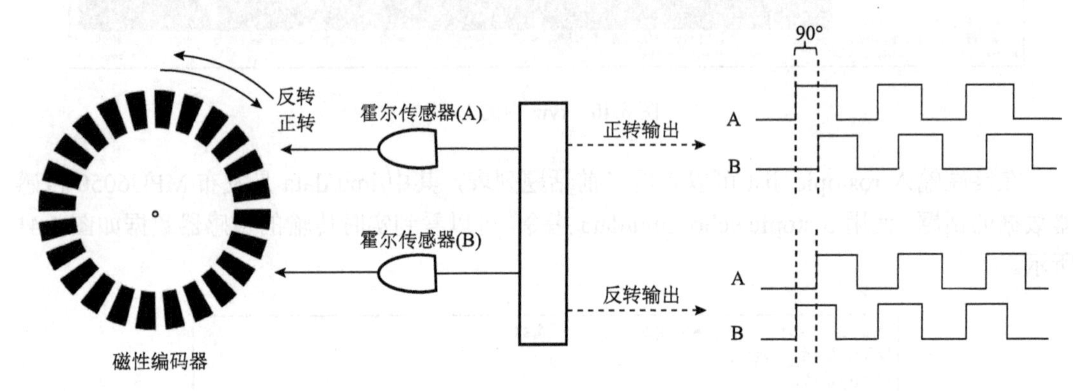

图 6.43　正交编码器工作原理示意图

为了实现电机 PID 闭环速度控制，需要构建机器人底层驱动控制器。一般地，机器人驱动控制器以单片机/嵌入式系统为核心，集成电机驱动和编码器接口。图 6.44 所示的底盘(运动)控制器可以实现 4 路电机的 PID 闭环控制，通过串行口与机器人控制器进行数据通信，实现机器人的运动控制。

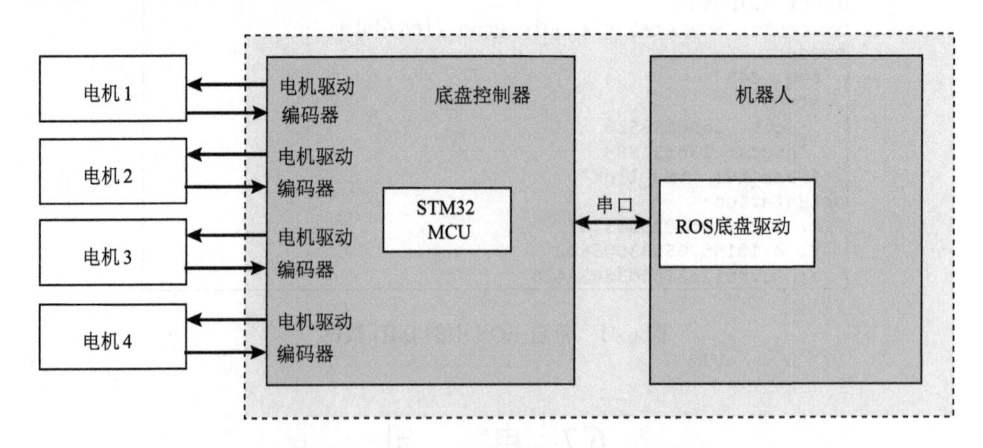

图 6.44　机器人底层驱动控制器示意图

由于实际运行时存在器件偏差、噪声干扰、负载变化等因素，需要引入反馈控制机制使电机稳定转动，工程上常采用 PID 控制算法。电机的速度环控制以 PWM 信号为输入，以编码器进行速度反馈，适合采用增量型 PID 算法。

机器人底盘驱动功能包订阅速度控制话题/cmd_vel，将速度数据转换为目标矢量速度，通过串口发给机器人底盘控制器。底盘控制器收到目标速度后，进行逆运动学解析求解车轮目标速度，并通过 PID 进行车轮速度控制，实现机器人按照发送的目标矢量速度移动。底盘控制器采集机器人车轮编码器数据，通过正运动学解析求解机器人实际的矢量速度并发送给驱动功能包。驱动功能包获得机器人实时速度数据后，将其转换为里程计话题/odom 发布，工作示意如图 6.45 所示。

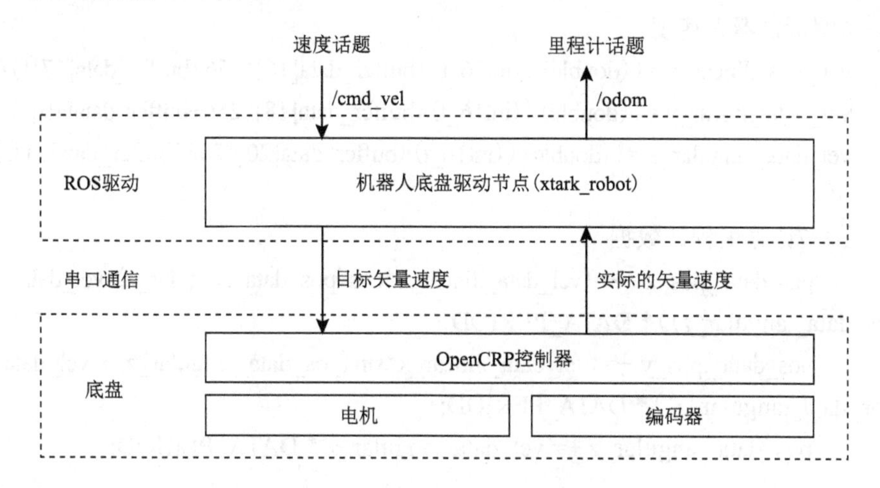

图 6.45　机器人运动控制示意图

这里给出机器人底层运动控制器进行电机控制的核心代码，其中，速度话题订阅回调函数，负责订阅/cmd_vel 速度话题消息；串口接收数据处理函数，负责接收机器人底盘发来的实时速度，解算为里程计话题并发布。

```
//速度话题订阅回调函数，根据订阅的指令通过串口发指令控制下位机
void XtarkRobot::cmdVelCallback(const geometry_msgs::Twist::ConstPtr& msg)
{
    static uint8_t vel_data[11];

    //数据转换
    vel_data[0] = (int16_t) (msg->linear.x*1000)>>8;
    vel_data[1] = (int16_t) (msg->linear.x*1000);
    vel_data[2] = (int16_t) (msg->linear.y*1000)>>8;
    vel_data[3] = (int16_t) (msg->linear.y*1000);
    vel_data[4] = (int16_t) (msg->angular.z*1000)>>8;
    vel_data[5] = (int16_t) (msg->angular.z*1000);

    //发送串口数据
```

```
    sendSerialPacket(vel_data, 6, ID_ROS2CRP_VEL);
}

//串口接收数据处理函数
void XtarkRobot::recvDataHandle(uint8_t* buffer_data)
{
    //机器人数据
    if(buffer_data[3] == ID_CPR2ROS_DATA)
    {
     //解析机器人速度
     vel_data_.linear_x=((double)((int16_t)(buffer_data[16]*256+buffer_data[17]))/1000);
     vel_data_.linear_y=((double)((int16_t)(buffer_data[18]*256+buffer_data[19]))/1000);
     vel_data_.angular_z=((double)((int16_t)(buffer_data[20]*256+buffer_data[21]))/1000);

         //计算里程计数据
         pos_data_.pos_x  +=(vel_data_.linear_x*cos(pos_data_.angular_z)-vel_data_. linear_
y*sin(pos_data_.angular_z))* DATA_PERIOD;
         pos_data_.pos_y +=(vel_data_.linear_x*sin(pos_data_.angular_z)+ vel_data_.linear_
y*cos(pos_data_.angular_z))* DATA_PERIOD;
         pos_data_.angular_z += vel_data_.angular_z * DATA_PERIOD;

         //发布里程计话题
         publishOdom();
    }
}
```

习　题

6-1　利用 OpenCV 和 image_transport 进行摄像头视频流图像数据的读取与订阅，并发布到 rviz 中进行可视化。

6-2　安装并测试 Kinect v2 相机，安装和编译 Openi2、Nite2、Sensorkinect 以及 Openni2_tracker 等功能包生成骨骼图，进行骨骼追踪或动作识别。

6-3　说明轮式里程计与视觉里程计的差别。

6-4　简述 IMU 的工作原理，尝试编写程序以 IMU 数据驱动 turtlesim 进行运动。

第 7 章　移动机器人自主定位与地图构建

本章介绍 SLAM 系统的相关理论与其在 ROS 平台下的搭建方法，包括机器人运动控制系统及地图、SLAM 系统的结构框架，在 ROS 中发布里程计信息，以及 GMapping 算法及其工作原理；然后结合仿真场景讲述 GMapping 算法和 Karto 算法及其 ROS 实现过程。

7.1　移动机器人运动控制系统及地图

7.1.1　移动机器人运动控制系统架构

移动机器人运动控制系统的各个层次，如图 7.1 所示，从高到低依次是：目的(Goal)→AMCL(定位)→路径规划器(Path Planner)→Move_base→/cmd_vel+/odom→基础控制器(Base Controller)→电机速度(Motor Speeds)控制，也可以简单地划分为决策层、中间通信层、最底层。其中，决策层负责机器人的建图定位及导航，中间通信层是底层控制部分和决策层的通信通路，最底层是机器人的电机驱动和控制。一般期望机器人按照一定速度前进或后退，需要用到 ROS 基础控制器，将 ROS 指令转换为电机控制。因此，在 move_base 和基础控制器之间，分别通过/cmd_vel 话题和/odom 话题传送运动指令和反馈里程计数据。

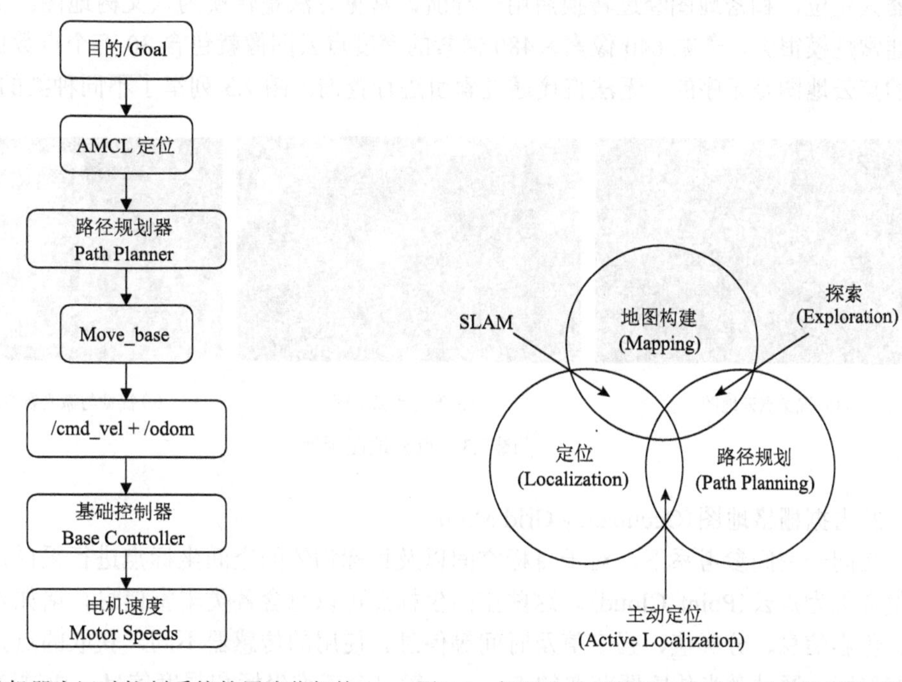

图 7.1　移动机器人运动控制系统的层次化架构　　　图 7.2　机器人地图构建、定位与路径规划的关系

移动机器人首先要知道自己在地图中的位置，才能够进行路径规划。机器人利用自身携带的传感器(相机、激光雷达等)进行数据采集，对自身所处的环境进行观测和估计，从而实现在未知环境中的空间定位与环境地图构建，称为同时定位与地图构建技术(Simultaneous Localization and Mapping，SLAM)。换言之，SLAM 需要机器人在未知环境中逐步建立起地图，然后根据地图确定自身位置。机器人地图构建、定位与路径规划的关系如图 7.2 所示。

7.1.2　机器人地图

机器人地图构建本质上是感知问题，需要克服和解决很多问题。例如，传感器的测量都存在噪声，需要引入可靠的滤波算法；采用相机、激光雷达、惯性测量单元等传感器时，估计的位姿往往是在相对坐标系下，构图时需要转化到绝对坐标系中；地图构建往往发生在机器人漫游和遍历环境的过程中，还涉及轨迹规划和导航等问题；此外，周边环境可能随时间发生变化或存在动态目标，地图需要及时进行更新。

常见的机器人地图类型有尺度地图、拓扑地图、八叉树地图和语义地图。

1. 尺度地图(Metric Map)

尺度地图也称为度量地图，是地图最基本的形式，具有真实的物理尺度，如栅格地图、点云地图。在尺度地图中，每个位置或地点都可以用坐标表示，例如，北京在东经 116°23′17″、北纬 39°54′27″。

1) 点云地图(Point Cloud Map)

根据地图点的分布情况，可以分为稀疏点云地图和稠密点云地图。稀疏地图主要用于机器人定位，稠密地图经过转换后用于导航，常见方法是转换为八叉树地图。稠密点云地图通常规模很大，一幅 640 像素×480 像素的深度点云图像就包含 30 万个点数据，而且生成的点云地图是无序的，无法直接通过索引进行查询。图 7.3 列举了不同种类的点云地图。

(a) 视觉点云地图

(b) 激光点云地图

(c) 视觉与激光融合点云地图

图 7.3　点云地图示例

2) 占据栅格地图(Occupancy Grid Map)

在同一空间参考系下，对于目标空间以及目标物体的空间坐标点进行采样，得到的点的集合称为点云(Point Cloud)。这些空间坐标点可以包含各类丰富信息，诸如点的三维坐标、色彩信息、分类值、强度值及时间等信息。使用的传感器不同，获取的点云信息往往也有差别。通过激光传感器获取的点云，一般包含三维坐标和强度信息；通过 RGBD 相机获取的点云，一般包含三维坐标和色彩信息等。为便于对点云进行处理，ROS 可以调用点云库(PCL)的功能。PCL 是独立的大型跨平台开放项目，实现了大量点云相关的通用算法和数据结构，涉及点云获取、滤波、分割、配准、可视化等。

现实生活中看到的连续环境，在计算机中是以离散形式存储和展现的。将二维地图在 X、Y 轴进行离散化，得到一系列的栅格，每个栅格的状态只有三种：占据、空白、未知。将栅格的每个元素用一个占据变量描述，栅格地图实际上是由占据变量组成的数组。图 7.4 展示了一个占据栅格地图。机器人无法对周围的环境有确定的认知，因此通常以占据的概率标记，而不是 0/1 二值形式。

常用的栅格地图格式是 PGM(Portable Gray Map)，属于灰度图像格式的一种。在 ROS 中，使用二维激光雷达和 Gmapping 功能包生成的栅格地图就是 PGM 地图。黑色、白色、灰色的像素分别表示障碍物(占据)、可通行区域(空白)和未知区域。地图在 ROS 中以话题的形式进行维护和呈现，话题名称为/map，消息类型是 nav_msgs/OccupancyGrid。为了减少不必要的开销，/map 话题往往采用锁存(Latched)的方式发布。若地图没有更新，就维持着上次发布的内容不变。若有新的订阅者订阅消息，将会收到一个/map 的消息，也就是上次发布的消息；只有地图更新时，/map 才会发布新的内容。锁存器的作用是将发布者最后一次发布的消息保存下来，然后把它自动发送给后来的订阅者。这种方式适合于变动较慢、相对固定的场景，可以减少通信带宽占用和消息资源维护的开销。

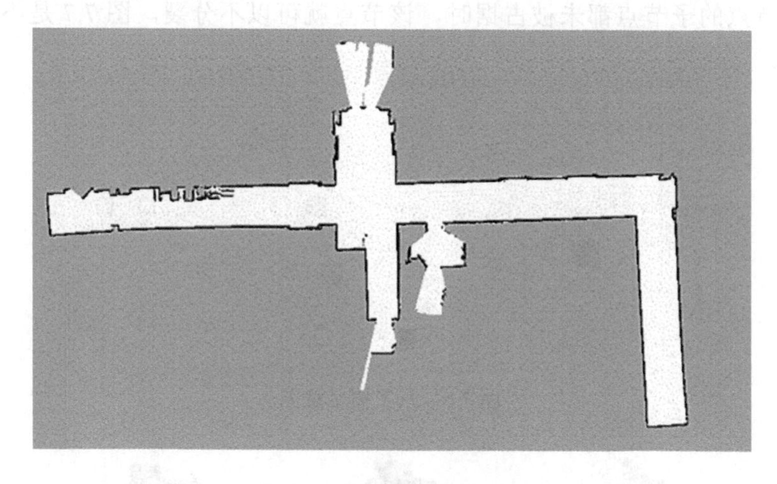

图 7.4 占据栅格地图示例

2. 拓扑地图(Topological Map)

拓扑地图把环境表述为节点和边(连接线或连接弧)的拓扑结构，仅包含不同位置的连通关系和距离。其中，节点表示环境中的重要位置点，边表示节点之间的连接关系。例如，室内环境中的节点包括门、电梯、楼梯、拐角等，边包括走廊、通道等。拓扑地图的尺度和大小跟实际情况存在很大的差别，着重表达节点之间的连接。由于它不具备真实的物理尺度，常用于大规模环境的机器人路径规划。图 7.5 所示为室内环境的拓扑地图。

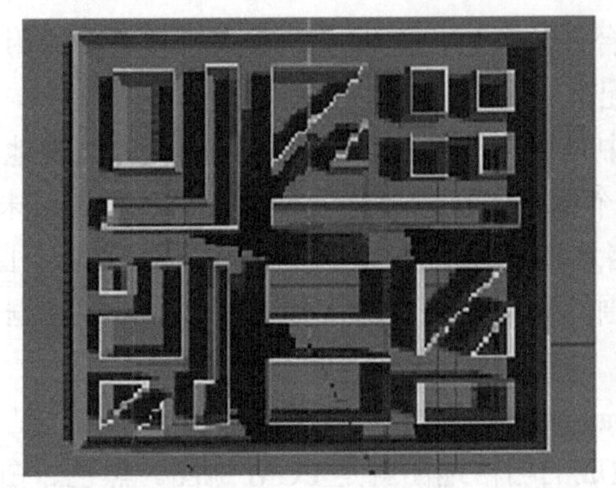
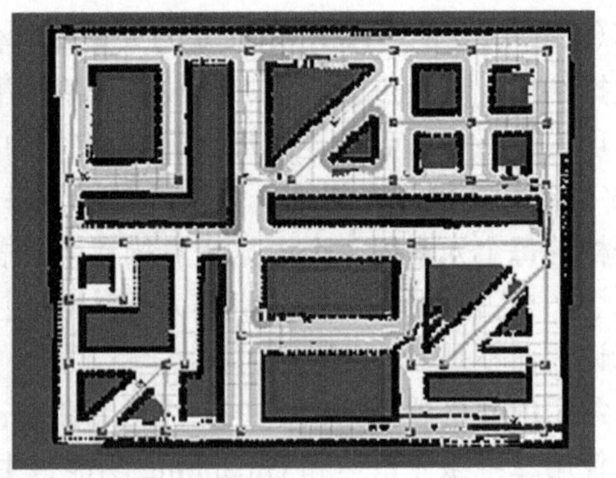

图 7.5　室内环境的拓扑地图

3. 八叉树地图

八叉树地图是指将整个地图放到一个大的立方体中，然后把该立方体每个面平均切成两部分，将立方体分成八个小立方体，每个小立方体按照上述的分法又可以分成八个更小的立方体；以此类推，直到最小的立方体的边长为指定的最小长度，从而将整个立方体分成许多个小的立方体，如图 7.6 所示。每个立方体称为节点，由一个立方体 *A* 分裂出的更小的立方体称作节点 *A* 的子节点。八叉树的每个节点存储它是否被占据的信息，当某个节点的子节点都未被占据时，该节点就可以不分裂。图 7.7 是不同分辨率八叉树的效果。

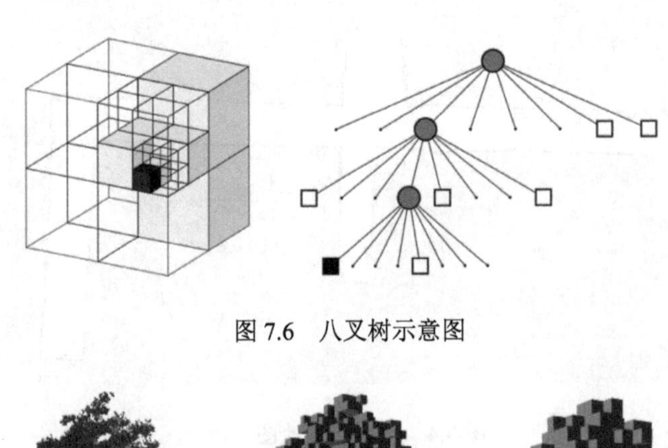

图 7.6　八叉树示意图

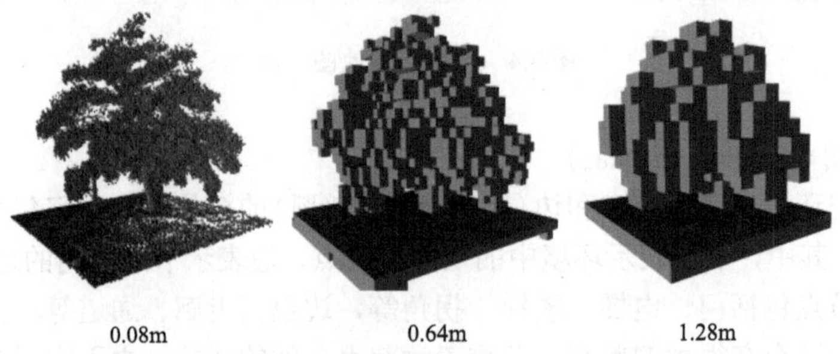

图 7.7　不同分辨率构建出的八叉树

八叉树除了占用空间更小以外，它自身存储的信息还能随时更新地图。由于八叉树中存储的节点占用概率会随着观测时节点占据与否而增加或减少，建立在 0/1 二进制形式上的八叉树表达并不准确。当环境中出现新的物体时，随着观测次数的增加，对应节点的占用概率会增加；反之，物体从环境中消失时，随着观测次数的增加，对应节点的占用概率会减小。通过判断节点的占用概率，可以知道该节点是否被占据，由此起到地图更新的效果。

4. 语义地图(Semantic Map)

地图中的物体、地点、道路等内容都以标签或标签的集合进行表述，对机器人的人机交互具有重要意义。例如，周边环境有门、窗、桌子、书、水杯以及建筑物、树木等具备明确类别的物体，采用语义地图可以很好地表达出来。图 7.8(a)为室内语义地图，图 7.8(b)为室外语义拓扑地图。

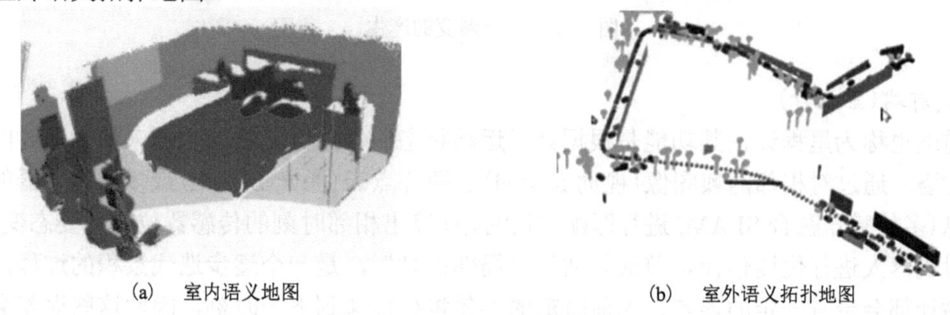

(a)　室内语义地图　　　(b)　室外语义拓扑地图

图 7.8　语义地图示例

7.2　SLAM 框架及工作原理

7.2.1　SLAM 框架

SLAM 框架如图 7.9 所示，一般分为传感器数据读取与预处理、前端(里程计)、后端(非线性优化)、回环检测以及地图构建。

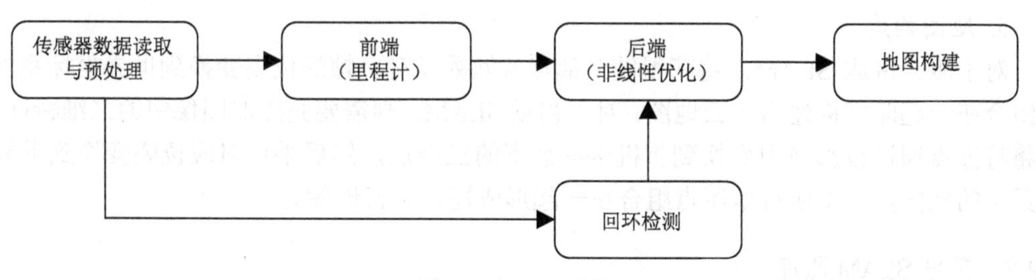

图 7.9　SLAM 框架

1. 传感器数据读取与预处理

获取传感器的数据，对于激光 SLAM 就是读取雷达采集的点云帧。由于硬件和环境的影响，采集的数据不够准确，需要对数据进行处理，为后端提供更加精确的信息。以机械雷达为例，雷达的点不是在同一时刻获取的，运动时会使得同一帧内在不同时刻采集的点相对雷达的距离存在差异，如图 7.10 所示，由此造成的点云畸变需要进行补偿。

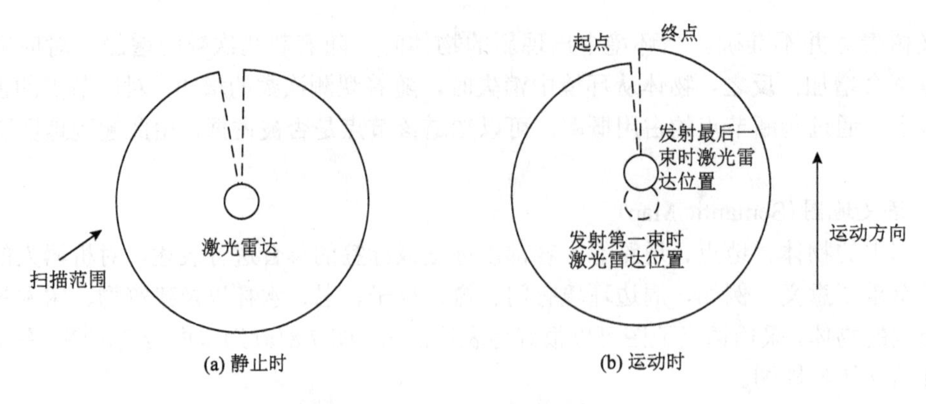

图 7.10　点云畸变的产生

2. 前端(里程计)

前端也称为里程计，其功能是根据处于运动状态的传感器获得的数据来估计随时间变化的位姿。通过对相邻两帧图像(视觉 SLAM)、两片点云(激光 SLAM)或多种传感器的融合信息(多传感器融合 SLAM)进行匹配与比对，计算出相邻时刻的传感器位置和姿态变化，进而对机器人进行位姿估计。前端只估计“局部信息”，是一个逐步迭代累积的过程，每次的估计都会带有一定的误差，先前时刻的误差将会传递到下一时刻，因此这些误差会随着时间的推移而逐渐累加。

3. 后端(非线性优化)

随着时间的变化，前端估计的精度会越来越低，估计的轨迹将不再准确并出现漂移，需要引入后端优化进行校正。后端接收前端估计出的位姿及回环检测的结果，利用滤波理论或优化理论每隔一段时间对所有接收的帧进行优化，得到最优的位姿估计。

4. 回环检测

回环检测用于判断当前场景之前是否经历过。在回环检测成功时，可以为后端优化提供约束，使机器人位姿更加精确。

5. 地图构建

对于激光雷达 SLAM，将获得的全部点云帧乘以对应帧的位姿变换到世界坐标系下，再组合在一起即可构建出点云地图。对于视觉 SLAM，则需要先提取图像中的二维特征点，再将特征点通过投影模型变换到相机坐标系下的三维点，然后乘以对应位姿变换到世界坐标系下的地图点，将所有地图点组合在一起形成视觉点云地图。

7.2.2　激光 SLAM 原理

激光雷达在工作时向周围环境中发射激光束，然后接收反射或散射回来的激光信号，并测量接收到信号的时间、信号强弱程度及频率变化等参数，实时解算出被测目标的距离、方位以及运动速度等信息。激光 SLAM 采用 2D 或 3D 激光雷达(也称为单线或多线激光雷达)。其中，2D 激光雷达的环境扫描成像缺乏高度信息，建立的线图如图 7.11(a)所示；但其成本较低，主要应用于室内导航(如扫地机器人)；3D 激光雷达可以形成三维动态实时成像，并且可以还原物体形状大小及空间三维信息，主要应用于室外导航(如自动驾驶)，建立的点云图如图 7.11(b)所示。

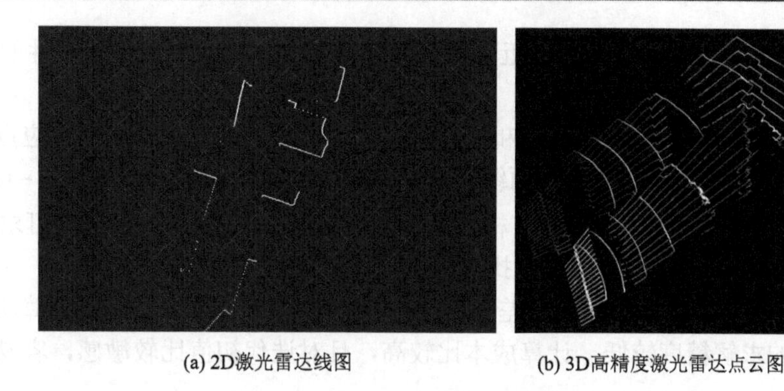

(a) 2D激光雷达线图　(b) 3D高精度激光雷达点云图

图 7.11　2D 和 3D 激光雷达建图

激光雷达采集到的环境信息呈现一系列分散的、具有准确角度和距离信息的点(称为点云)，需要进行滤波等优化处理。得到预处理过的数据后，激光 SLAM 进行前端(里程计)、后端(非线性优化)、回环检测、地图构建四个关键步骤，其框架结构如图 7.12 所示。前端(里程计)利用已知的上一帧位姿以及相邻帧之间的关系来估计当前帧的位姿，得到局部位姿和地图，作为初始值提供给后端进行优化，以避免误差累积；通过回环检测减少地图构建过程中的漂移现象，以便生成全局一致性地图；地图构建模块负责全局地图的生成和维护。

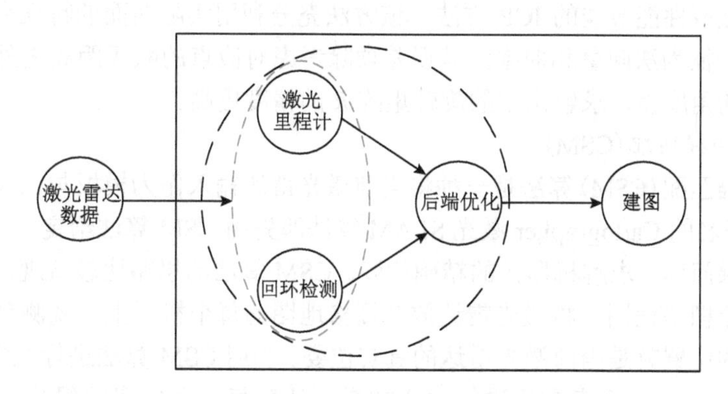

图 7.12　激光 SLAM 系统框架

里程计是 SLAM 的核心步骤，在激光 SLAM 中是利用扫描匹配来实现的，包括特征提取和数据关联两部分。对于激光雷达的扫描点云，常用的特征有点、线段、平面等；通过对不同时刻两片点云的匹配，计算激光雷达相对运动的距离和姿态的改变，完成对机器人自身的定位。当前主流的激光 SLAM 扫描匹配算法主要有迭代最邻近点(Iterative Closest Point，ICP)及其变种、相关性扫描匹配(Correlation Scan Match，CSM)、基于优化方法(Optimization-based Method)、正态分布变换(Normal Distribution Transformation，NDT)、基于特征的匹配(Feature-based Mathc)以及其他匹配算法。这里仅介绍常用的迭代最邻近点及变种算法、相关性扫描匹配及正态分布变换算法。

1. 迭代最邻近点及其变种

迭代最邻近点简称 ICP 算法，在待匹配的两帧点云中寻找空间距离最近的点对，求解出相对位姿变换信息。基于迭代最邻近点法的激光雷达 SLAM 中，较具代表性的是 LOAM 框架，如 LOAM 和 LeGO-LOAM。

ICP 算法分为已知对应点的求解和未知对应点的求解两种。对于已知对应点的情况，假设 $P=\{p_1,\cdots,p_n\}, P^1=\{p_1^1,\cdots,p_n^1\}$ 为两组匹配好的 3D 点，为求得使误差 $e_i = p_i - (Rp_i^1 + t)$ 平方和最小的旋转矩阵 R、平移矩阵 t，构造最小二乘问题，再通过 SVD 分解可求解出 R 和 t。对于未知对应点的情况，需要先寻找对应点，然后根据对应点计算 R 和 t，并对点云进行转换和计算误差，不断迭代直至误差小于某一个值，属于期望最大化(EM)算法的一个特例。ICP 算法的求解精度较低，计算成本比较高，且对迭代初值比较敏感，容易收敛于局部最优。

PL-ICP(Point-to-Line ICP，点线 ICP)、PP-ICP(Point-to-Plane ICP，点面 ICP)、VICP(Velocity-ICP)和 NICP(Normal-ICP)等算法属于 ICP 的变种。不同于原始 ICP 利用点到点的距离，PL-ICP 与 PP-ICP 分别测量点到线段、平面的距离作为目标函数，精度更高。但是，PL-ICP 相比 ICP 对初始值更加敏感，对大幅旋转的情况不够鲁棒；PP-ICP 需要从大量的三维激光点中提取特征点，适用范围受限。VICP 算法在匹配过程中考虑机器人的运动速度，但是基于匀速运动假设，每一个点的位置都可以根据开始测得的运动速度和与第一个点的时间差确定；该算法基于较强的假设，在低帧率激光(5Hz)的情况下匀速运动假设不成立，而且数据预处理和状态估计过程耦合。NICP 匹配方法中的 N 代表法向量(Normal)，是目前在开源领域性能最佳的 ICP 方法。该方法充分利用实际曲面的特征来滤除错误的匹配点，主要的特征为法向量和曲率，其误差项除考虑对应点的欧氏距离之外，同时还考虑对应点法向量的角度差，求解出来的旋转矩阵 R 的精度更高。

2. 相关性扫描匹配(CSM)

相关性扫描匹配(CSM)算法是一种将当前激光雷达输入作为模板与已建立的地图进行匹配的算法，著名的 Cartographer 激光 SLAM 算法即先用 CSM 算法给定一个初值，然后构造一个最小二乘问题，求解机器人的精确位姿。CSM 算法的思路比较直观，想象给定当前帧的点云和一个栅格地图，将激光雷达放在栅格地图的每个格子上，观测到的点云与地图重合程度最高的位置就是当前激光雷达的真实位姿。利用 CSM 算法进行位姿估计时，先构造似然场，再指定一个搜索空间进行位姿搜索，计算每一个位姿的得分。位姿搜索常用的方法有暴力搜索、预先投影搜索、多分辨率搜索等，在使用暴力搜索求解时，常用分支定界原理加速求解过程，提高运算效率。最后，根据计算的位姿得分计算本次位姿匹配的方差。

3. 正态分布变换(NDT)

正态分布变换(NDT)算法是应用于三维点的统计模型，其核心思想是将点云体素化，利用体素网格内点坐标值的正态分布构建最小二乘问题。NDT 算法的基本思想是先根据参考数据来构建多维变量的正态分布，若变换参数能使得两幅激光数据匹配得很好，则变换点在参考系中的概率密度会很大。因此，可以考虑用优化的方法求出使得概率密度之和最大的变换参数，此时两幅激光点云数据匹配得最好。在配准过程中，NDT 算法不需要搜索对应点的特征进行计算和匹配，因此计算量小、速度快，且不易陷入局部最小解。基于正态分布变换的纯激光雷达 SLAM，比较知名的是 HDL-Localization。

激光 SLAM 输出的地图只有栅格地图和点云地图两种类型。

7.3　在 ROS 中发布里程计信息

7.3.1　设置机器人使用 tf

在 4.4 节，已经简要叙述了 tf 树的概念。许多 ROS 功能包需要使用 tf 软件库发布机器人的坐标变换树，这里详细叙述 tf 的概念及作用机制。

1. 变换配置

在抽象层次上，变换树根据不同坐标系之间的平移和旋转来定义偏移量。以一个顶部装有激光雷达的移动机器人为例，其外形及构成如图 7.13 所示。定义两个坐标系，对应于机器人底座中心点的坐标系称为 base_link(对于导航，重要的是将其置于机器人的旋转中心)，对应于激光雷达中心点的坐标系称为 base_laser。有关坐标系的命名规则，可参见 ROS 官网：https://www.ros.org/reps/rep-0105.html。

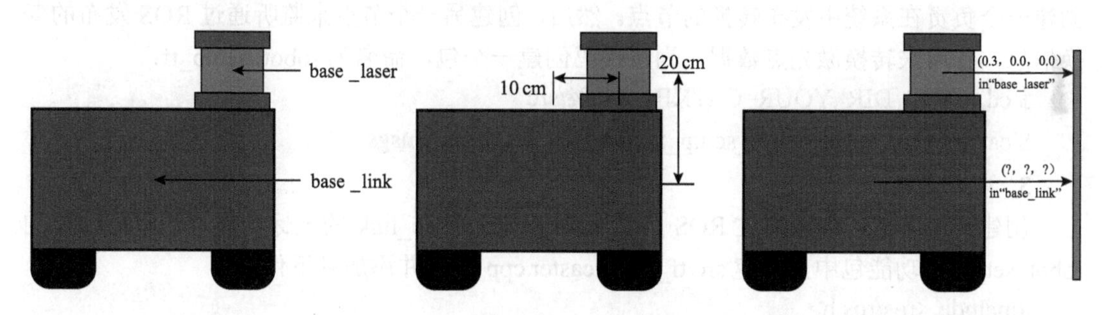

图 7.13　简单机器人的外观及构成

假设用户有来自激光雷达的若干数据，表达与激光雷达中心点之间的距离。换言之，这些数据是在 base_laser 坐标系下，用于帮助机器人实现避障。为此，需要建立从 base_laser 到 base_link 的坐标变换。如图 7.14 所示，假设激光雷达的安装位置是移动底座中心点的上方 10cm、前方 20cm 处。可以获得 base_link 到 base_laser 两个坐标系之间的变换关系，即两者相关联的平移值和偏移值。具体地，从 base_link 坐标系到 base_laser 坐标系的数据，必须应用(x：0.1m，y：0.0m，z：0.2m)的转换；从 base_laser 坐标系到 base_link 坐标系，则必须进行反向平移(x：–0.1m，y：0.0m，z：–0.20m)。

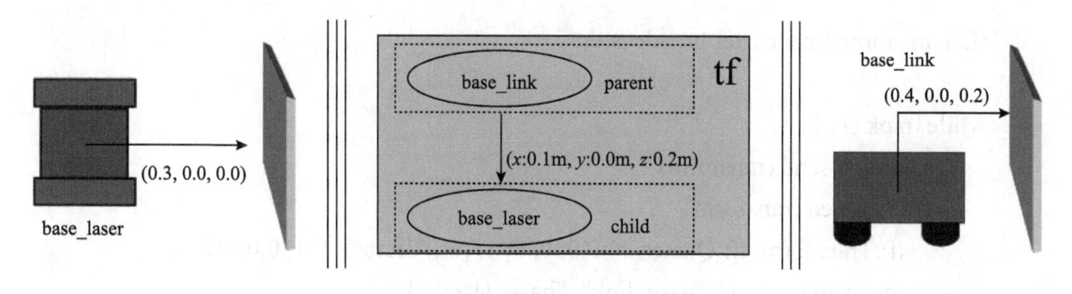

图 7.14　简单机器人的 tf 模型

随着坐标系的数量增加，进行变换的难度将快速增加，tf 软件库可以帮助用户管理和完成这些变换。为了使用 tf 定义和存储坐标系之间的变换关系，需要将它们添加到坐标变换树中。坐标变换树的每个节点对应于一个坐标系，每个分支对应于一个从当前节点到其子节点的变换。

为了给本节的例子创建一个变换树，创建两个节点，分别对应于 base_link 坐标系和 base_laser 坐标系。选择 base_link 作为父节点，因为其他传感器都是相对于移动底座添加的。通过遍历 base_link 坐标系，它们将最有意义地与 base_laser 坐标系相关。使用这个变换树设置，在 base_laser 坐标系中接收的激光扫描数据转换到 base_link 坐标系，就转化为简单的 tf 库调用。机器人可以使用这些信息来理解 base_link 坐标系的激光雷达数据，避开环境中的障碍物。

2. 编写代码

对于从 base_laser 坐标系获取激光点数据并将其转换至 base_link 坐标系的任务，需要创建一个负责在系统中发布转换的节点。然后，创建另一个节点来监听通过 ROS 发布的变换信息，并用来转换激光点数据。为源代码创建一个包，命名为 robot_setup_tf：

```
$ cd %TOP_DIR_YOUR_CATKIN_WS%/src
$ catkin_create_pkg robot_setup_tf roscpp tf geometry_msgs
```

3. 广播变换

创建一个节点，用于通过 ROS 广播 base_laser→base_link 的坐标变换。在刚刚创建的 robot_setup_tf 功能包中，创建 src/tf_broadcaster.cpp 文件并添加以下代码：

```
#include <ros/ros.h>

#include <tf/transform_broadcaster.h>

int main(int argc, char** argv) {
  ros::init(argc, argv, "robot_tf_publisher");
  ros::NodeHandle n;

  ros::Rate r(100);

  tf::TransformBroadcaster broadcaster;

  while(n.ok()) {
    broadcaster.sendTransform(
      tf::StampedTransform(
          tf::Transform(tf::Quaternion(0, 0, 0, 1), tf::Vector3(0.1, 0.0, 0.2)),
          ros::Time::now(),"base_link", "base_laser"));
    r.sleep();
  }
}
```

发布 base_link→base_laser 变换的相关代码注释如下：

(1) tf 包提供了 tf::TransformBroadcaster，使发布变换的任务更容易实现。为了使用 TransformBroadcaster，需要包含 tf/transform_broadcaster.h 头文件。

```
#include <tf/transform_broadcaster.h>
tf::TransformBroadcaster broadcaster;
```

(2) 创建一个 TransformBroadcaster 对象，后续将通过网络发送 base_link→base_laser 变换。

```
broadcaster.sendTransform(
  tf::StampedTransform(
    tf::Transform(tf::Quaternion(0, 0, 0, 1), tf::Vector3(0.1, 0.0, 0.2)),
    ros::Time::now(),"base_link", "base_laser"));
```

这是实现变换的部分。使用 TransformBroadcaster 发送变换需要五个参数：①传递旋转矩阵，由 btQuaternion 指定两个坐标系之间的旋转关系。本节的例子没有旋转，因此发送一个俯仰、滚动和偏航值均为 0 的 btQuaternion。②平移变量 btVector3，这里激光雷达相对于机器人底座的偏移为 x 轴 0.1m、y 轴 0m、z 轴 0.2m。③发布该变换的时间戳，标记为 ros::Time::now()。④所创建的连接的父节点名称，这里是 base_link。⑤所创建的连接的子节点名称，这里是 base_laser。

4. 使用变换

编写另一个 ROS 节点，使用 base_laser→base_link 变换在 base_laser 坐标系中取一点并将其转换至 base_link 坐标系下。在 robot_setup_tf 包中，创建 src/tf_listener.cpp 文件并加入以下代码：

```
#include <ros/ros.h>
#include <geometry_msgs/PointStamped.h>
#include <tf/transform_listener.h>

void transformPoint(const tf::TransformListener& listener) {
  //we'll create a point in the base_laser frame that we'd like to transform to the base_link frame
  geometry_msgs::PointStamped laser_point;
  laser_point.header.frame_id = "base_laser";

  //we'll just use the most recent transform available for our simple example
  laser_point.header.stamp = ros::Time();

  //just an arbitrary point in space
  laser_point.point.x = 1.0;
  laser_point.point.y = 0.2;
  laser_point.point.z = 0.0;

  try{
```

```
    geometry_msgs::PointStamped base_point;
    listener.transformPoint("base_link", laser_point, base_point);

    ROS_INFO("base_laser:(%.2f, %.2f. %.2f)-----> base_link:(%.2f, %.2f, %.2f) at time %.2f",
      laser_point.point.x, laser_point.point.y, laser_point.point.z,
      base_point.point.x, base_point.point.y, base_point.point.z, base_point.header.stamp.toSec());
  }
  catch(tf::TransformException& ex){
  ROS_ERROR("Received an exception trying to transform a point from \"base_laser\" to \"base_link\": %s", ex.what());
  }
}

int main(int argc, char** argv){
  ros::init(argc, argv, "robot_tf_listener");
  ros::NodeHandle n;

  tf::TransformListener listener(ros::Duration(10));

  //we'll transform a point once every second
  ros::Timer timer = n.createTimer(ros::Duration(1.0), boost::bind(&transformPoint, boost::ref(listener)));

  ros::spin();
}
```

以上代码的关键部分解释如下：

(1) 需要创建一个 tf::TransformListener，因此包含 tf/transform_listener.h 头文件。TransformListener 对象会自动订阅 ROS 变换消息话题和管理所有在网络中广播的变换数据。

```
#include <tf/transform_listener.h>
```

(2) 创建一个函数，参数为 TransformListener，在 base_laser 坐标系中取一个点并将其转换至 base_link 坐标系。该函数将作为主程序 main() 中创建的 ros::Timer 的回调，每秒都会触发一次。

```
void transformPoint(const tf::TransformListener& listener)
```

(3) 创建 geometry_msgs::PointStamped 类型的点。消息名称结尾处的“Stamped”意味着它包含一个 header，允许将时间戳和 frame_id 与消息相关联。将 laser_point 消息的 stamp 字段设置为 ros::Time()，它是一个特殊的时间值，允许向 TransformListener 询问最新的可用变换。header 的 frame_id 字段将设置为 base_laser，因为程序将要在 base_laser 坐标系中创建一个点。

```
geometry_msgs::PointStamped laser_point;
laser_point.header.frame_id = "base_laser";

laser_point.header.stamp = ros::Time();
```

(4) 将 base_laser 坐标系中的点转换成 base_link 坐标系的点。为此，使用 TransformListener 对象并调用 transformPoint()，后者用到三个参数：激光点将要转换过去的坐标系的名称(在这里是 base_link)，正在转换的点，以及存储变换点。在调用 transformPoint()之后，base_point 保存与 laser_point 相同的信息，但它是在 base_link 坐标系下。

```
try{
    geometry_msgs::PointStamped base_point;
    listener.transformPoint("base_link", laser_point, base_point);

    ROS_INFO("base_laser: (%.2f, %.2f. %.2f) -----> base_link: (%.2f, %.2f, %.2f) at 
time %.2f",
        laser_point.point.x, laser_point.point.y, laser_point.point.z,
        base_point.point.x, base_point.point.y, base_point.point.z, base_point.header.stamp.
toSec());
  }
```

(5) 若由于某种原因导致 base_laser→base_link 变换不可用(如 tf_broadcaster 没有运行)，当调用 transformPoint()时，TransformListener 可能会引发异常。为了确保该问题的正确处理，程序将捕获异常并打印错误信息。

```
catch(tf::TransformException& ex) {
ROS_ERROR("Received an exception trying to transform a point from "base_laser" to 
"base_link": %s", ex.what());
}
```

5. 编译代码

打开由 roscreate-pkg 自动生成的 CMakeLists.txt 文件，在文件尾部添加以下内容：

```
add_executable(tf_broadcaster src/tf_broadcaster.cpp)
add_executable(tf_listener src/tf_listener.cpp)
target_link_libraries(tf_broadcaster ${catkin_LIBRARIES})
target_link_libraries(tf_listener ${catkin_LIBRARIES})
```

然后，保存文件并编译：

```
$ cd %TOP_DIR_YOUR_CATKIN_WS%
$ catkin_make
```

6. 运行代码

打开一个终端，运行：

```
rosrun robot_setup_tf tf_broadcaster
```

打开第二个终端，运行：

```
rosrun robot_setup_tf tf_listener
```

如果一切正常，将看到以下信息：

tf 演示

```
[ INFO] 1248138528.200823000: base_laser:(1.00, 0.20. 0.00)-----> base_link:(1.10, 0.20, 0.20) at time 1248138528.19
[ INFO] 1248138529.200820000: base_laser:(1.00, 0.20. 0.00)-----> base_link:(1.10, 0.20, 0.20) at time 1248138529.19
[ INFO] 1248138530.200821000: base_laser:(1.00, 0.20. 0.00)-----> base_link:(1.10, 0.20, 0.20) at time 1248138530.19
[ INFO] 1248138531.200835000: base_laser:(1.00, 0.20. 0.00)-----> base_link:(1.10, 0.20, 0.20) at time 1248138531.19
[ INFO] 1248138532.200849000: base_laser:(1.00, 0.20. 0.00)-----> base_link:(1.10, 0.20, 0.20) at time 1248138532.19
```

7.3.2　里程计信息发布

本节通过实例讲解 ROS 导航栈的里程计信息发布，包括在 ROS 中发布 nav_msgs/Odometry 信息和 tf 关系上的 odom 坐标系到 base_link 坐标系的变换。

1. nav_msgs/Odometry 消息格式

nav_msgs/Odometry 消息保存了机器人在自由空间中的位置和速度估计值，其数据结构为

```
Header header
string child_frame_id
geometry_msgs/PoseWithCovariance pose
geometry_msgs/TwistWithCovariance twist
```

通过以下指令，可以进一步查看该消息数据结构的详细内容：

```
$rosmsg show nav_msgs/Odometry
```

将产生以下输出：

```
std_msgs/Header header
  uint32 seq
  time stamp
  string frame_id
string child_frame_id
geometry_msgs/PoseWithCovariance pose
  geometry_msgs/Pose pose
    geometry_msgs/Point position
      float64 x
      float64 y
      float64 z
```

```
geometry_msgs/Quaternion orientation
    float64 x
    float64 y
    float64 z
    float64 w
  float64[36] covariance
geometry_msgs/TwistWithCovariance twist
  geometry_msgs/Twist twist
    geometry_msgs/Vector3 linear
      float64 x
      float64 y
      float64 z
    geometry_msgs/Vector3 angular
      float64 x
      float64 y
      float64 z
  float64[36] covariance
```

可以看出，nav_msgs/Odometry 提供了从机器人 frame_id 坐标系到 child_frame_id 坐标系的相对位置。同时，它分别通过 geometry_msgs/Pose 消息和 geometry_msgs/Twist 消息提供机器人的位姿和速度信息。位姿信息包含两个结构，分别给出了欧拉坐标系中的位置和四元数形式的机器人方向。速度信息包含两个结构，分别是线速度和角速度。对于移动机器人，通常使用线速度 x 和角速度 z，前者表达了机器人是向前或向后移动，后者则表达了机器人向左或向右转动。具体地，pose 参数包含机器人在里程计参考系(header.frame_id)下的位置估算值，同时带有可选的估算协方差。twist 参数包含机器人在子参考系(child_frame_id，一般是机器人基础参考系)下的速度，同时带有可选的速度估算协方差。

由于里程实际上是两个坐标系之间的位移，有必要发布两个坐标系之间的坐标变换信息，这体现为机器人的坐标变换树信息和里程计数据的发布。ROS 里程计信息发布流程如下：

(1)对 tf 变换以及 odom 话题初始化发布者；

(2)获取 base_link 相对于 odom 坐标系的位置和旋转关系；

(3)发布从 odom 到 base_link 坐标的 tf 变换；

(4)发布 odom 话题。

2. 使用 tf 发布 Odometry 变换

如 7.3.1 节所述，tf 软件库负责管理与机器人相关的变换树的各坐标系之间的关系。因此，任何里程源都必须发布有关其管理的坐标系的信息。

3. 里程计信息发布编程

这里给出通过 ROS 发布 nav_msgs/Odometry 消息的示例代码，并使用 tf 进行变换。代码内容是通过伪造的数据实现机器人的圆周运动。

在编写程序之前，需要在功能包的 manifest.xml 文件中添加依赖信息：

```
<depend package="tf"/>
<depend package="nav_msgs"/>
```

里程计代码及注释

里程计的代码及注释，请扫描二维码查看。

编译并运行以上代码，将得到如图 7.15 所示的结果。为了在 rviz 中显示，在左边 Display 配置属性，Fixed Frame 选择为 odom，单击 add 按钮加入 Odometry，在 topic 下拉框中选择 /odom。

里程计信息发布

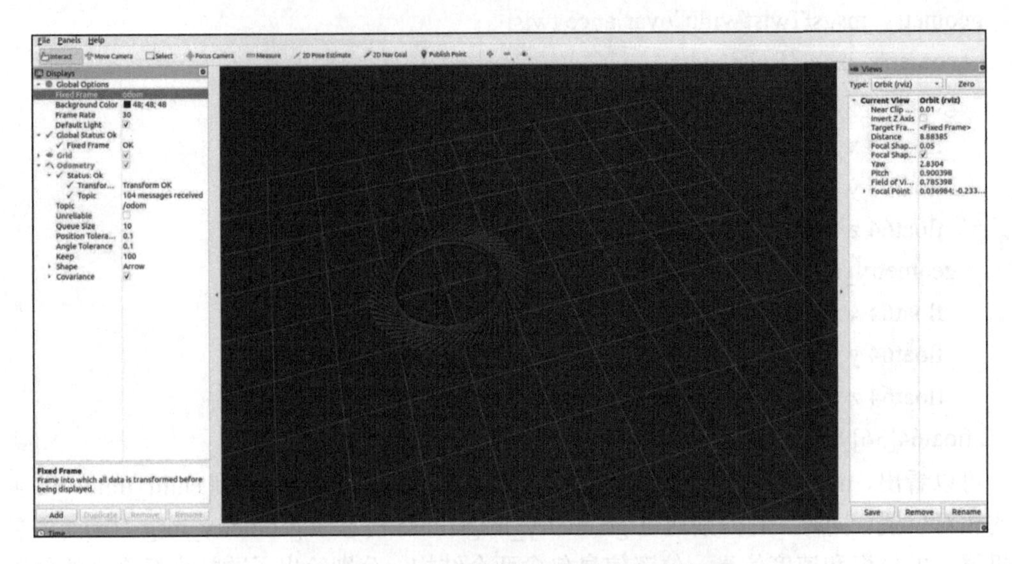

图 7.15　ROS 里程计信息发布的显示结果

在终端输入 rqt_graph 命令，可以看到节点状态图如图 7.16 所示。

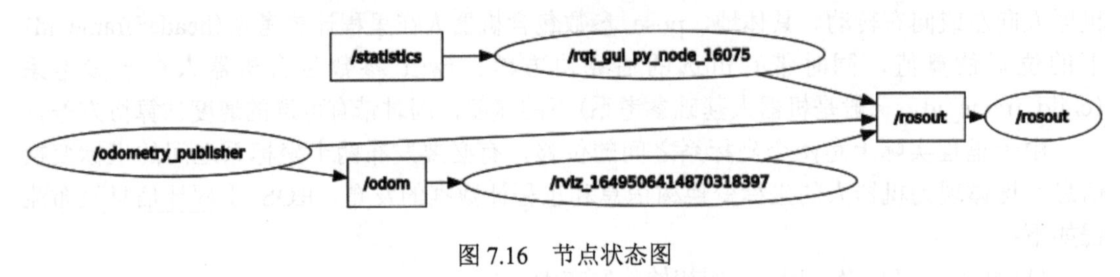

图 7.16　节点状态图

7.4　Gmapping 算法及工作原理

Gmapping 算法采用一种高效的 Rao-Blackwellized 粒子滤波将接收到的激光测距数据转换为栅格地图。作为一种可代替高斯滤波器的非参数化滤波器，关键是从后验分布中产生一组随机状态样本来表示后验概率分布。非参数化滤波器不需要满足扩展卡尔曼滤波所要求的非线性滤波随机量必须满足高斯分布的条件，也不依赖于一个固定的后验方程去估计后验状态，而是从后验概率中抽取随机状态粒子来表达其分布。

7.4.1 粒子滤波算法

粒子滤波器是一种使用蒙特卡罗(Monte Carlo)方法的递归滤波器，通过一组具有权重的随机样本(称为粒子)表示随机事件的后验概率；随着采样的增多，得到正确结果的概率越大。粒子滤波器能从一系列含有噪声或者不完整的观测值中，估计出动态系统的内部状态。在动态系统的分析中，系统模型用来描述状态随时间的变化，观测模型则描述每种状态下观察到的噪声。

递归滤波器包括以下两种功能。

(1) 预测：利用系统模型，由前一个状态的信息预测出下一个状态的概率密度函数。

(2) 更新：利用最新的观测值，修改预测出的概率密度函数。

粒子滤波基于蒙特卡罗方法来表示概率，可以用在任何形式的状态空间模型上。其核心思想是通过从后验概率(观测方程)中抽取的随机状态粒子表达其分布。简言之，粒子滤波法通过寻找一组在状态空间传播的随机样本对概率密度函数进行近似，以样本均值代替积分运算(状态方程)，从而获得状态最小方差分布的过程。这里的样本即粒子，当样本数量 $N \to \infty$时，可以逼近任何形式的概率分布，即使这个分布是随机类型的，如图 7.17 所示。

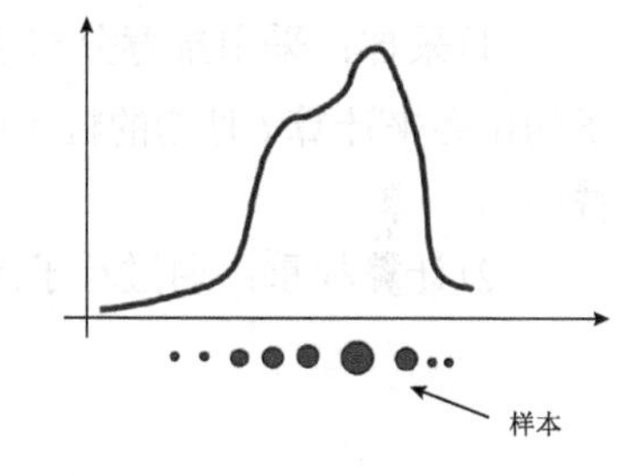

图 7.17　使用粒子估计随机分布

在粒子滤波中，每个粒子都是在时刻 t 的一个状态的实例化。粒子集中粒子的总数在实际环境中通常是很大的数。

理论上，粒子集中一个假设状态粒子的概率应该与贝叶斯滤波器 t 时刻后验概率呈一定的比例关系。

粒子滤波主要步骤如下：

(1) 初始化阶段。

用粒子模拟机器人的运动状态，将大量的粒子平均分布在规划区域。对于 SLAM，规划区域一般为用来进行定位的地图。

(2) 转移阶段。

对每个粒子根据状态转移方程进行状态估计，将会产生一个与之相对应的预测粒子。

(3) 决策阶段。

该阶段也称为校正阶段，算法需要对预测粒子进行评价，为重采样做准备。越接近于真实状态的粒子，其权重越大；反之，与真实值相差较大的粒子，其权重越小。

(4) 重采样阶段。

根据粒子权重对粒子进行筛选，既要大量保留权重大的粒子，也要有一小部分权重小的粒子；权重小的粒子有些会被淘汰，为了保证粒子总数不变，一般会在权值较高的粒子附近加入一些新的粒子。

(5) 滤波。

将重采样后的粒子代入状态转移方程得到新的预测粒子，然后继续进行上述转移、决策、重采样过程。经过这种循环迭代，绝大部分粒子会聚集在与真实值接近的区域内，从而得到机器人准确的位置。

(6)地图生成。

每个粒子都携带一个路径地图，最终选取最优的粒子即可获得规划区域的栅格地图。

7.4.2 Gmapping 算法原理

Gmapping 算法是比较可靠和成熟的 2D 激光雷达 SLAM 方案。它基于粒子滤波，使用 RBPF(Rao-Blackwellized Particle Filters)算法完成二维栅格地图构建。RBPF 算法可以实时构建室内环境地图，在小场景中计算量少且地图精度较高，对激光雷达扫描频率要求较低。但每个粒子都需要携带环境的信息，随着环境的增大会使得构建地图所需的内存和计算量变得巨大，因而不适合大场景构图。

RBPF 算法是在粒子滤波算法上进行改进，体现在粒子的计算权重部分。RBPF 主要包含以下四个过程。

(1)采样：采用推荐分布(Proposal Distribution，$\pi(x_{1:t}^{(i)} \mid z_{1:t}, u_{1:t-1})$)，通过 t–1 时刻的粒子的位姿来计算 t 时刻的粒子的位姿(一般地，该推荐分布是通过建立里程计运动模型来代替的)。

(2)计算权重：通过粒子的后验分布和推荐分布的比值来计算每一个粒子的权重。

$$w_t^{(i)} = \frac{p(x_{1:t}^{(i)} \mid z_{1:t}, u_{1:t-1})}{\pi(x_{1:t}^{(i)} \mid z_{1:t}, u_{1:t-1})}$$

(3)重采样：根据权重值的大小进行重采样，用权重大的粒子取代权重小的粒子。

(4)地图估计：根据传感器的数据和机器人的当前的位姿更新地图的特征。

RBPF 解决 SLAM 问题主要是通过估计机器人的后验概率 $p(x_{1:t}, m \mid z_{1:t}, u_{1:t-1})$ 实现的，通过条件联合概率分布公式 $P(x, y \mid z) = P(x \mid z) \cdot P(y \mid z)$ 可以将后验概率进行分解：

$$p(x_{1:t}, m \mid z_{1:t}, u_{1:t-1}) = p(m \mid x_{1:t}, z_{1:t}) \cdot p(x_{1:t} \mid z_{1:t}, u_{1:t-1})$$

其中，$x_{1:t}$ 代表机器人 1～t 时刻的状态，$z_{1:t}$ 代表 1～t 时刻的观测值（可认为是传感器的数据）；$u_{1:t}$ 代表 1～t 时刻的输入控制值；m 代表所构建的地图。粒子滤波的作用是根据观测值 z 和里程计的值 u 对机器人位姿进行估计。对于上述公式，$p(m \mid x_{1:t}, z_{1:t})$ 可以认为是在机器人位姿和观测值已知的情况下对地图进行构建的问题，$p(x_{1:t} \mid z_{1:t}, u_{1:t-1})$ 可以认为是在机器人观测值和控制值已知的情况下对机器人进行位姿估计的问题。因此，RBPF 算法巧妙地把机器人 SLAM 分解成两个问题：机器人的定位问题和在机器人位姿已知情况下进行地图构建的问题。

对于机器人的位姿估计问题，主要借助于机器人的轨迹增量估计进行分解，在这里通过贝叶斯公式 $p(x \mid y, z) = \frac{p(y \mid x, z) \cdot p(x \mid z)}{p(y \mid z)} = \eta p(y \mid x, z) \cdot p(x \mid z)$ 和条件联合概率 $p(x, y \mid z) = p(x \mid y, z) \cdot p(y \mid z)$ 分布公式来实现：

$$p(x_{1:t} \mid z_{1:t}, u_{1:t-1}) = p(x_{1:t} \mid z_{1:t-1}, u_{1:t-1}, z_t) = \eta p(z_t \mid x_{1:t}, u_{1:t-1}, z_{1:t-1}) \cdot p(x_{1:t} \mid z_{1:t-1}, u_{1:t-1})$$

观测值仅与机器人的位置有关，与机器人之前的观测值和输入无关，因此上述公式可以化简为

$$\eta p(z_t \mid x_{1:t}) \cdot p(x_{1:t} \mid z_{1:t-1}, u_{1:t-1}) = \eta p(z_t \mid x_{1:t}) \cdot p(x_{1:t-1}, x_t \mid z_{1:t-1}, u_{1:t-1})$$

根据条件联合概率公式可得

$$\eta p(z_t \mid x_{1:t}) \cdot p(x_{1:t-1}, x_t \mid z_{1:t-1}, u_{1:t-1}) = \eta p(z_t \mid x_{1:t}) \cdot p(x_t \mid z_{1:t-1}, u_{1:t-1}, x_{1:t-1}) \cdot p(x_{1:t-1} \mid z_{1:t-1}, u_{1:t-1})$$

机器人 t 时刻的位姿仅与 t–1 时刻的输入及位姿有关，与其他时刻的值无关，对上式进行化简得到

$$\begin{aligned}&\eta p(z_t \mid x_{1:t}) \cdot p(x_t \mid z_{1:t-1}, u_{1:t-1}, x_{1:t-1}) \cdot p(x_{1:t-1} \mid z_{1:t-1}, u_{1:t-1})\\ &= \eta p(z_t \mid x_{1:t}) \cdot p(x_t \mid u_{t-1}, x_{t-1}) \cdot p(x_{1:t-1} \mid z_{1:t-1}, u_{1:t-2})\end{aligned}$$

经过上式的推导，机器人的轨迹估计问题转化为一个增量估计的问题，用 $p(x_{1:t-1} \mid z_{1:t-1}, u_{1:t-2})$ 表示 t–1 时刻的机器人位姿，用 $p(x_t \mid u_{t-1}, x_{t-1})$ 表示粒子群的里程计运动模型，就得到机器人的预测轨迹。随后，用观测模型 $p(z_t \mid x_{1:t})$ 进行权重计算归一化处理，得到机器人的轨迹。在确定了机器人的轨迹后，就可以对机器人的地图进行更新。

当环境较大或者机器人的里程计误差较大时，推荐分布与实际分布存在偏差，需要增加粒子的数量才能对机器人位姿进行良好的估计。为了避免消耗大量的内存，Gmapping 算法通过最近一帧的观测，把推荐分布限制在一个狭小的有效区域。然后，对推荐分布进行正常采样。如果推荐分布用激光匹配表示，则可以把采样范围限制在一个比较小的区域，因此可以用更少的粒子覆盖机器人位姿的概率分布。换言之，将推荐分布从基于里程计的观测模型变换为激光雷达观测模型。具体公式推导如下：

$$\begin{aligned}&p(x_t \mid u_{t-1}, x_{t-1}) \to p(x_t \mid u_{t-1}, x_{t-1}, z_t, m)\\ &= \eta p(z_t \mid u_{t-1}, x_{t-1}, x_t, m) \cdot p(x_t \mid u_{t-1}, x_{t-1}, m)\\ &= \eta p(z_t \mid x_t, m) \cdot p(x_t \mid u_{t-1}, x_{t-1})\\ &= \eta p(z_t \mid x_t, m), \quad x_t \in L^{(i)}\end{aligned}$$

从图 7.18 可以看出激光雷达观测模型方差较小，假设其服从高斯分布，使用多元正态分布公式即可进行计算。通过极大似然估计找到局部极值 x_t，认为该局部极值距离高斯分布的均值比较近，则在位姿 x_t 附近取 k 个位姿并进行打分(位姿匹配)；假设它们服从高斯分布，计算出其均值 μ 和方差 σ 之后，即可使用多元正态分布对机器人位姿的估计进行概率、矢量均值和协方差的计算，然后可以计算后验概率：

$$p\left(x_t \mid x_{t-1}, u_{t-1}\right) = \det\left(2\pi\sigma\right)^{-\frac{1}{2}} \mathrm{e}^{\{-\frac{1}{2}(x-\mu)^{\mathrm{T}} \sigma^{-1}(x-\mu)\}}$$

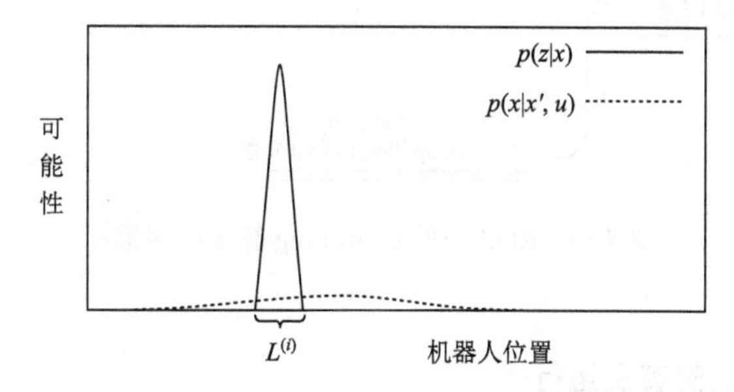

图 7.18　基于观测的分布和基于运动模型的分布对比

粒子滤波算法需要进行重采样，以确保粒子的有效性，但这会造成粒子耗散。Gmapping 提出选择性重采样的方法，根据所有粒子自身权重的离散程度(即通过计算方差)决定是否

进行粒子重采样的操作。当离散程度 N_{eff} 小于某个阈值时，说明粒子差异性过大，需要进行重采样。

$$N_{\text{eff}} = \frac{1}{\sum\left(w^i\right)^2}$$

Gmapping 算法的基本步骤如下：

(1) 根据粒子 i 在 t–1 时刻的状态 $x_{t-1}^{(i)}$ 和 t–1 时刻里程计的输入 u_{t-1}，得到粒子 i 在 t 时刻的预测状态 $x_t'^{(i)}$；

(2) 基于初始的预测 $x_t'^{(i)}$ 在地图 $m_{t-1}^{(i)}$ 上执行扫描匹配算法。如果扫描匹配失败，则位置和姿态是根据运动模型得到的(忽略步骤(3)和步骤(4))；

(3) 在 $x_t^{(i)}$ 的扫描匹配者周围的间隔中选择一组采样点，用于计算提议分布的均值和方差；

(4) 粒子 i 的新姿态 $x_t^{(i)}$ 是从改进的推荐分布的高斯近似 $N\left(\mu_t^{(i)},\sigma_t^{(i)}\right)$ 中得出的；

(5) 更新权重值；

(6) 粒子 i 的地图 $m^{(i)}$ 根据绘制的姿态 $x^{(i)}$ 和观测值 z_t 进行更新；

(7) 进行粒子降采样。

7.5　Gmapping 算法仿真

gmapping_slam 算法的软件包位于 ros-perception 组织的 slam_gmapping 仓库中。作为一个元功能包，Gmapping 算法的 ROS 程序框架如图 7.19 所示。

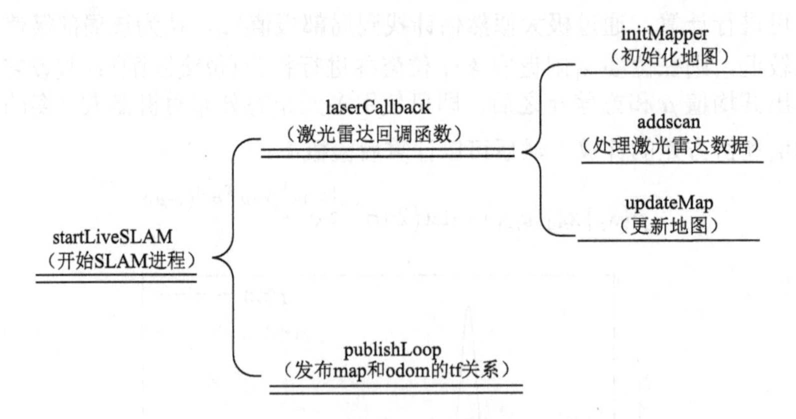

图 7.19　ROS 中的 Gmapping 算法程序框架

7.5.1　Gmapping 算法安装及运行

以二进制方式安装 Gmapping 算法功能包。

```
$ sudo apt-get install ros-noetic-gmapping
$ sudo apt-get install ros-noetic-slam-gmapping
```

这里下载的 Gmapping 包，主要作为可以启动的节点在后续结合仿真使用。单独使用时，需要根据 slam_gmapping 的叙述发布/scan 和/tf 的信息。相关的源代码可以在 github 下载：https://github.com/ros-perception/slam_gmapping.git。

本节使用第 5 章构建的轮式移动机器人进行仿真。

[加载 Gazebo 仿真环境]　ROS 提供了多个环境模型，在这里选择其中一个进行仿真，也可以选择自己搭建一个虚拟环境。

安装依赖项：

```
$ sudo apt-get install ros-noetic-turtlebot3-gazebo
$ sudo apt-get install ros-noetic-laser-filters
```

根据自己的环境，对缺少的包进行安装：

```
$ sudo apt-get install libsdl-image1.2-dev
$ sudo apt-get install libsdl1.2-dev
$ sudo apt install ros-noetic-fake-localization
$ sudo apt install ros-noetic-tf2-secsor-msgs
```

对源代码进行编译。

Gmapping 算法演示

在主目录下打开终端，输入如下命令：

```
$ mkdir catkin_ws
$ cd catkin_ws
$ mkdir src
$ cd src
```

将功能包复制至当前目录下，然后进行编译。

```
$ cd ..
$ catkin_make
```

启动 Gazebo 仿真环境：

```
$ roslaunch mapping_and_na robot_gazebo.launch
```

执行上面的命令后，会出现图 7.20 所示的效果。

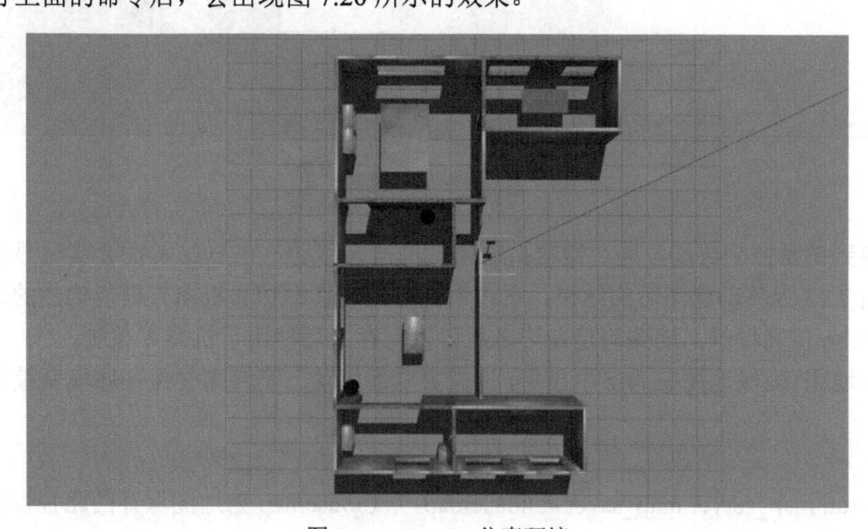

图 7.20　Gazebo 仿真环境

[启动键盘按键控制] 在建图时需要使用键盘控制机器人移动(应重新启动一个终端并保证环境变量成功添加)：

```
$ rosrun mapping_and_na robot_teleop_key.py
```

执行命令后会出现键盘操作的提示信息，这时可以选择该终端进行按键控制，执行前(w)、后(x)、左(a)、右(d)和暂停(s)操作。

[使用 Gmapping 算法进行建图] 启动建图命令时可以选择建图方式，在不进行特殊说明的情况下，本节默认使用的是 Gmapping 方式。slam_gmapping 是核心节点，订阅激光雷达数据话题的数据，然后基于粒子滤波得到位姿信息，利用 tf 树中坐标系之间的关系得到全局的位姿并构建环境地图。slam_gmapping 节点通过 robot_gmapping.launch 文件进行发布和重命名。

执行地图构建命令(需要重新启动一个终端并保证环境变量成功添加)：

```
$ roslaunch mapping_and_na robot_slam.launch
```

执行上面的命令后，会出现图 7.21 所示的 rviz 可视化界面。

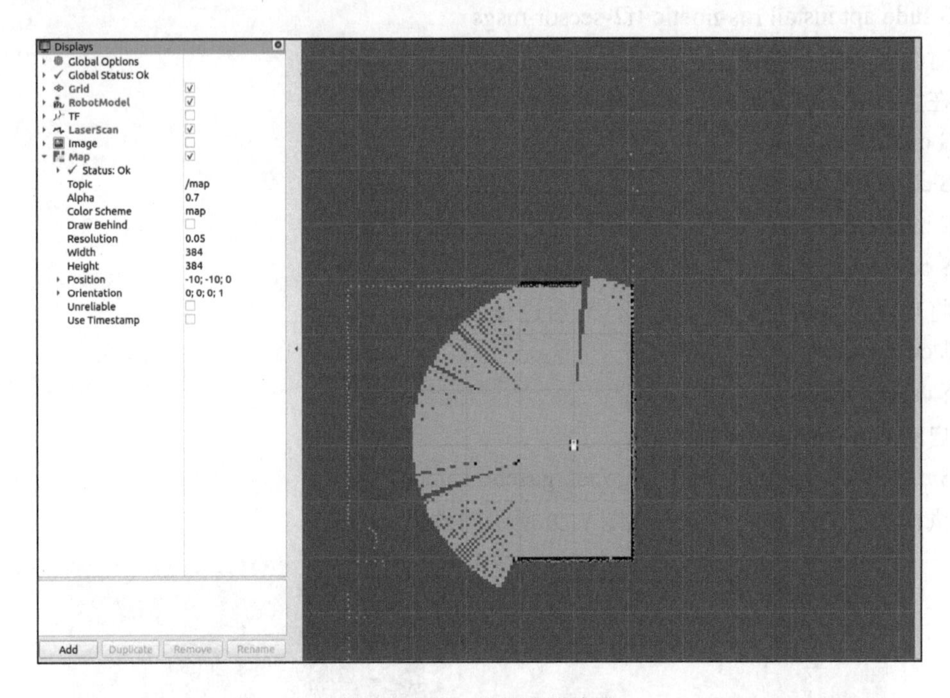

图 7.21　rviz 显示建图结果

切换到键盘控制终端，通过键盘按键控制机器人移动，在 rviz 界面会实时显示构建的地图。图 7.22 为移动建图后的结果，右边为键盘控制移动仿真机器人模型构建的地图，左边为 Gazebo 仿真场景。地图构建完毕之后可以保存，后续用于机器人导航。

保存地图(确保地图在 rviz 中显示，且需要重新启动一个终端并保证环境变量被成功添加)：

```
$ cd ～
$ rosrun map_server map_saver -f housemap    #(housemap 为地图保存的路径以及名称)
```

通过修改最后一个参数，可以设置地图保存的路径。在后续的地图加载步骤中，应注意修改为自定义的地图保存路径。

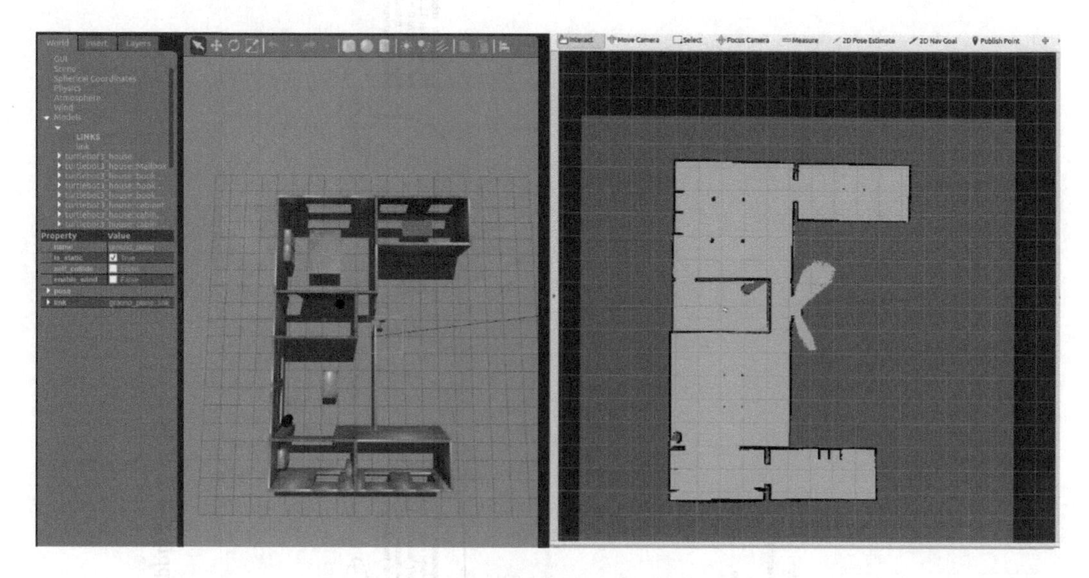

图 7.22　rviz 建图结果和 Gazebo 仿真场景

地图保存后会出现两个文件，分别是地图文件(pgm)和 yaml 文件。pgm 文件保存机器人地图，yaml 文件存储地图的一些参数：

```
image: /gmapping.pgm                                  #pgm 文件的路径
resolution: 0.050000                                  #图像分辨率
origin: [-100.000000, -100.000000, 0.000000]          #机器人建图时在地图中的初始位姿
negate: 0                                             #对立面
occupied_thresh: 0.65                                 #被占据的临界值
free_thresh: 0.196                                    #自由状态临界值
```

查看 tf 树，如图 7.23 所示。

```
$ rosrun rqt_tf_tree rqt_tf_tree
```

可以看出，tf 树给出了机器人相对坐标系的变化，base_footprint、base_link 以及 camera_link、laser_link、wheel_lb_link、wheel_lf_link、wheel_rb_link、wheel_rf_link 等连接(link)均由节点/robot_state_publish 进行发布，其主要的坐标系变化关系借助于第 5 章构建的机器人 xacro 文件来实现，map 到 odom 的变化关系通过 Gmapping 节点实现，主要是根据机器人的轨迹对 map 进行构建。

7.5.2　SLAM 实验分析之文件系统级

slam_gmapping 的话题和服务，如表 7.1 所示。

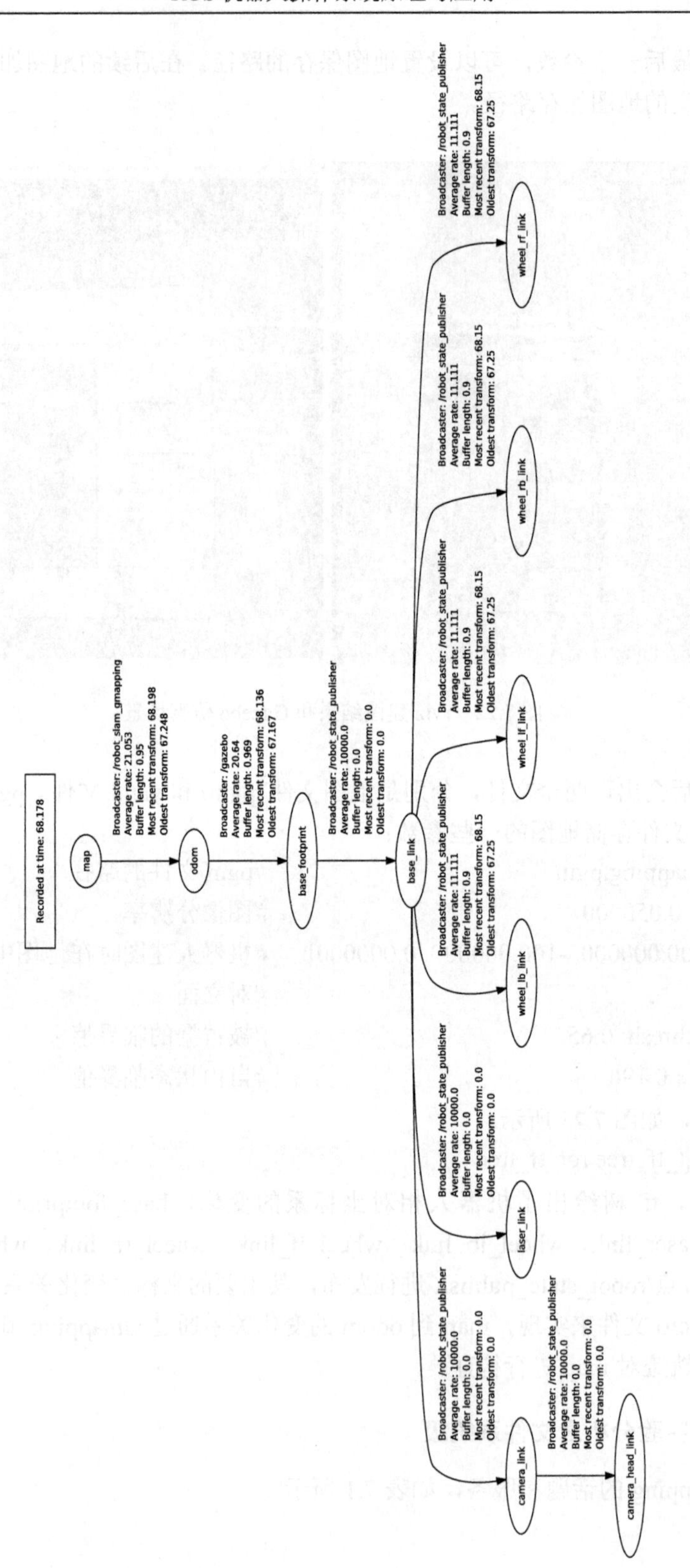

图 7.23　Gmapping 算法 tf 树

表 7.1　Gmapping 发布相关的话题和服务

类别	名称	数据类型	功能描述
订阅的话题	scan	sensor_msgs/LaserScan	激光点云信息，订阅该节点获取数据并建立地图
	tf	tf/tfMessage	坐标系之间的变换关系
发布的话题	map_metadata	nav_msgs/MapMetaData	周期性发布地图 Meta 数据
	map	nav_msgs/OccupancyGrid	周期性发布栅格地图数据
	entropy	std_msgs/Float64	发布机器人姿态分布熵的估计
服务	dynamic_map	nav_msgs/GetMap	调用该服务可以获取地图数据

slam_gmapping 节点的相关参数，可在 Gmapping 功能包内的源文件中找到。在功能包 robot_gmapping 中，slam_gmapping 节点所需的参数集中在配置文件 config/gmapping_params.yaml 中，在 robot_gmapping.launch 执行时会载入该文件内的参数。Gmapping 需要的参数以及含义如表 7.2 所示。

表 7.2　Gmapping 需要的参数以及含义

参数	参数含义	默认值(default)
base_frame	机器人坐标系	"base_link"
map_frame	地图坐标系	"map"
odom_frame	里程计坐标系	"odom"
map_update_interval	地图更新频率	5.0
maxUrange	激光雷达可测量的最大值	80.0
sigma	端点匹配标准差	0.05
kernelSize	用于寻找对应关系的内核	1
lstep	优化平移量的步长	0.05
astep	优化旋转量的步长	0.05
iterations	扫描匹配过程中的迭代次数	5
lsigma	用于似然计算的光束标准差	0.075
ogain	进行似然估计时的增益，用于平滑重采样	3.0
lskip	每次扫描跳过的光束数	0
minimumScore	衡量匹配结果的阈值，当使用测距范围有限的激光扫描(5m)时，在室外大场景下可以有效避免估计出来的位姿发生跳变。设定值的上限为 600；当出现跳跃问题时，可以考虑设定值 50	0.0
srr	平移时里程计的平移误差	0.1
srt	平移时里程计的旋转误差	0.2
str	旋转时里程计的平移误差	0.1
stt	旋转时里程计的旋转误差	0.2
linearUpdate	机器人在一个扫描周期内移动的距离	1.0
angularUpdate	机器人在一个扫描周期内旋转的角度	0.5
temporalUpdate	如果最新扫描处理比更新慢，则处理 1 次扫描。该值为负数时关闭基于时间的更新	−1.0

续表

参数	参数含义	默认值(default)
resampleThreshold	基于 Neff 的重采样阈值	0.5
particles	滤波器中粒子数目	30
xmin	地图 x 方向最小值	−100.0
ymin	地图 y 方向最小值	−100.0
xmax	地图 x 方向最大值	100.0
ymax	地图 y 方向最大值	100.0
delta	地图分辨率	0.05
llsamplerange	用于似然计算的平移采样距离范围	0.01
llsamplestep	用于似然计算的平移采样步长范围	0.01
lasamplerange	用于似然计算的角度采样距离	0.005
lasamplestep	用于似然计算的角度采样步长	0.005

在实验过程中，gmapping_params.yaml 文件的内容：

```
map_update_interval: 2.0          #根据建图效果进行调整，不大于/scan 的频率
maxUrange: 3.0                    #应小于模型文件中雷达的最大距离
sigma: 0.05
kernelSize: 1
lstep: 0.05
astep: 0.05
iterations: 5
lsigma: 0.075
ogain: 3.0
lskip: 0
minimumScore: 50                  #防止激光里程计出现位置跳变的问题
srr: 0.1
srt: 0.2
str: 0.1
stt: 0.2
linearUpdate: 1.0
angularUpdate: 0.2                #增强机器人旋转时建图的效果
temporalUpdate: 0.5               #防止扫描比更新慢的情况产生错误
resampleThreshold: 0.5
particles: 100            #根据需要调整，调整越大，定位越准确，但是需要更大的内存
xmin: -10.0               #根据地图的大小调整，增强可观性
ymin: -10.0                       #同上
xmax: 10.0                        #同上
ymax: 10.0                        #同上
```

```
delta: 0.05
llsamplerange: 0.01
llsamplestep: 0.01
lasamplerange: 0.005
lasamplestep: 0.005
```

robot_gmapping.launch 文件的内容：

```
<launch>
<!-- Arguments -->
<arg name="set_base_frame" default="base_footprint"/>
<arg name="set_odom_frame" default="odom"/>
<arg name="set_map_frame"   default="map"/>

  <!-- Gmapping -->
  <node pkg="gmapping" type="slam_gmapping" name="robot_slam_gmapping" output=
"screen">
      <param name="base_frame" value="$(arg set_base_frame)"/>
      <param name="odom_frame" value="$(arg set_odom_frame)"/>
      <param name="map_frame" value="$(arg set_map_frame)"/>
      <rosparam command="load" file="$(find mapping_and_na)/config/gmapping_params.
yaml" />
  </node>
</launch>
```

7.5.3 SLAM 实验分析之计算图级

为了观察 Gmapping 算法运行之后在计算图级的表现，本节针对 7.5.1 节实验中使用的核心建图节点进行分析。

新开一个终端并输入指令：

```
$ rosrun rqt_graph rqt_graph
```

利用 rqt_graph 得到 SLAM 系统运行的情况如图 7.24 所示。其中，/scan 是激光扫描的数据，通过接收由/robot_state_publisher 发布的/tf 进行转换后得到和激光坐标系一致的坐标，然后利用 tf 树把该位姿转换到全局坐标系，同时构建系统的栅格地图/map。

/robot_teleop：利用键盘发布控制信息，以话题/cmd_vel 发布。

/gazebo：所创建的机器人和环境全部集成在 Gazebo 环境中，因此可以从 Gazebo 节点中读取/scan 和/camera 等多种传感器数据以及 tf 变化等信息。

/robot_slam_gmapping：订阅激光雷达发布的信息和 tf 发布的坐标变换信息，进行同时定位和建图，最后输出机器人在地图中的位姿，发布到 tf 以及所构建的环境栅格地图。

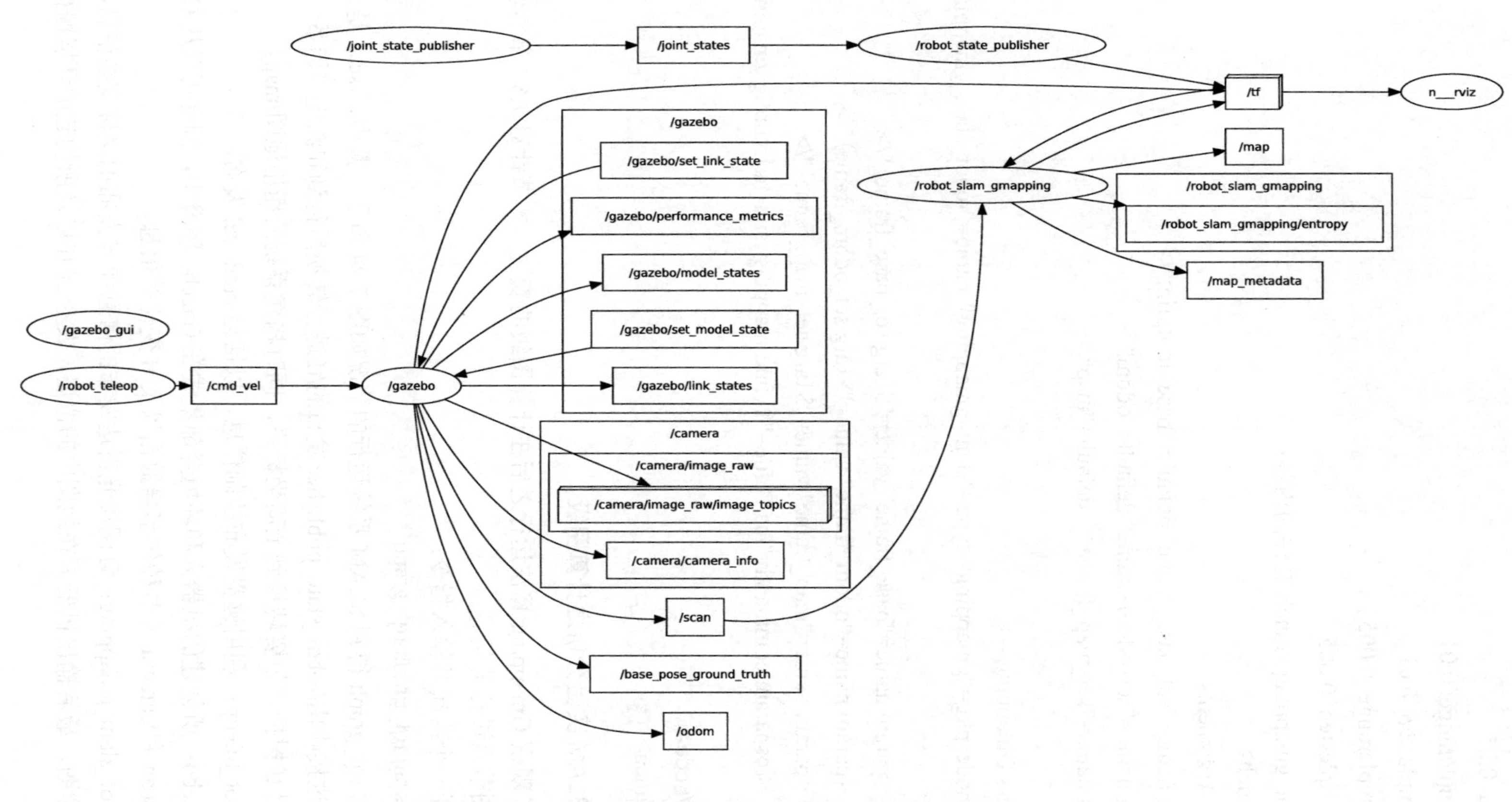

图 7.24　SLAM 系统状态图(节点图)

7.6　Karto 算法及 ROS 实现

karto_slam 是基于图优化(Graph based SLAM)的思想，用高度优化和非迭代 Cholesky 分解进行稀疏系统解耦作为解。图优化方法利用图的均值表示地图，每个节点表示机器人轨迹的一个位置点和传感器测量数据集，每个新节点加入就进行计算更新。在大规模环境下，Karto 算法具有较大的优势。

7.6.1　Karto 算法原理

Karto 算法的相关概念如下：

(1) 扫描匹配(Scan Matching)。机器人在不同位姿下都有其相对应的雷达数据，求解两帧雷达数据(scan to scan)或雷达数据与地图(scan to map)之间的旋转矩阵的过程称为扫描匹配。在 Karto 算法中，主要是 scan to map 的扫描匹配方法。

(2) 栅格化。在进行扫描匹配之前，需要对数据帧和地图做一些处理。占据栅格地图就利用了栅格化的思路。

(3) 查找表。对激光雷达获得的数据，以一定的角分辨率和角偏移值进行投影，获取查找表以进行匹配。通过引入查找表代替暴力匹配，Karto 算法极大降低了计算复杂度，相同角度不同位置的激光数据信息仅需要被索引一次。

(4) 局部激光数据链(Running-scans)。要求首末两帧距离在一定距离范围内，且满足一定数据规模并实时维护。

作为 Karto 算法的数学基础，扫描匹配的原理如图 7.25 所示。机器人根据某一运动 u 从 x_{i-1} 移动到 x_i，当前的激光扫描观测值 z 与世界模型 m 已知，精确确定当前观测位置 x_i 的问题转化为求解 x_i 的最大后验概率的数学模型，即

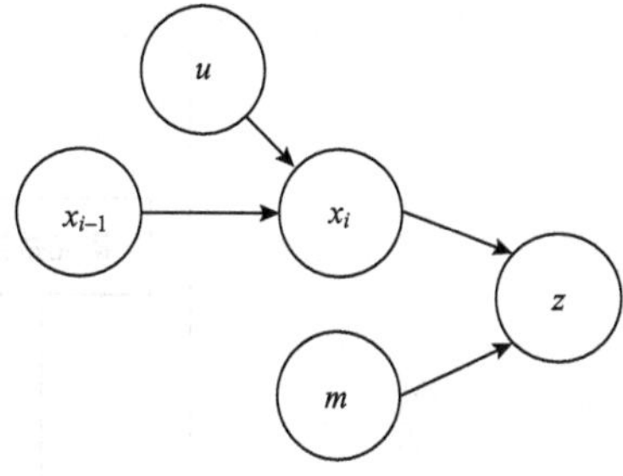

图 7.25　扫描匹配的原理模型

$$p\left(x_i \mid x_{i-1}, u, m, z\right)$$

运用高斯分布和贝叶斯规则，去除无关条件，得到

$$p\left(x_i \mid x_{i-1}, u, m, z\right) \propto p\left(z \mid x_i, m\right) p\left(x_i \mid x_{i-1}, u\right)$$

其中，$p\left(x_i \mid x_{i-1}, u\right)$ 是运动模型，由控制输入或里程计获得；$p\left(z \mid x_i, m\right)$ 是观测模型。前者是一个常规的多元变量高斯分布问题，容易求解；后者计算比较困难，结构比较复杂。它通常有多个极值，涉及 z 的扫描匹配问题大多是非凸的，计算效率高的局部搜索会导致找到局部最优值并非全局，由此得到的机器人位姿会不断累积误差。

Karto 算法提出了一种概率驱动的扫描匹配算法，以额外的计算时间为代价，产生更高质量和更鲁棒的结果。假设 z_i 中的各个激光点（以 z_j 表示）位置的概率分布是彼此独立的，则

$$p\left(z_i \mid x_i, m\right) = \prod_j p\left(z_j \mid x_i, m\right)$$

对上述公式左右两侧取对数，可以得到

$$p_{\log}(z_i \mid x_i, m) = \sum_j p_{\log}(z_j \mid x_i, m)$$

因此，机器人当前位置下的观测模型变为激光扫描每个点概率的对数和。

Karto 算法流程大致包括五个步骤，如图 7.26 所示。

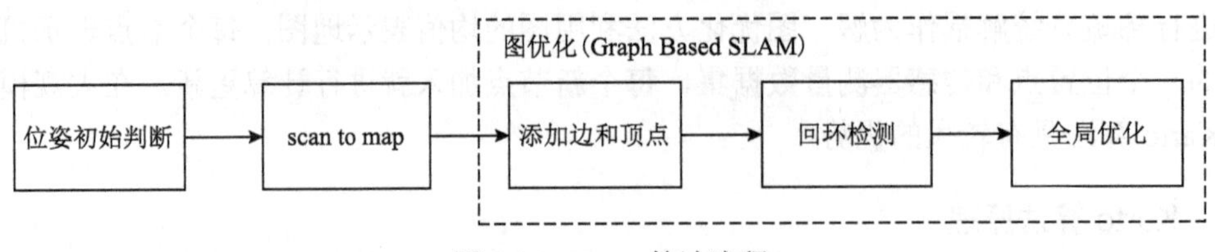

图 7.26　Karto 算法流程

(1)位姿初始判断。为了判断位姿变化的有效性，设置一个 Δ 值作为判断标准。如果根据里程计数据预估得到的先验位姿与机器人的上一帧位姿之差小于 Δ，则代表移动无效；反之，则进行下一步扫描匹配，如图 7.27 所示。

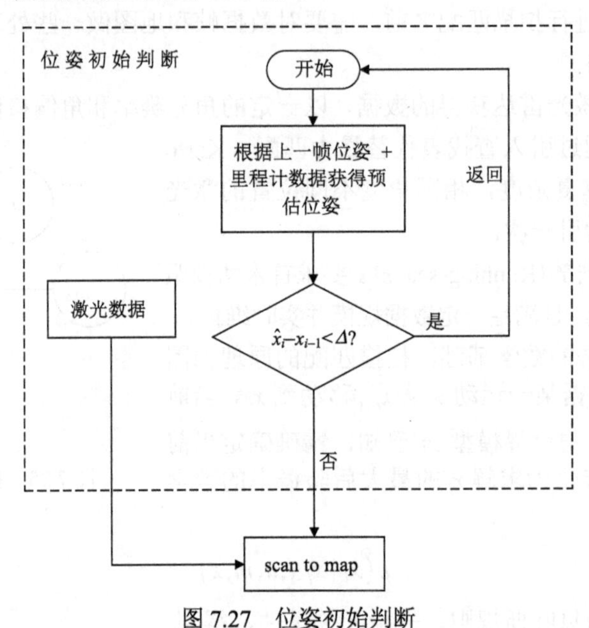

图 7.27　位姿初始判断

(2)扫描匹配。作为 Cartographer 算法的先导，Karto 算法引入了子地图(submap)。对各个子地图不断进行优化，由其组成的地图也会趋于精确。在机器人的运动中，可以得到 running-scans，将数据链中的数据点投影到栅格图上并将数据点的栅格附近进行高斯模糊，可生成匹配的参考模型子地图。由 IMU 和里程计数据可以得到当前预估的姿态角，真实的姿态角必定在附近；以一定的角度分辨率和偏移值对机器人坐标系的上一帧激光数据进行不同角度的映射，就会获得一个包含 n 个角度的查找表。其中

$$n = \frac{\text{角度偏移}}{\text{角度分辨率}} + 1$$

至此，通过查找表的方式有效解决了角度的问题，也就是扫描匹配的旋转问题。将查找表投影到子地图上，假设总共有 n 个点被查找表击中，击中的每个点得分不同(高斯模

糊的作用)。Karto 算法采用多(双)分辨率的方法对机器人当前最优位姿进行加速搜索。低分辨率栅格数量少，但与高分辨率栅格同属一个物理空间，因此低分辨率栅格的得分对应所有高分辨率栅格得分的上界。先遍历所有的低分辨率栅格并找出得分最高者，然后遍历得分最高的低分辨率栅格对应的高分辨率栅格，找出得分最高者记为一个局部最优值。接着遍历剩余的低分辨率栅格，如果找到得分高于局部最优值者则重复之前的操作，就找到了一个全局最优值，即机器人当前位姿的最优值。扫描匹配的整体流程如图 7.28 所示。

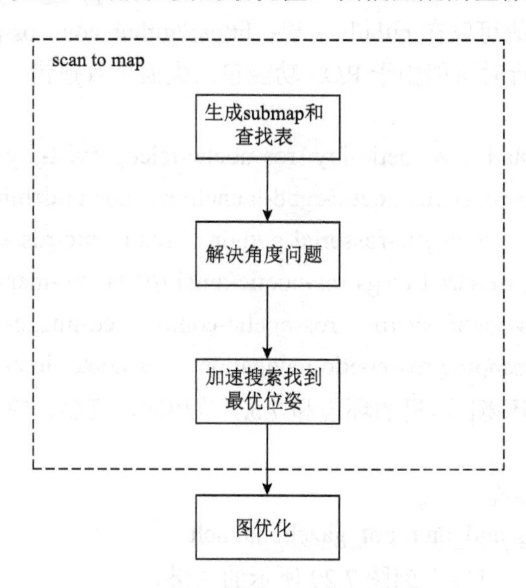

图 7.28　scan to map 流程

(3) 图优化。这里的图并非简单意义上的地图，而是在机器人移动过程中 SLAM 算法不断优化的位姿图。为了阐述图的定义，这里给出图的大致构造步骤：①提取关键帧(两帧直接距离大于设定值)；②将当前帧相邻时间的关键帧相连；③把当前帧与 running-scans 中最近的帧相连；④将与当前帧相邻但不相连的帧链中最近的帧相连；⑤将在一定范围内与当前帧没有任何连线的帧连接起来构成闭环，得到位姿图。Karto 算法的后端优化是与回环检测结合在一起的，先向位姿图中添加顶点，再通过 3 种方式(LinkScans、LinkChainToScan、LinkNearChains)向位姿图中添加边结构，然后试着寻找回环。坐标距离小于阈值且形成的链中扫描的个数大于阈值，才算是一个候选的回环链。接着使用当前扫描与该链进行粗扫描匹配，若响应值大于阈值且协方差小于阈值，再进行精匹配；若精匹配的得分(响应值)大于阈值，则找到了回环。找到了回环，则将回环约束作为边结构添加到位姿图中，最后进行图优化求解，更新所有扫描的坐标。

上述概念需要结合代码阅读，源代码下载链接：https://github.com/kadn/open_karto。

7.6.2　基于 Karto 算法的激光雷达建图

在 ROS 中，Karto 算法包含 slam_karto(ROS 层，应用层的 karto_slam 接口)和 open_carto(开源的 Karto 包，实现底层的 karto_slam)两个部分。

安装依赖项：

```
$ sudo apt install ros-noetic-gazebo-ros-pkgs ros-noetic-gazebo-ros-control
$ sudo apt-get install ros-noetic-turtlebot-*
$ sudo apt install ros-noetic-slam-karto
$ sudo apt install ros-noetic-robot-*
$ sudo apt install ros-noetic-joint-*
```

通过上述方法安装的 Karto 算法与 7.5.1 节安装的 Gmapping 算法类似，均是二进制的安装文件。相关的源代码可以在 github 下载：https://github.com/ros-perception/slam_karto。此外，为了防止仿真运行时可能由于 ROS 功能包缺失而导致报错，可以用下述指令进行安装。

```
$ sudo apt-get install ros-noetic-joy ros-noetic-teleop-twist-joy ros-noetic-teleop-twist-keyboard ros-noetic-laser-proc ros-noetic-rgbd-launch ros-noetic-depthimage-to-laserscan ros-noetic-rosserial-arduino ros-noetic-rosserial-python ros-noetic-rosserial-server ros-noetic-rosserial-client ros-noetic-rosserial-msgs ros-noetic-amcl ros-noetic-map-server ros-noetic-move-base ros-noetic-urdf ros-noetic-xacro ros-noetic-compressed-image-transport ros-noetic-rqt-image-view ros-noetic-gmapping ros-noetic-navigation ros-noetic-interactive-markers
```

Karto
算法演示

[加载 Gazebo 仿真环境] 这里的环境和 7.5.1 节相同，机器人模型使用第 5 章创建的模型文件。

启动 Gazebo 仿真环境：

```
$ roslaunch mapping_and_na robot_gazebo.launch
```

执行上面的命令后，可以看到图 7.20 所示的效果。

[启动键盘按键控制] 在进行建图时需要使用键盘控制机器人移动。新建一个终端，并确保环境变量已经成功添加：

```
$ rosrun mapping_and_na robot_teleop_key.py
```

执行命令后，可根据提示信息在该终端中进行按键控制，执行前(w)、后(x)、左(a)、右(d)和暂停(s)操作。

在启动建图命令时选择建图方式，在 slam_methods 中对算法进行选择。slam_karto 是核心节点，订阅激光雷达数据话题的数据，然后基于图优化的方式得到位姿信息，利用 tf 树中坐标系之间的关系得到全局的位姿并构建环境地图，通过 robot_karto.launch 文件进行发布和重命名。

执行地图构建命令(需要重新启动一个终端并保证环境变量成功添加)：

```
$ roslaunch mapping_and_na robot_slam.launch slam_methods:=karto
```

执行上面命令后，会出现图 7.29 所示的 rviz 可视化界面。

切换到键盘控制终端，通过键盘按键控制移动，在 rviz 界面会实时显示构建的地图。地图构建完毕之后可以保存，后续用来进行导航。

保存地图(确保地图在 rviz 中显示，且需要重新启动一个终端并保证环境变量成功添加)：

```
$ rosrun map_server map_saver -f  ~/map(~/map 为地图保存的路径以及名称的设置)
```

保存操作会得到两个文件，分别是 pgm 文件(图 7.30)和 yaml 文件，后者给出了地图的一些参数：

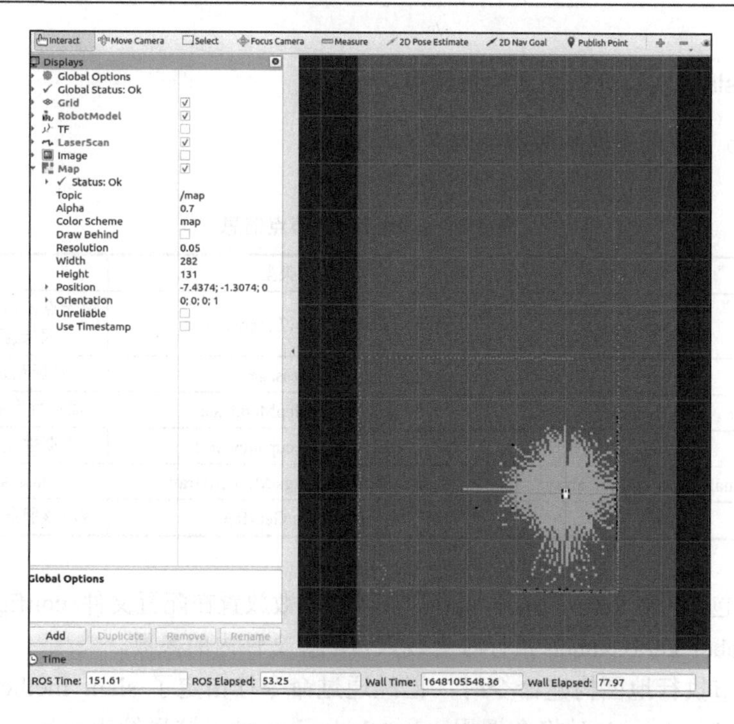

图 7.29　rviz 显示建图结果

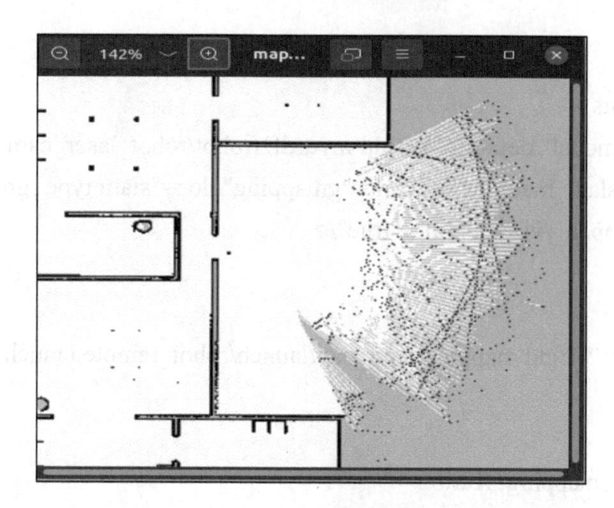

图 7.30　pgm 地图文件

```
image: /map.pgm                                    #pagm 文件的路径
resolution: 0.050000                               #图像分辨率
origin: [-7.515458, -10.821458, 0.000000]          #机器人建图时在地图中的初始位姿
negate: 0                                          #对立面
occupied_thresh: 0.65                              #被占据的临界值
free_thresh: 0.196                                 #自由状态临界值
```

7.6.3　karto_slam 实验分析之文件系统级

slam_karto 节点的主题和服务如表 7.3 所示。

表 7.3　slam_karto 节点信息

类别	名称	消息类型	功能描述
订阅的话题	scan	sensor_msgs/LaserScan	激光点云信息，订阅该节点获取数据并建立地图
	tf	tf/tfMessage	坐标系之间的变换关系
发布的话题	map_metadata	nav_msgs/MapMetaData	周期性发布地图 Meta 数据
	map	nav_msgs/OccupancyGrid	周期性发布栅格地图数据
	visualization_marker_array	visualization_msgs/MarkerArray	发布定期更新的位姿图
服务	dynamic_map	nav_msgs/GetMap	调用该服务可以获取地图数据

对于功能包 robot_karto，slam_karto 节点的参数放置在配置文件 config/karto_params.yaml 中，在 robot_karto.launch 执行时会载入该配置文件内的参数。

在 7.6.2 节执行地图构建命令时，已经通过命令行指定了 slam_methods:=karto，因此执行 robot_slam.launch 时将会调用 robot_karto.launch。这里给出 robot_slam.launch 文件的内容：

```
<launch>
  <!-- Arguments -->
  <arg name="model" default="$(find myurdf)/robot/robot_laser_cam.xacro"/>
  <arg name="slam_methods" default="gmapping" doc="slam type [gmapping, karto]"/>
  <arg name="open_rviz" default="true"/>

  <!-- Robot -->
  <include file="$(find mapping_and_na)/launch/robot_remote.launch">
  </include>

  <!-- SLAM: Gmapping, Karto -->
  <include file="$(find mapping_and_na)/launch/robot_$(arg slam_methods).launch">
  </include>

  <!-- rviz -->
  <group if="$(arg open_rviz)">
    <node pkg="rviz" type="rviz" name="rviz" required="true"
          args="-d $(find mapping_and_na)/rviz/mapping.rviz"/>
  </group>
</launch>
```

karto_mapper_params.yaml 文件的内容：

```yaml
# General Parameters
use_scan_matching: true
use_scan_barycenter: true
minimum_travel_distance: 0.12
minimum_travel_heading: 0.174                    #in radians
scan_buffer_size: 70
scan_buffer_maximum_scan_distance: 3.5
link_match_minimum_response_fine: 0.12
link_scan_maximum_distance: 3.5
loop_search_maximum_distance: 3.5
do_loop_closing: true
loop_match_minimum_chain_size: 10
loop_match_maximum_variance_coarse: 0.4      # gets squared later
loop_match_minimum_response_coarse: 0.8
loop_match_minimum_response_fine: 0.8

# Correlation Parameters - Correlation Parameters
correlation_search_space_dimension: 0.3
correlation_search_space_resolution: 0.01
correlation_search_space_smear_deviation: 0.03

# Correlation Parameters - Loop Closure Parameters
loop_search_space_dimension: 8.0
loop_search_space_resolution: 0.05
loop_search_space_smear_deviation: 0.03

# Scan Matcher Parameters
distance_variance_penalty: 0.3           # gets squared later
angle_variance_penalty: 0.349            # in degrees (gets converted to radians then squared)
fine_search_angle_offset: 0.00349        # in degrees (gets converted to radians)
coarse_search_angle_offset: 0.349        # in degrees (gets converted to radians)
coarse_angle_resolution: 0.0349          # in degrees (gets converted to radians)
minimum_angle_penalty: 0.9
minimum_distance_penalty: 0.5
use_response_expansion: false
```

其中涉及的各个参数具体含义如表 7.4～表 7.7 所示。

表 7.4　常规调节主要参数

参数	参数含义	默认值
use_scan_matching	是否使用扫描匹配算法，设置为 true 则会在算法上纠正里程计的误差	true
use_scan_barycenter	使用每个 scan 的质心来查看两个 scan 的距离	true
minimum_travel_distance	设置最小距离，里程计移动长度超过此值，则建立一个节点	0.2
minimum_travel_heading	设置最小偏转角，如果里程计转向超过此值，则建立一个节点	deg2rad(10)
scan_buffer_size	设置 ScanBufter 的长度，其应该设置为 ScanBufferMaximumScanDistance/MinimumTravel Distance	70
scan_buffer_maximum_scan_distance	设置 ScanBufter 的最大长度，与 Size 作用类似	20.0
link_match_minimum_response_fine	设置最小 scans 连接的最小响应阈值	0.8
link_scan_maximum_distance	设置两个连接的 scans 的最大距离，若大于此值，则不考虑两者的响应阈值	10.0
loop_search_maximum_distance	搜寻回环匹配的最大距离	4.0
do_loop_closing	回环匹配优化	true
loop_match_minimum_chain_size	找到的回环匹配的 node，必须位于大于此值的 ScanBuffer 上	10
loop_match_maximum_variance_coarse	回环匹配时粗匹配的最大协方差值，小于此值才认为是一个可行解	math:Square(0.4)
loop_match_minimum_response_coarse	回环匹配时粗匹配的最小响应，响应值大于此值将会开始粗精度的回环优化	0.8
loop_match_minimum_response_fine	回环匹配最小响应阈值，大于此值才开始进行高精度匹配	0.8

表 7.5　位姿纠正的主要参数

参数	参数含义	默认值
correlation_search_space_dimension	纠正位姿时使用的匹配器的大小	0.3
correlation_search_space_resolution	纠正位姿时使用的解析度	0.01
correlation_search_space_smear_deviation	纠正位姿时将会被此值平滑	0.03

表 7.6　回环检测的主要参数

参数	参数含义	默认值
loop_search_space_dimension	回环检测时匹配器的大小	8.0
loop_search_space_resolution	回环检测时匹配器的解析度	0.05
loop_search_space_smear_deviation	回环检测时的平滑系数	0.03

表 7.7　扫描匹配(ScanMatch)的主要参数

参数	参数含义	默认值
distance_variance_penalty	扫描匹配时对里程计的补偿系数	sqrt(0.3)
angle_variance_penalty	扫描匹配时对角度的补偿系数	sqrt(deg2rad(20))
fine_search_angle_offset	精匹配时搜索的角度范围	deg2rad(0.2)
coarse_search_angle_offset	粗匹配时搜索的角度范围	deg2rad(20.0)
coarse_angle_resolution	粗匹配时的角度解析度	deg2rad(2.0)
minimum_angle_penalty	最小角度惩罚项，防止评分过小	0.9
minimum_distance_penalty	最小距离惩罚项，防止评分过小	0.5
use_response_expansion	在没有发现好的匹配的情况下，是否扩大搜索范围	false

7.6.4　karto_slam 实验分析之计算图级

运用 rqt_graph 指令，可以得到系统运行的情况。在终端输入：

```
$ rosrun rqt_graph rqt_graph
```

在图 7.31 中，/scan 是激光扫描的数据，通过接收由/robot_state_publisher 发布的/tf，进行转换后得到与激光坐标系一致的坐标，然后利用 tf 树把该位姿转换到全局坐标系，同时构建系统的栅格地图/map。

/robot_teleop：利用键盘发布控制信息，以话题/cmd_vel 发布。

/gazebo：所创建的机器人和环境全部集成在 Gazebo 环境中，可以从 Gazebo 节点中读取/scan 和/camera 等多种传感器数据及 tf 变化等信息。

/slam_karto：订阅激光雷达发布的信息和 tf 发布的坐标变换的信息进行同时定位和建图，然后输出机器人在地图中的位姿，发布到 tf 以及构建的环境的栅格地图信息。相关的信息通过 rviz 进行显示。

在终端输入指令查看 tf 树：

```
$ rosrun rqt_tf_tree rqt_tf_tree
```

tf 树给出了机器人相对坐标系的变化，如图 7.32 所示。base_footprint、base_link 以及 camera_link、laser_link、wheel_lb_link、wheel_lf_link、wheel_rb_link、wheel_rf_link 等连接均由节点/robot_state_publish 节点发布，其坐标系变化关系借助于第 5 章构建的机器人 xacro 文件实现，而/slam_karto 节点实现了机器人世界坐标系 map 到里程计坐标系 odom 的 tf 变换，主要是根据机器人运动轨迹进行地图的构建。

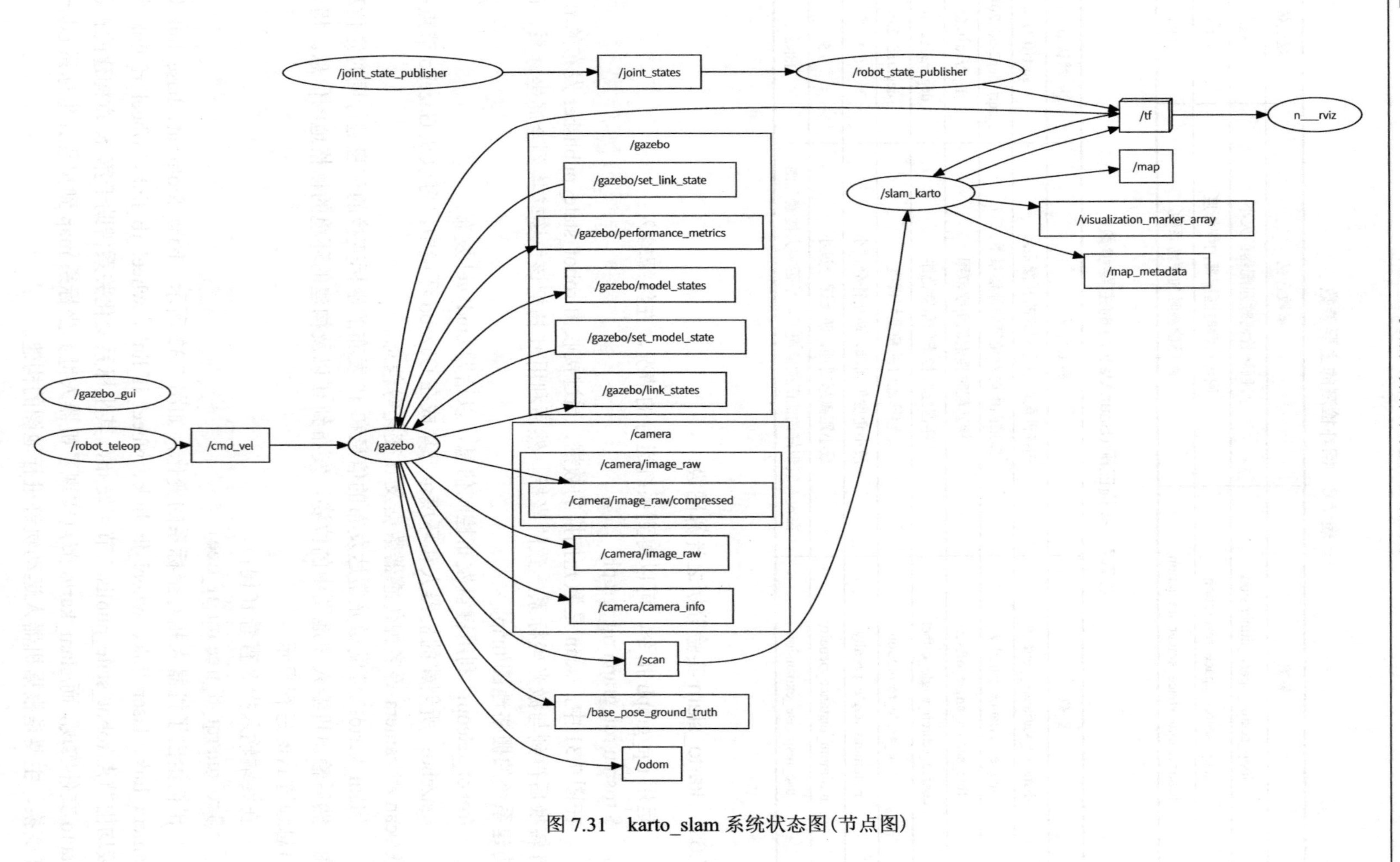

图 7.31 karto_slam 系统状态图(节点图)

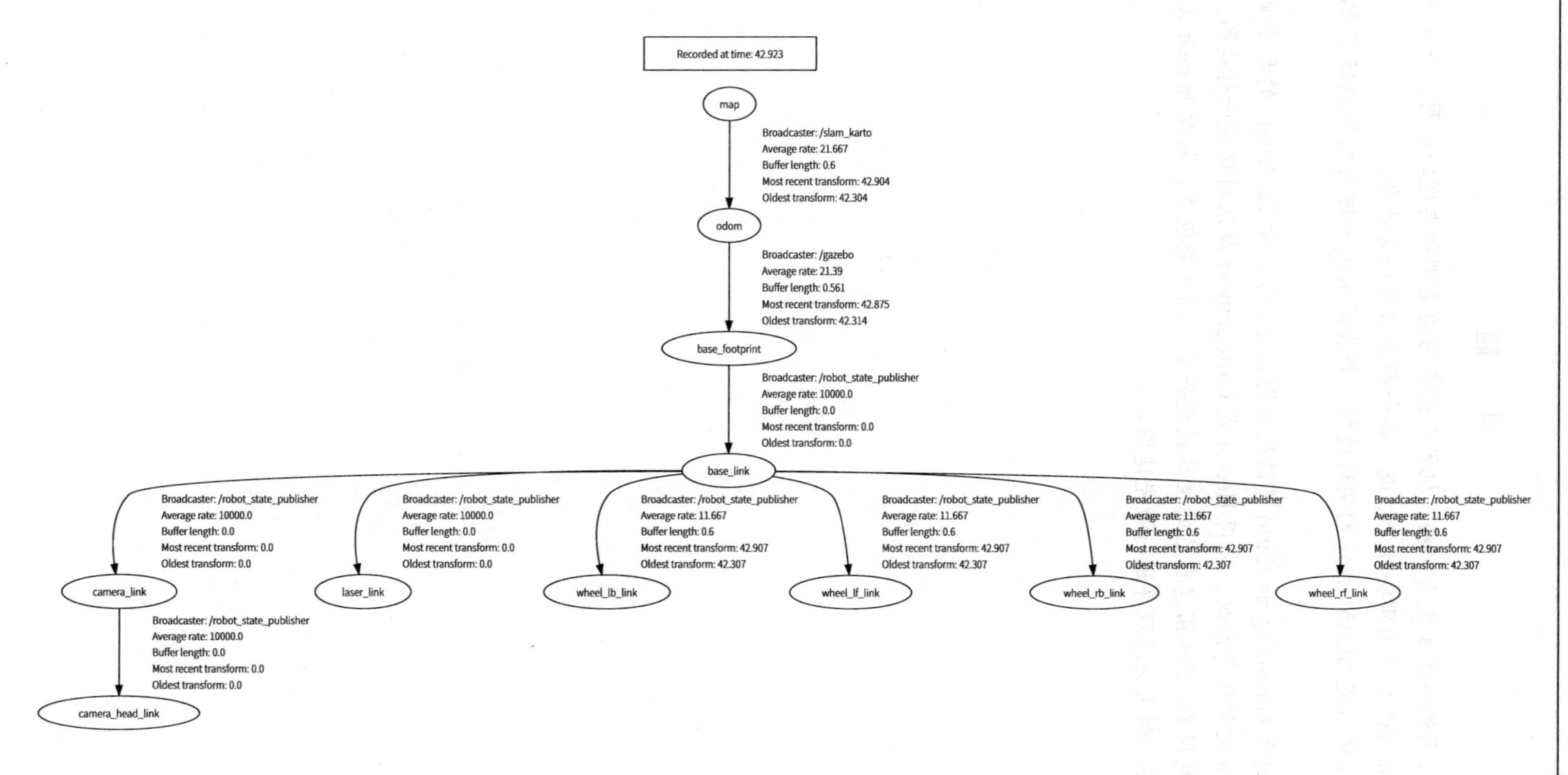

图 7.32 karto_slam 实验的 tf 树

习　题

7-1　常用的地图类型有哪些？机器人最常用的是哪种类型的地图，并分析原因。

7-2　SLAM 系统由哪些部分组成？各个部分的作用是什么？

7-3　简述激光 SLAM 系统的实现过程，并尝试采用一种激光 SLAM 匹配算法进行点云配准。

7-4　对于 Gmapping 和 Karto 算法的地图构建，请参考 Turtlebot3 的开源项目对 launch 文件和 yaml 文件进行修改，使用 Hector 或 Cartographer 算法对环境进行建图。

7-5　利用 Gazebo 搭建自己的世界模型并添加到功能包中，修改 launch 文件中对模型的引用路径，利用仿真程序进行激光建图。

第 8 章　移动机器人自主运动导航

对于移动机器人，自主运动导航是指机器人根据指令或事先规划的路径运动到所指定的目的地的过程，期间不需要人工参与。在 SLAM 技术帮助机器人实现自身定位和地图构建之后，本章讲述机器人如何实现目标点导航的问题，即规划一条从 *A* 点到 *B* 点的路径，让机器人自主地移动过去。

8.1　机器人导航功能包集

8.1.1　ROS 导航功能包集

通俗地讲，自主导航需要解决机器人"我在哪里"、"我要到哪里去"及"我该如何过去"这三大问题。因此，自主运动导航的组成要素有地图、目的地、定位、障碍、路径规划等，可以认为"机器人自主定位导航= SLAM+路径规划和运动控制"。假定已经以某种方式将机器人设置完毕，ROS 导航功能包集将使其可以运动。图 8.1 展示了 ROS 导航功能包集，其中，白色部分是 ROS 已经提供且必须使用的，灰格点的部分是 ROS 已经提供但可以有选择地使用的，深灰色的部分是需要自己去实现的。

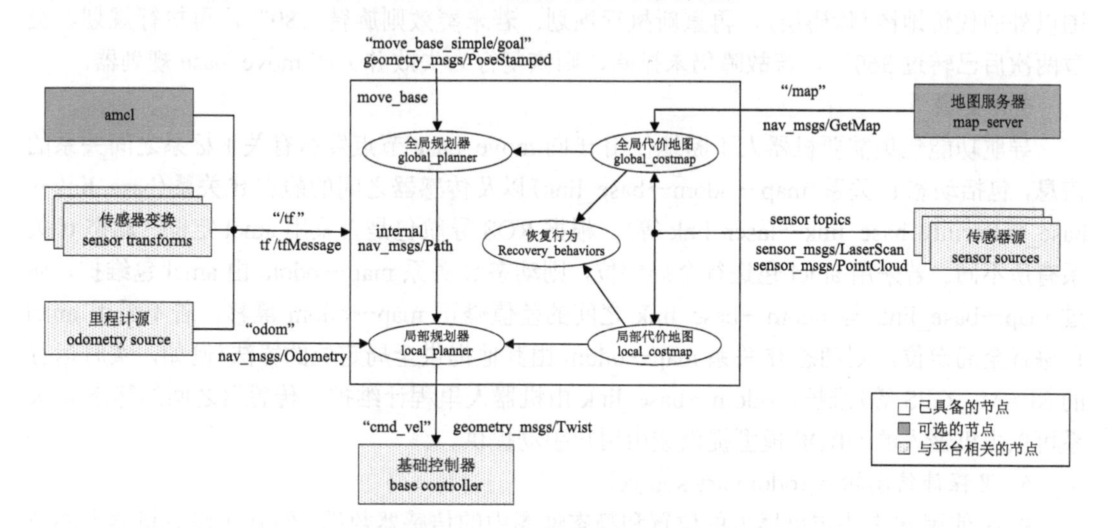

图 8.1　ROS 导航功能包集

move_base 节点除了提供话题访问接口之外，还提供 service 和 action 访问接口。实际上，move_base 相当于搭建了导航架构并提供标准化接口，各个算法通过插件机制从外部导入。

ROS 导航功能包集涉及的主要概念如下。

1. 代价地图(costmap)

大部分视觉 SLAM 和激光 SLAM 算法得到的建图结果不能直接用于导航，如很多视觉 SLAM 算法建立的是稀疏路标地图，激光传感器得到的点云是离散的三维点集合，机器人无法借助地图判断哪些区域可以通过，或不能通过。在导航中使用的地图形式通常为代价地图(costmap)，包括全局代价地图(global_costmap)和局部代价地图(local_costmap)两种。前者通过地图服务器(map_server)输入的地图与传感器源(sensor source)输入的激光或点云信息构建，供全局规划器(global_planner)进行全局路径规划使用；后者通过传感器输入的激光或点云信息构建，供局部路径规划器(local_planner)进行本地的路径规划使用。

2. 全局路径规划器(global_planner)

根据全局代价地图计算当前机器人所处地点与目的地之间的全局最优路径，主要使用 Dijkstra 或 A*算法。

3. 局部路径规划器(local_planner)

移动机器人在按照全局路径规划得出的路径前进时，在途中发现有地图中原本没有的障碍物(例如，运动的行人或车辆)挡住了之前规划好的路线，则需要通过局部路径规划求出一条新的路径，引导机器人绕开障碍物并重新回到全局路径上。它使用局部代价地图，也需要使其路径尽量符合全局最优路径，主要使用 DWA (Dynamic Window Approach) 算法。

4. 恢复行为(recovery_behaviors)

机器人导航出现异常时提供的一种自救行为，用来应对导航过程中各模块的故障。当全局规划故障、局部规划故障或发生振荡时，机器人会进入恢复行为，先清理周围一定范围以外的代价地图(障碍层)，再重新执行规划；若未奏效则旋转 180°，再执行规划。交替两次后已转过 360°，若故障仍未排除，则恢复行为失败并关闭 move_base 规划器。

5. tf 变换

导航功能包集需要机器人不断地使用 tf 向 move_base 节点发布有关坐标系之间关系的信息，包括动态 tf 关系(map→odom→base_link)以及传感器之间的静态 tf 关系(base_link→base_footprint、base_link→laser_link 等)。根据 ROS 导航包是否采用 amcl 定位，动态 tf 关系有所不同。若采用 amcl 包进行全局定位，则动态 tf 关系 map→odom 由 amcl 包维护，通过 map→base_link 与 odom→base_link 之间的差值修正 map→odom 漂移；若不采用 amcl 包进行全局定位，则动态 tf 关系 map→odom 由其他提供全局定位的算法(例如，实时运行的 SLAM、GPS 等)维护，odom→base_link 由机器人里程计维护。传感器之间的静态 tf 关系可以由机器人的 URDF 模型提供或由用户手动提供。

6. 里程计信息输入(odometry source)

ROS 使用 tf 来决定机器人的位置和静态地图中的传感器数据，但 tf 中没有机器人的速度信息，因此导航功能包要求机器人能够通过里程计信息源发布包含速度信息的 nav_msgs/Odometry 消息。实际上，由于里程计在 move_base 节点有不同的用途，机器人里程计节点需要把数据分发至 tf 关系和/odom 话题，后者的消息类型正是 nav_msgs/Odometry。

7. 自适应蒙特卡罗定位(amcl)

amcl 是一个针对在二维平面移动的机器人的概率定位系统。它实现了自适应蒙特卡罗滤波的定位方法，并使用粒子滤波器跟踪机器人在已知地图中的位置。这是一个可选的模块，其里程计精度虽然不高，但可以实现基本的导航功能。

8. 传感器源(sensor source)

导航功能包集使用来自传感器的信息避开现实环境中的障碍物，需要这些传感器在 ROS 上持续发布<sensor_msgs/topic>信息，如 sensor_msgs/LaserScan 或者 sensor_msgs/PointCloud。

9. 基础控制器(base controller)

通过在/cmd_vel 主题上发布 geometry_msgs/Twist 类型的消息，move_base 节点给基础控制器(base_controller)发送速度命令，控制机器人进行移动。该消息基于机器人的基座坐标系，传递的是运动命令。换言之，基础控制器节点订阅/cmd_vel 话题，将该话题上的速度命令(vx, vy, vtheta)转换为电机命令(cmd_vel.linear.x, cmd_vel.linear.y, cmd_vel.angular.z)发送给移动基座。

10. 地图服务器(map_server)

move_base 节点通过话题/map 从地图服务器(map_server)获得地图数据。话题/map 主要用于输入实时更新的在线地图，而离线地图更适合于 service 接口输入。在导航前，最好可以提供一张全局地图，因此需要提前创建。如果没有地图，机器人会认为从当前地点到目标地点的所有位置都是可达的，并将给出一条最短的直线路径而不考虑全局的避障操作。

11. 目标位置

需要人为提供目标在全局地图中的坐标作为导航目标点，消息格式为 geometry_msgs/PoseStamped。导航目标点也可以通过 action 接口输入。

使用 ROS 导航功能包集，还需要对机器人类型给出某些限制：

(1)机器人为差分轮式或全驱动式，可直接使用速度指令进行控制，速度指令格式为 x 方向速度、y 方向速度、速度向量角度。

(2)机器人需要配备激光雷达等二维平面测距设备。

(3)导航功能包对于正方形或圆形机器人有比较好的支持，其他形状机器人也可以使用但效果较差。

8.1.2 代价地图

代价地图中每个网格存储的是机器人发生碰撞的可能性，每个网格占用一个字节，其取值范围为 0～255，数值越大，则表示机器人碰撞的概率越高。每个网格根据取值范围可以分为三类，即被占用(Occupied)、自由区域(Free)、未知区域(Unknown Space)。其具体取值的划分如表 8.1 所示。

表 8.1　代价地图网格取值

网格取值	网格区域
000	自由移动区域
001～127	碰撞概率低的区域
128～252	可能外接障碍区域
253～254	内切障碍区域
255	致命障碍区域

如图 8.2 所示，代价地图每个网格的取值与机器人和障碍物之间的距离有关。

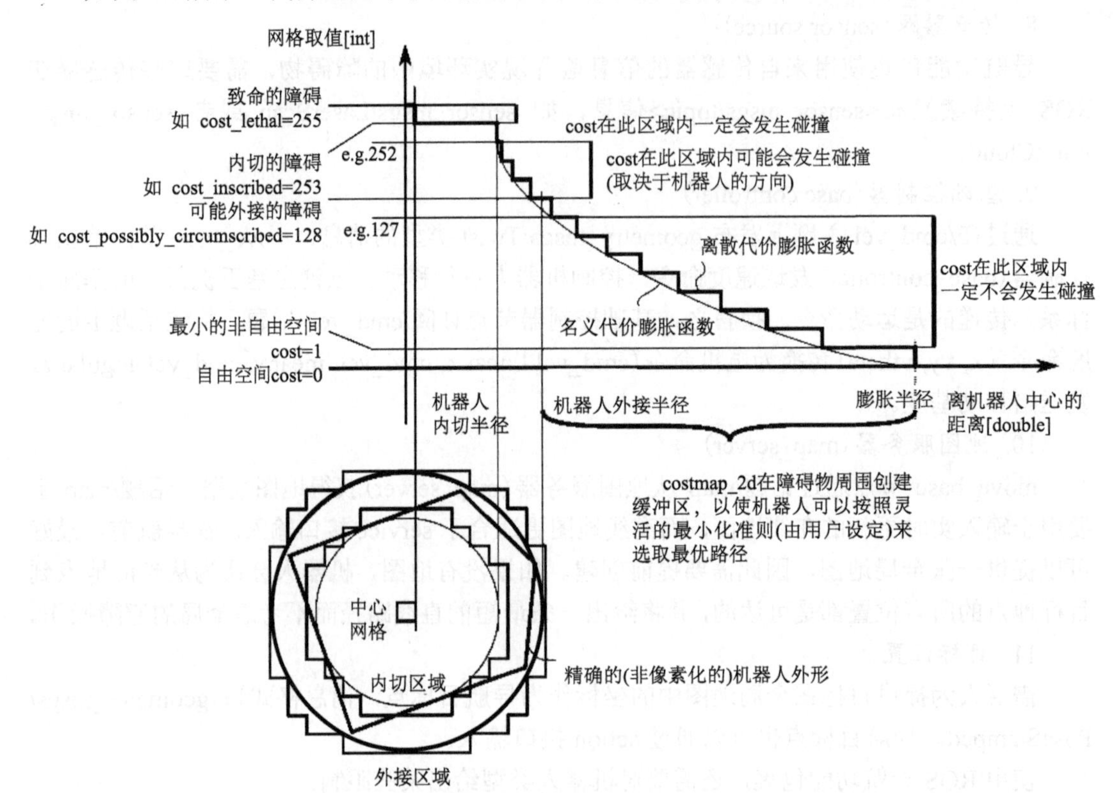

图 8.2　障碍物距离与代价地图网格取值的关系

(1) 致命 (Lethal) 障碍：机器人的中心在该网格中，显然会与障碍物发生碰撞。

(2) 内切 (Inscribed) 障碍：网格与实际障碍物的距离小于机器人的内切半径，也会发生碰撞。

(3) 可能外接 (Possibly Circumscribed) 障碍：其定义与内切障碍定义类似，但使用机器人的外切半径作为截止距离。如果机器人中心位于该值或高于该值的单元中，则机器人是否与障碍物碰撞取决于机器人的方向。使用“可能”一词是因为它可能不是一个真正的障碍单元，而是取决于用户的设定。例如，如果用户想要表示机器人应该尝试避开障碍物的特定区域，则可以在该区域的代价地图中加入自己预期的代价，从而改变机器人的避障动作。

(4) 自由空间 (Freespace)：代价被假定为零，这意味着机器人可以自由通行。

(5) 未知 (Unknown)：意味着没有该区域的信息，代价地图的用户可以根据自己的意愿对此进行解释。

根据与致命障碍的距离和用户定义的衰减函数，所有其他成本都会被分配一个介于“自由空间”和“可能外接”之间的值。这个操作也称为膨胀处理，即当一个网格被占用时，会对附近网格有一个向外传播网格取值的过程；随着传播距离增大，传播程度会递减。图 8.2 右上方的弧线及阶梯线即名义代价膨胀函数和离散代价膨胀函数，默认的衰减函数为

$$cost = (253-1)e^{-cost\_scaling\_factor*(distance-inscribed\_radius)}, \quad distance \geqslant inscribed\_radius$$

式中，cost_scaling_factor 是用户自定义的衰减参数；distance 是网格与内切障碍的距离，inscribed_radius 是机器人的内切半径。

图 8.3 为代价地图的示意图。代价地图由多层组成，包括静态地图层(StaticLayer)、障碍物层(ObstacleLayer)、膨胀层(InflationLayer)，在实际运行时将分别呈现灰色区域、红色区域和蓝色区域。这三层组合形成代价地图，供路径规划模块使用。图中的红色多边形是机器人轮廓垂直投影，红色离散点部分代表代价地图中的障碍物，蓝色区域是以障碍物为中心，以机器人内切半径膨胀出的障碍区域。因此，机器人中心不能与蓝色区域有交叉，机器人的轮廓不能与红色障碍物部分交叉。

图 8.3　代价地图

彩图 8.3

8.2　基础控制器

ROS 功能包对机器人进行控制是通过中间件实现的。作为连接 ROS 功能包和真实或仿真硬件之间的控制中间件，ros_control 具有控制器接口、传动装置接口、硬件接口等环节，可以帮助开发者快捷地实现对机器人底层硬件的控制。基础控制器也是 ros_control 中的典型功能组件。

8.2.1　ros_control 中间件

ros_control 中间件与实际应用、功能包、实体机器人和仿真机器人之间的逻辑关系，如图 8.4 所示，导航、MoveIt!等功能包作为第三方存在于用户应用与 ros_control 之间。用户也可以不使用 ROS 功能包，直接开发自己的控制器。对于不同类型的硬件（底盘、机械臂等），ros_control 可以提供多种类型的控制器，其接口各不相同。为了提高代码的复用率，ros_control 以硬件抽象层实现机器人硬件资源的管理。控制器并不直接连接硬件，而是从抽象层请求资源。

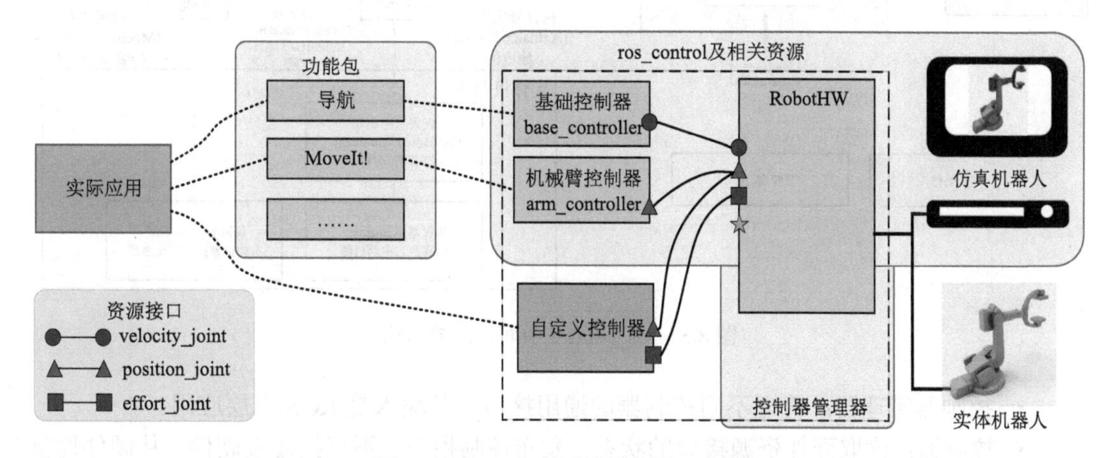

图 8.4　ros_control 中间件的作用逻辑

ros_control 提供了一系列控制器插件，包括：关节状态控制器(joint_state_controller)，将所有在 hardware_interface::JointStateInterface 注册的资源状态发布到话题/sensor_msgs/JointState；驱动力控制器(effort_controllers)、位置控制器(position_controllers）和速度控制器(velocity_controllers)，分别将期望的作用力（力或力矩)、位置、速度指令发送给硬件接口层；关节轨迹控制器(joint_trajectory_controllers)，用于给定完整的轨迹。这些控制器之间互相关联，共同发挥作用。例如，对于速度控制器，关节位置控制器(joint_position_controller)的作用是通过 PID 控制器接收位置输入并给出速度，关节速度控制器(joint_velocity_controller)采用前向指令控制器(forward_command_controller)将速度输入转换为速度输出并发送出去，关节组速度控制器(joint_group_velocity_controller)则一次性设定多个速度。

一个控制器正常的生命周期将经历加载、开始运行、停止运行、卸载这四个过程。控制器管理器对多个控制器实施管理，为完成加载、运行等操作提供了一系列的辅助工具(命令行、launch 和可视化等)。合理地使用这些工具，可以大幅提高机器人系统的开发效率。图 8.5 所示为 ros_control 的数据流图，涉及的主要功能及组件如下。

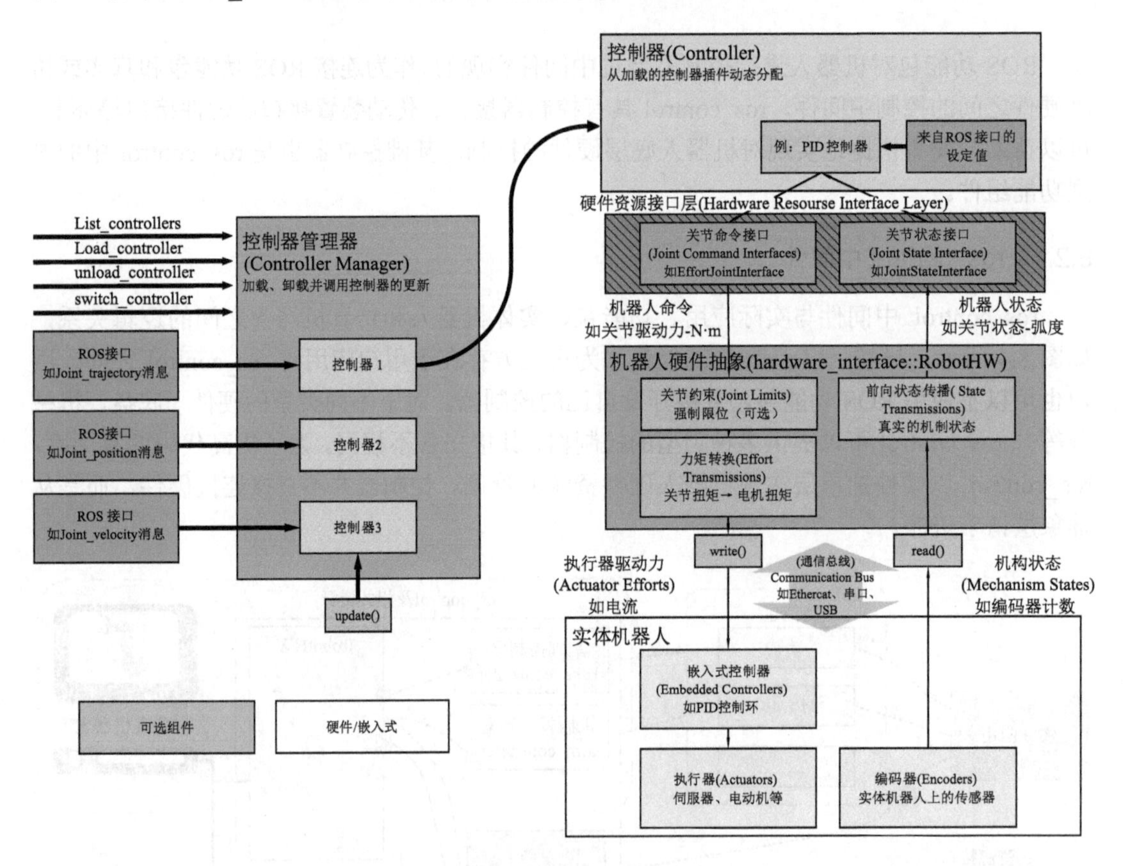

图 8.5　ros_control 中间件的数据流

- 控制器管理器：管理不同控制器的通用接口，其输入是 ROS 上层应用。
- 控制器：读取硬件资源接口的状态，发布控制指令。不直接连接硬件，从硬件抽象层请求资源，可以完成每个关节的控制。

• 机器人硬件抽象：包含关节约束、力矩转换、状态转换等功能，直接与硬件资源交互，通过 write 和 read 方法完成硬件操作。它可以管理硬件资源，处理硬件冲突。

• 硬件资源：提供硬件资源的接口。

• 实体机器人：作为实际系统，需要具备自身的嵌入式控制器，接收到命令后需要反映到执行器上。

作为 ros_control 的关键组成部分，硬件资源接口层将机器人的可动结构抽象为关节（joint）。在本书 URDF 相关章节已进行了详细的叙述，关节类型有固定、旋转、平移等，属性则有位姿（pose）、速度（velocity）和驱动力（effort）。执行器模型抽象为 actuator，其属性值需要经过变换才能与关节相对应，可以理解为电机减速或机构传动。对于不同的传感器或控制方式，ros_control 可提供灵活的数据接口。例如，移动机器人底盘是速度闭环，机械臂则是位置闭环。根据控制方式的不同，ros_control 给出不同的控制接口与控制器相连接。

ROS 基础控制器是实现移动机器人运动导航的关键功能组件，包含机器人运动控制和机器人与上位机的通信。它直接与机器人的硬件设备进行通信，其在实体机器人中的功能架构如图 8.6 所示。ROS 上层应用发出的速度指令以话题/cmd_vel 的形式发布，由机器人底盘驱动节点订阅并转换为期望的矢量速度传送给基础控制器。以两轮差速模型为例，经过逆运动学解算计算出机器人左右轮的期望转速。通过左轮和右轮的 PID 速度环输出电机

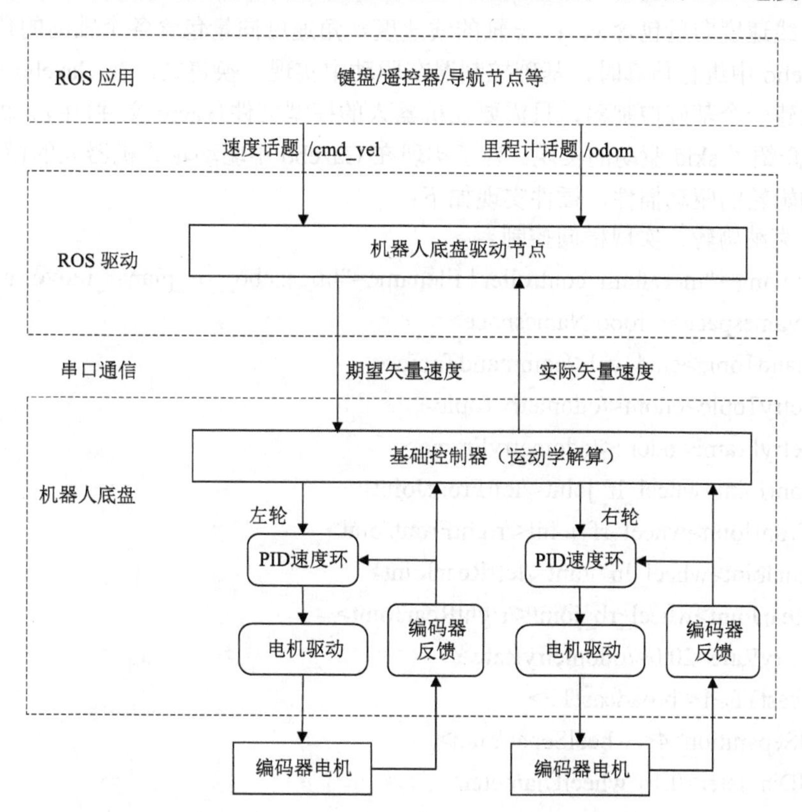

图 8.6　实体机器人以基础控制器为核心构成的电机速度控制架构

控制 PWM 信号，经过电机驱动器控制电机达到期望转速。同时，电机上安装的编码盘将实时采集电机在单位时间内的转数，反馈给 PID 速度环进行速度调节；基础控制器获取到每个轮子实时转速后，通过前向运动学，计算出机器人实际的矢量速度，发送给机器人底盘驱动 ROS 节点，以里程计话题/odom 消息发布出去。

8.2.2 Gazebo 中的基础控制器

在 Gazebo 中，机器人通过 geometry_msgs/Twist 类型的消息进行控制，该类型正是 Odometry 消息所使用的，因此基础控制器必须订阅名称/cmd_vel 话题，生成正确的线速度和角速度命令来驱动机器人。

geometry_msgs/Twist 的消息结构为：

```
geometry_msgs/Vector3 linear
  float64 x
  float64 y
  float64 z
geometry_msgs/Vector3 angular
  float64 x
  float64 y
  float64 z
```

其中，线速度向量包含 x、y、z 轴的线速度，角速度向量包含各个轴向的角速度。

在 Gazebo 中进行仿真时，基础控制器在驱动中实现。换言之，在 Gazebo 中不必为机器人实际创建一个基础控制器，只需要在机器人的模型文件(xacro 文件)中添加一些代码。在 5.4 节已介绍了 skid 驱动的实现。为了实现在 Gazebo 中驱动轮式机器人的模型，还需要添加麦克纳姆轮的驱动插件，插件实现如下：

```
<!-- 麦克纳姆轮，实现横向控制 -->
<plugin name="mecanum_controller" filename="libgazebo_ros_planar_move.so">
<robotNamespace></robotNamespace>
<commandTopic>cmd_vel</commandTopic>
<odometryTopic>odom</odometryTopic>
<odometryFrame>odom</odometryFrame>
<leftFrontJoint>wheel_lf_joint</leftFrontJoint>
<rightFrontJoint>wheel_rf_joint</rightFrontJoint>
<leftRearJoint>wheel_lb_joint</leftRearJoint>
<rightRearJoint>wheel_rb_joint</rightRearJoint>
<odometryRate>20.0</odometryRate>
<broadcastTF>1</broadcastTF>
<wheelSeparation>4</wheelSeparation>
<wheelDiameter>0.1</wheelDiameter>
<robotBaseFrame>base_footprint</robotBaseFrame>
<updateRate>100.0</updateRate>
```

```
<!--robotBaseFrame>base_link</robotBaseFrame-->
</plugin>
```

程序中关键参数的解释如下：

<leftFrontJoint>和<rightFrontJoint>分别是左前轮和右前轮的转动关节，<leftRearJoint>和<rightRearJoint>分别是左后轮和右后轮的转动关节，Joint 控制器插件需要控制这四个关节转动。

<wheelSeparation>和<wheelDiameter>是机器人模型的相关尺寸，在解算机器人各轮子速度时需要用到。运行 Gazebo 仿真环境后，Gazebo 会自动订阅由远程节点生成/cmd_vel 话题。同时，机器人仿真程序插件通过/cmd_vel 话题获取控制命令数据，在 Gazebo 环境中移动机器人并生成里程信息。

8.2.3　创建自己的基础控制器

新建 BaseController 的 ROS 包，在 chap09_example/src 文件夹下创建 BaseController.cpp 文件，并添加以下代码：

```
#include "ros/ros.h"
#include <geometry_msgs/Twist.h>
#include <string>
#include <iostream>
#include <cstdio>
#include <unistd.h>
#include <math.h>
#include "serial/serial.h"

using namespace std;
double RobotWidth = 0.15 ;  //机器人左右轮间距
unsigned char vel_data[10]={0};    //换算后的速度数据
string port("/dev/ttyUSB0");     //机器人串口号
unsigned long baud = 115200;     //机器人串口波特率
float ratio = 1000.0f ;   //转速转换比例，执行速度调整比例

union floatData //实现 char 数组和 float 之间的转换
{
    float d;
    unsigned char data[4];
}right_speed_data,left_speed_data,position_x,position_y,oriention,vel_linear,vel_angular;

void cmd_velCallback(const geometry_msgs::Twist &TwistAux)
{
  serial::Serial my_serial(port, baud, serial::Timeout::simpleTimeout(1000)); //配置串口
```

```
    geometry_msgs::Twist twist = TwistAux;
    double vel_x = TwistAux.linear.x;   //获取角速度
    double vel_th = TwistAux.angular.z; //获取线速度
    double right_vel = 0.0;
    double left_vel = 0.0 ;
    left_vel=vel_x-vel_th*RobotWidth /2.0;   //计算左轮速度
    right_vel = vel_x + vel_th * RobotWidth / 2.0;   //计算右轮速度
    left_speed_data.d = left_vel* ratio; //放大 1000 倍，mm/s
    right_speed_data.d = right_vel* ratio;
    for(int i=0;i<4;i++)    //将左右轮速度存入数组中发送给串口
     {
        vel_data[i]=right_speed_data.data[i];
        vel_data[i+4]=left_speed_data.data[i];
     }
    //在写入串口的左右轮速度数据后加入/r/n
    vel_data[8]= 0x0d; // ascii 码/r
    vel_data[9]= 0x0a; // ascii 码/n
    my_serial.write(vel_data,10);
  }

  int main(int argc, char** argv)
  {
    ros::init(argc, argv, "base_controller");
    ros::NodeHandle n;
    ros::Subscriber cmd_vel_sub = n.subscribe("cmd_vel", 10,cmd_velCallback);
    ros::spin();
    return 0;
  }
```

在代码中，定义了机器人车轮间距、端口号等全局变量。

回调函数 cmd_velCallback 接收/cmd_vel 话题传入的线速度、角速度信息，计算出机器人左轮、右轮的线速度，将该信息转化为对应格式发布到机器人底盘端口中，实现机器人的控制。

本例程的串口通信说明如下。

(1) 内容：左右轮速度，单位为 mm/s。

(2) 格式：10 字节，[右轮速度 4 字节][左轮速度 4 字节][结束符"\r\n"2 字节]。

在 CMakeLists.txt 文件中，插入对应代码并编译生成可执行文件。

这段代码只是基础控制器的基本示例，如果要将这段代码移植到实际机器人上，需要了解机器人的端口信息并添加更多代码。

8.3 自主导航文件体系及 move_base 功能包

如果受限于环境或者传感器，可以使用 Gazebo 仿真了解机器人的自主导航过程。移动机器人自主导航主要用到四个重要的 launch 文件，即 amcl.launch、move_base.launch、robot_house.launch 和 robot_navigation.launch，分别实现机器人定位、导航以及机器人模型加载，并且启动 Gazebo 和 rviz 仿真界面及相关仿真节点。需要用到的功能包主要是 move_base 和 amcl，分别负责导航和定位。在依托 ROS 进行机器人自主导航实验时，执行 robot_navigation.launch 启动文件会启用 robot_state_publisher、map_server、amcl 及 move_base 这四个节点。

8.3.1 自主导航的 ROS 文件体系

移动机器人自主导航的 ROS 文件体系如下：

```
├── CMakeLists.txt
├── launch
│   ├── amcl.launch
│   ├── move_base.launch
│   ├── robot_house.launch
│   ├── robot_navigation.launch
│   └── robot_remote.launch
├── maps
│   ├── housemap.pgm
│   └── housemap.yaml
├── package.xml
├── param
│   ├── base_local_planner_params.yaml
│   ├── costmap_common_params_robot.yaml
│   ├── dwa_local_planner_params_robot.yaml
│   ├── global_costmap_params.yaml
│   ├── local_costmap_params.yaml
│   └── move_base_params.yaml
├── rviz
│   └── robot_gazebo_model.rviz
└── worlds
└── robot_house.world
```

为便于读者理清脉络，在此给出 ROS 自主导航文件体系的逻辑关系及位置，如图 8.7 所示。

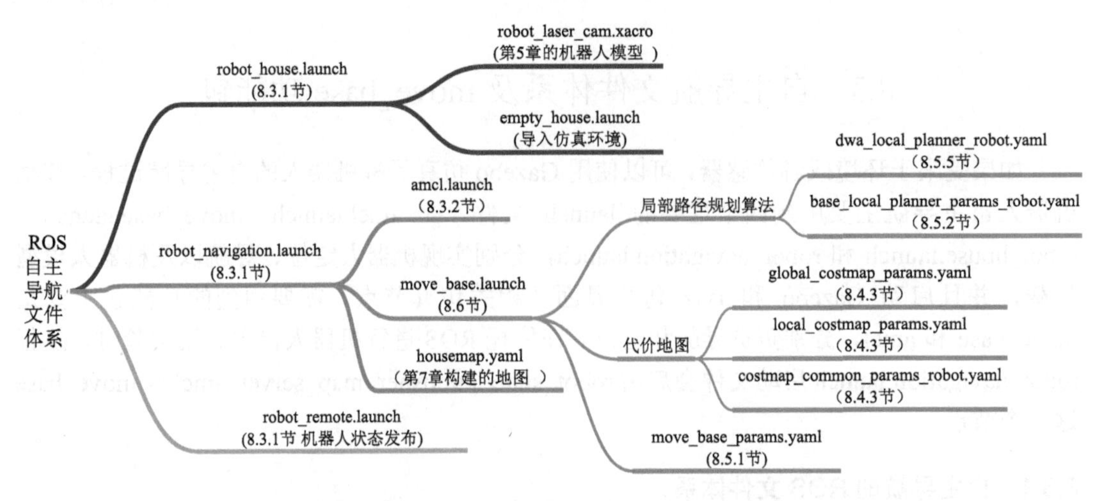

图 8.7 ROS 自主导航文件体系的逻辑关系及位置

robot_house.launch 文件负责启动机器人导航过程中的模型、地图以及可视化等部分。

robot_navigation.launch 文件设定导航的相关参数，如使用的机器人模型、存储地图、是否开启 rviz 等；启动 map_server 节点加载创建好的地图，再启动 amcl 和 move_base 的启动文件。

amcl.launch 文件开启 amcl 节点并设置 amcl 算法的相关参数。

move_base.launch 启动 move_base 节点和配置相关参数，如 costmap_common_params_$(arg model).yaml 文件是代价地图的通用配置参数，然后全局代价地图和局部代价地图分别使用 global_costmap_params.yaml 和 local_costmap_params.yaml 中的配置参数，move_base_params.yaml 文件和 dwa_local_planner_params_$(arg model).yaml 文件分别存放导航算法和 DWA 算法的相关参数。该文件还对/odom 话题和/cmd_vel 话题的名称进行重映射。

robot_remote.launch 用于机器人状态的获取和发布。

1) robot_house.launch 文件

```
<launch>
  <!--加载模型参数，此处加载存放于 myurdf 包下的模型文件-->
  <arg name="model" default="$(find myurdf)/robot/robot_laser_cam.xacro"/>
  <arg name="x_pos" default="-3.0"/>
  <arg name="y_pos" default="1.0"/>
  <arg name="z_pos" default="0.0"/>

  <!-- 打开 gazebo 仿真环境，加载存放于 worlds 文件夹下的世界描述文件-->
  <include file="$(find gazebo_ros)/launch/empty_world.launch">
    <arg name="world_name" value="$(find robot_gazebo)/worlds/robot_house.world"/>
    <arg name="paused" value="false"/>
    <arg name="use_sim_time" value="true"/>
    <arg name="gui" value="true"/>
```

```
        <arg name="headless" value="false"/>
        <arg name="debug" value="false"/>
    </include>

    <!-- 加载机器人模型描述参数 -->
    <param name="robot_description" command="$(find xacro)/xacro --inorder $(arg model)" />

    <node name="spawn_urdf" pkg="gazebo_ros" type="spawn_model" args="-urdf -model turtlebot3 -x $(arg x_pos) -y $(arg y_pos) -z $(arg z_pos) -param robot_description" />
</launch>
```

其中，empty_world.launch 文件是 gazebo_ros 功能包下的启动文件，若之前未安装则可运行以下命令安装：

```
$sudo apt install ros-noetic-gazebo-ros
```

其他的安装包同理：

```
$sudo apt install ros-noetic-PACKAGE
```

2) robot_navigation.launch 文件

```
<?xml version="1.0"?>
<!-- 启动机器人导航 -->
<launch>
    <!-- 参数设置 -->
    <arg name="model" default="robot" />
    <arg name="map_file" default="$(find robot_gazebo)/maps/housemap.yaml" />
    <arg name="open_rviz" default="true" />
    <arg name="move_forward_only" default="false" />

    <!-- robot 控制 -->
    <include file="$(find robot_gazebo)/launch/robot_remote.launch"></include>

    <!-- 地图服务 -->
    <node pkg="map_server" name="map_server" type="map_server" args="$(arg map_file)" />

    <!-- AMCL 定位 -->
    <include file="$(find robot_gazebo)/launch/amcl.launch" />

    <!-- move_base 导航 -->
    <include file="$(find robot_gazebo)/launch/move_base.launch">
        <arg name="model" value="$(arg model)" />
```

```
        <arg name="move_forward_only" value="$(arg move_forward_only)" />
    </include>

    <!-- rviz 可视化 -->
    <group if="$(arg open_rviz)">
        <node pkg="rviz" type="rviz" name="rviz" required="true" args="-d $(find robot_gazebo)/rviz/turtlebot3_gazebo_model.rviz" />
    </group>
</launch>
```

3) robot_remote.launch 文件

在 Gazebo 仿真过程中，机器人控制主要通过 robot_state_publisher 节点接收模型 joint_states 关节的状态，并发布 tf 变换实现对机器人位姿信息的更新。这里创建 launch 文件，并添加以下代码实现。代码中的机器人使用第 5 章构建的带有激光雷达的轮式机器人 URDF 模型文件，节点 robot_state_publisher 和 joint_state_publisher 在第 5 章有详细叙述，这里不再展开。

```
<launch>
    <!--加载模型参数，此处加载存放于 myurdf 包下的模型文件-->
    <arg name="model" default="$(find myurdf)/robot/robot_laser_cam.xacro"/>
    <arg name="multi_robot_name" default=""/>

    <!-- 加载机器人模型描述参数 -->
    <param name="robot_description" command="$(find xacro)/xacro '$(find myurdf)/robot/robot_laser_cam.xacro'" />

    <!-- 接收 joint_state_publisher 发布的话题消息，并通过 tf 发布结果-->
    <node pkg="robot_state_publisher" type="robot_state_publisher" name="robot_state_publisher">
        <param name="publish_frequency" type="double" value="50.0" />
        <param name="tf_prefix" value="$(arg multi_robot_name)"/>
    </node>

    <!-- 机器人获取和发布关节状态-->
    <node name="joint_state_publisher" pkg="joint_state_publisher" type="joint_state_publisher">
    <param name="publish_frequency" type="double" value="50.0" />
    <param name="tf_prefix" value="$(arg multi_robot_name)" />
    </node>
</launch>
```

8.3.2　amcl 启动文件

amcl 节点相关参数代码

amcl.launch 文件开启 amcl 节点并设置 amcl 算法的相关参数。它通过设置整体滤波、激光模型和里程计模型来配置算法参数，并通过 launch 文件进行参数传递。

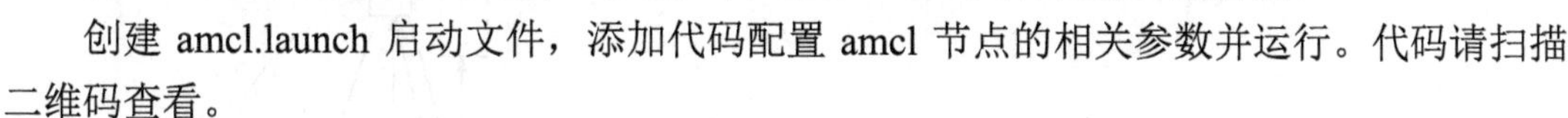

创建 amcl.launch 启动文件，添加代码配置 amcl 节点的相关参数并运行。代码请扫描二维码查看。

8.3.3　move_base 功能包

move_base 功能包可以帮助机器人在已知地图中进行自主导航，其主要功能包括：结合机器人码盘推算出的里程计(odometry)信息进行路径规划，输出前进速度和转向速度。这两个速度是根据事先在配置文件里设定的最大速度和最小速度而自动作出的加减速决策。路径规划的作用是根据地图和传感器数据，引导机器人从一个位置到达另一个位置，期间避开障碍物。图 8.8 给出了正在运行的节点和话题信息，可以看出导航需要发布或订阅/odom、/tf、/scan、/map 和/cmd_vel 话题，根据规划结果发布 Twist 信息，给定机器人期望的前进速度和转向速度。

move_base 功能包的主要外接接口如下：

(1)/move_base_simple/goal。通过 rivz 或代码设置机器人在地图中的目标位置，坐标由二维坐标(x,y)和姿态θ组成。

(2)/tf。根据机器人自身传感器安装位置而变化，ROS 中通过 tf 相对坐标变换来描述。它从 move_base 节点接收信息，并根据机器人自身位置和传感器安装位置进行调整。

(3)/odom。根据机器人的里程计信息推算出航向信息(即 odom 坐标系中机器人(x,y)坐标以及航向角 yaw)，在 ROS 中发布里程计信息可参考 http://wiki.ros.org/navigation/Tutorials/RobotSetup/Odom。

(4)/scan。激光传感器的信息(也可以换作其他传感器)，结合激光扫描信息使用 amcl 来估计机器人的当前位置，并进行之后的运动规划。

(5)/map。机器人导航使用占据栅格地图，这里使用 map_server 功能包管理之前保存的 housemap.pgm 和 housemap.yaml 文件。

(6)/cmd_vel。根据规划结果发布 Twist 信息，包含机器人期望的前进速度和转向速度。

move_base 的整体思路是：收到目标 goal 以后，将其通过基于 actionlib 的客户端(client)向服务器发送，服务器根据自身的 tf 关系及发布的/odom 话题不断反馈机器人的状态(feedbackcall)到客户端，让 move_base 给出路径规划和控制 Twist。

使 move_base 控制实际机器人的主要问题是机器人发布相关消息给 move_base，以及接收 move_base 发出的消息。move_base 的运行还需要一些内部配置参数，如机器人最大/最小速度，以及路径规划时的最大转弯半径等。

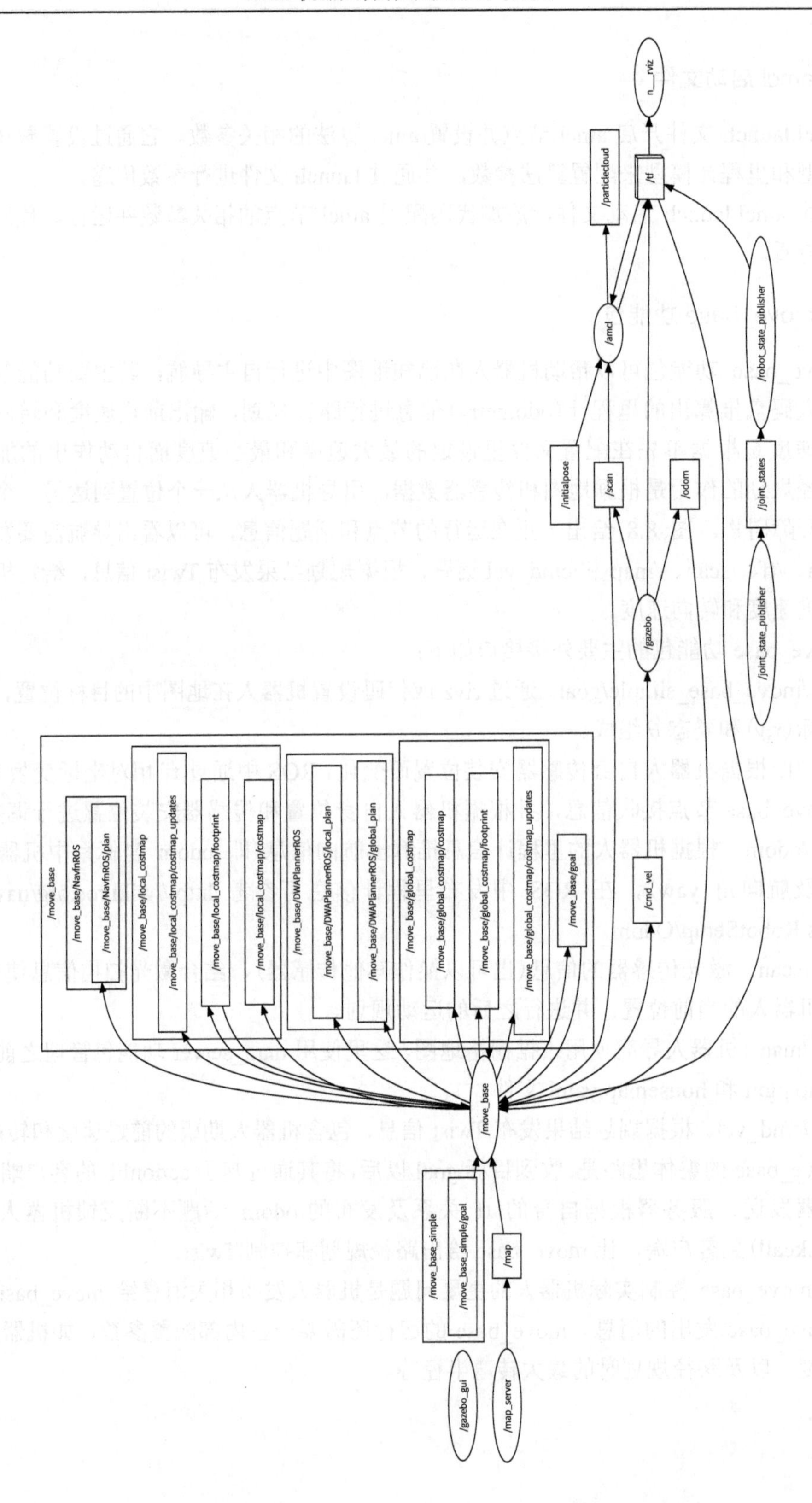

图 8.8　robot_navigation 的各个节点和话题的状态

8.3.4　自适应蒙特卡罗定位算法

使用 Gmapping 包生成地图时，需要使用实际的机器人获取激光雷达或深度数据，这里仅在已有的地图上进行导航与定位的仿真。本章将使用自适应蒙特卡罗定位(Adaptive Monte Carlo Localization，AMCL)算法实现机器人定位。

蒙特卡罗定位(Monte Carlo Localization，MCL)算法用于确定机器人在特定环境中的位置，即在地图中得到x、y、θ。为此，MCL 计算机器人所在位置的概率。首先，机器人在t时刻的位置和方向(x、y、θ)及x_t，传感器t时刻为止获得的距离信息记为$z_{0\cdots t}=\{z_0,z_1,\cdots,z_t\}$，编码器到$t$时刻为止获得的机器人的运动信息记为$u_{0\cdots t}=\{u_0,u_1,\cdots,u_t\}$，则可以使用贝叶斯更新公式的后验概率$\text{bel}(x_t)=p(x_t\mid z_{0\cdots t},u_{0\cdots t})$。由于机器人可能存在硬件误差，因此建立传感器模型和移动模型，并且执行贝叶斯滤波器预测（Prediction）和更新（Update）。在预测阶段，利用机器人的移动模型$p(x_t\mid x_{t-1},u_{t-1})$、前一个位置上的概率$p_{\text{bel}}(x_{t-1})$。

$$p_{\text{bel}}(x_t)=\eta_t p(z_t\mid x_t)\text{bel}'(x_t)$$

在校正步骤中，利用传感器模型$p(z_t\mid x_t)$、前面求得的概率$\text{bel}(x_t)$和归一化常数η_t，可以求得基于传感器信息提高准确度的当前位置的概率$p_{\text{bel}}(x_t)$。

通过上面得出的当前位置概率$p_{\text{bel}}(x_t)$，用粒子滤波器生成N个粒子来估计位置。在 MCL 算法中，使用术语“样品”来代替“粒子”，一般要经过重要性重采样（Sampling Importance Resample, SIR）过程。对于抽样（Sampling）过程，使用一个前一位置的概率$\text{bel}(x_{t-1})$中的机器人移动模型$p(x_t\mid x_{t-1},u_{t-1})$来提取新的样本集合$x_t'$。利用该样品集合$x_t'$中的第$i$个样本$x_t'^{(i)}$、由距离传感器获得的距离信息$z_t$和归一化常数$\eta$计算权重值$\omega_t^{(i)}$。

$$\omega_t^{(i)}=\eta p(z_t\mid x_t'^{(i)})$$

在重采样过程中，使用样本x_t''和权重$\omega_t^{(i)}$创建N个新的样本集合X_t：

$$X_t=\{x_t^{(j)}\mid j=1,\cdots,N\}\sim\{x_t'^{(i)},\omega_t^{(i)}\}$$

通过上述方式，在重复 SIR 过程的同时移动粒子，提高机器人位置估计的准确度。

MCL 算法包括五个主要步骤：

(1) 随机生成一群粒子。粒子可以有位置、方向或其他需要估计的状态变量，每种方法都有一个权重(概率)，表示它与系统实际状态匹配的相似度。

(2) 预测每个粒子下一时刻的状态。根据预测真实系统的行为来移动粒子。

(3) 更新。根据测量更新粒子的权重，与测量值更匹配的粒子将赋予更高的权重。

(4) 重采样。丢弃极不可能的粒子，用更可能的粒子替换。

(5) 计算估计值。计算粒子集的加权平均值和协方差，获得状态估计值。

AMCL 可以看作蒙特卡罗定位算法的改进版本，通过在蒙特卡罗定位算法中使用少量样本来缩短执行时间和提高实时性能。它实现了自适应或 KLD 采样的蒙特卡罗定位算法，其中针对已有地图使用粒子滤波跟踪一个机器人的姿态。ROS 中的自适应蒙特卡罗定位算法在系统中有很多个配置选项，对定位算法的性能影响较大。

AMCL 节点主要使用激光扫描和激光雷达地图，也可以通过修改代码以适应其他类型的传感器数据，如声呐或双目视觉。本章仅使用激光扫描和激光雷达生成的地图，传递消息并完成位姿估计。针对 ROS 系统提供的各个初始化参数，需要完成自适应蒙特卡罗定位算法粒子滤波器的初始化。如果没有设定初始化位姿，自适应蒙特卡罗定位算法将假定机器人从坐标系原点开始运行，这样计算会相对复杂。因此，建议在 rviz 中通过 2D Pose Estimate 菜单设定初始化位姿。然后，需要引用 amcl_diff.launch 文件，并调用一系列的配置参数来启动节点。这些配置一般都使用默认配置或驱动算法运行的最小设置。

8.4 代价地图功能包

在使用 move_base 功能包进行导航时会建立两个代价地图，即全局代价地图(global_costmap)和局部代价地图(local_costmap)。前者用于机器人在全局地图内的导航，可以确定导航起点、终点及其大体的行走路径，但不能躲避运动过程中遇到的障碍物；后者是以机器人为中心在一定区域内的局部地图，帮助机器人躲避导航过程中遇到的障碍物。

8.4.1 costmap_2d 的 ROS 接口

ROS Noetic 中的代价地图功能包为 costmap_2d，提供了一种可配置框架，以传感器数据作为输入，构建二维或者三维的代价地图，用于维护机器人在代价地图上的导航信息。costmap_2d 功能包使用三个层次的地图组成代价地图，即第一层 StaticLayer(静态地图层)，第二层 ObstacleLayer(障碍物层)和 InflationLayer(膨胀层)。静态地图层指事先建好的地图，即 Gmapping 或 amcl 等模块产生的静态地图。障碍物层处理机器人移动过程中的局部地图，协助机器人完成避障。值得注意的是，障碍物层一般维护三维信息，这有利于标记和清除障碍物。膨胀层实现对障碍物的膨胀，即让地图中的障碍物比实际数据计算得到的尽可能大一点，保证机器人不碰到障碍物和实现安全移动。这三个地图层对机器人在导航避障过程中需要的代价地图进行管理。代价地图中的层继承关系，如图 8.9 所示。

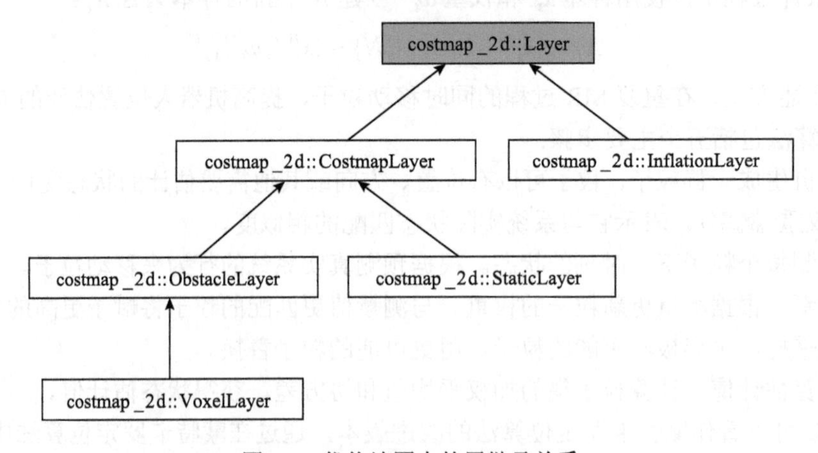

图 8.9　代价地图中的层继承关系

代价地图使用来自传感器的数据和来自静态地图中的信息，通过 costmap_2d::Costmap2DROS 存储和更新现实世界中的障碍物信息，使用 costmap_2d::LayeredCostmap 跟踪每一层。每一层在 Costmap2DROS 中以插件方式进行实例化，并被添加到层次化代价地图

(LayeredCostmap)。每一层可以独立编译，且可使用 C++接口对代价地图进行修改。层次化代价地图为 Costmap2DROS(用户接口)提供加载地图层的插件机制，每个插件(即地图层)都是层(Layer)类型的。在 costmap_2d::Costmap2D 类中，实现了用来存储和访问 2D 代价地图的基本数据结构。简言之，ROS 对代价地图进行了封装，提供给用户的主要接口是 Costmap2DROS，而真正的地图信息储存在各个层。

代价地图的障碍物层和静态层都继承于 CostmapLayer 和 Costmap2D，因为它们都有自己的地图，而 CostmapLayer 和 Costmap2D 分别为其提供地图操作方法和存储地图的父类。膨胀层没有维护真正的地图，因而只与 CostmapLayer 一起继承于 Layer。Layer 提供了操作主地图(Master Map)的途径。

代价地图的初始化流程如下：

(1) 获得全局坐标系和机器人坐标系的转换；

(2) 加载各个层，如静态层、障碍物层、膨胀层；

(3) 设置机器人的轮廓；

(4) 实例化一个 Costmap2DPublisher，用于发布可视化数据；

(5) 通过 movementCB 函数不断检测机器人是否在运动；

(6) 开启动态参数配置服务，启动更新地图的线程。

代价地图更新在地图更新循环(mapUpdateLoop)线程中实现，分为两个阶段：第一个阶段为更新边界(UpdateBounds)，会更新每一层的更新区域，在每个运行周期内减少数据复制的操作时间。静态层的静态地图只在第一次做更新，边界(Bounds)范围是整个地图的大小，而且在更新边界过程中没有对静态层的数据进行任何更新。在这个阶段，障碍物层的主要操作是更新障碍物地图层的数据，然后更新边界。膨胀层则保持上一次的边界。第二个阶段为更新代价，将各层数据逐一复制到主地图，其生成流程如图 8.10 所示。在图 8.10(a)中，初始状态有三个层和主代价地图(Master Costmap)，静态层和障碍物层维护自己的栅格地图，而膨胀层则保持不变。为了更新代价地图，算法首先在各层上调用自己的更新边界方法(图 8.10(b))。为了确定新的边界，障碍物层利用新的传感器数据更新其代价地图。然后，每个层轮流用更新代价(UpdateCosts)方法更新主代价地图的某个区域，依次是静态层(图 8.10(c))、障碍物层(图 8.10(d))、膨胀层(图 8.10(e))。

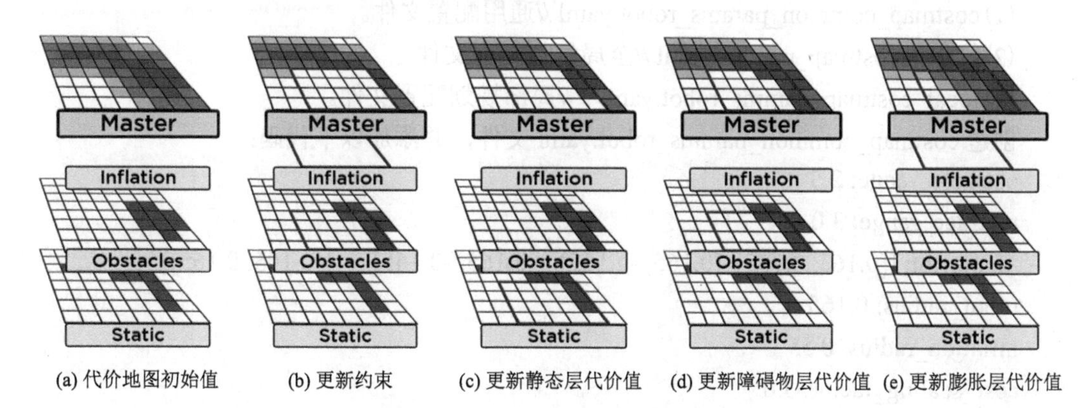

(a) 代价地图初始值　(b) 更新约束　(c) 更新静态层代价值　(d) 更新障碍物层代价值　(e) 更新膨胀层代价值

图 8.10　Master Map 生成流程图

8.4.2　Costmap2DROS 编程

costmap_2d::Costmap2DROS 对象是 costmap_2d::Costmap2D 代价地图提供的 C++程序的函数接口。它在初始化时指定的 ROS 命名空间内运行。指定 my_costmap 命名空间的 costmap_2d::Costmap2DROS 对象的创建示例：

```
#include <tf/transform_listener.h>
#include <costmap_2d/costmap_2d_ros.h>

tf::TransformListener tf(ros::Duration(10));
costmap_2d::Costmap2DROS costmap("my_costmap", tf);
```

如果直接运行或启动 costmap_2d 节点，它将在 costmap 命名空间中运行。在这种情况下，所有对以下名称的引用都应替换为 costmap。更常见的情况是通过启动 move_base 节点来运行完整的 ROS 导航栈。这将创建两个代价地图，每个都有自己的命名空间：local_costmap 和 global_costmap。一些参数需要设置两次，每个代价地图设置一次。

costmap_2d 节点订阅的话题有：

footprint 话题，消息类型是 geometry_msgs/Polygon，是机器人轨迹规范，将取代先前的封装外形(footprint)参数规范。

该节点发布的话题有：

(1) costmap 话题，消息类型是 nav_msgs/OccupancyGrid，是代价地图的值。

(2) costmap_updates 话题，消息类型是 map_msgs/OccupancyGridUpdate，表示代价地图的更新区域。

(3) voxel_grid 话题，消息类型是 costmap_2d/VoxelGrid。当基础占据概率网格使用体素且用户请求发布体素网格时，可选择发布。

8.4.3　代价地图参数配置

为了使得导航算法能够正常运行，代价地图需要使用一些通用或独立的配置文件，包括通用配置文件、全局规划配置文件和局部规划配置文件。

(1) costmap_common_params_robot.yaml //通用配置文件。

(2) global_costmap_params.yaml //全局规划配置文件。

(3) local_costmap_params_robot.yaml　//局部规划配置文件。

创建 costmap_common_params_robot.yaml 文件，并添加以下代码：

```
obstacle_range: 2.5
raytrace_range: 3.0
#footprint: [[0.165, 0.165], [0.165, -0.165], [-0.165, -0.165],    [-0.165, 0.165]]
robot_radius: 0.165
inflation_radius: 0.55
cost_scaling_factor: 3.0
max_obstacle_height:2.0
min_obstacle_height:0.0
```

```
observation_sources: scan
scan: {sensor_frame: laser_link, data_type: LaserScan, topic: /scan, marking: true, clearing: true}
```

各参数的具体含义：

obstacle_range 和 raytrace_range 用于设置代价地图中障碍物的相关阈值和传感器的最大探测距离。在这里，obstacle_range 设置为 2.5 的含义是：在机器人运动过程中，若检测到一个障碍物与自己的距离小于 2.5m，障碍信息才会在地图中进行更新；超过该范围的障碍物，并不进行检测。raytrace_range 设置为 3.0 的含义是：在 3.0m 范围内，机器人将根据传感器实时清除障碍物的信息，并更新可移动的自由空间数据。这意味着在 3m 内的障碍物在开始时是有的，但是本次检测却没有了，需要在代价地图上进行更新，将旧障碍物的空间标记为可以自由移动的空间。

如果机器人不是圆形的，需要使用 footprint 参数。该参数是一个列表，其中的每个坐标代表机器人上的一个点。设置机器人的中心为[0,0]，根据机器人的不同形状找到凸出各的坐标点即可。如果机器人是圆形的，则可以直接设置 robot_radius 参数，单位是米(m)。

inflation_radius 设置障碍物的膨胀参数，膨胀层会把障碍物代价增长至该半径为止，一般将该值设置为机器人底盘的直径大小。这里设置为 0.55，含义是机器人规划的路径应该与机器人保持 0.55m 以上的安全距离。如果实际运行中发现机器人还是会不断撞到障碍物，则可以尝试增大该值。cost_scaling_factor 是膨胀区域的代价比例因子。

max_obstacle_height 和 min_obstacle_height 分别表示障碍物的最大高度和最小高度。

observation_sources 参数给出了代价地图需要关注的所有传感器信息，可以用逗号分开多个传感器，如激光雷达、碰撞传感器、超声波传感器等，这里仅设置了激光雷达。sensor_frame 表示激光雷达传感器的坐标系名称，data_type 表示激光雷达数据类型，topic 表示该激光雷达发布的话题名，marking 表示是否可以使用该传感器标记障碍物，clearing 表示是否可以使用该传感器清除障碍物并标记为自由空间。

然后，创建 global_costmap_params.yaml 配置文件，并添加如下代码：

```
global_costmap:
global_frame: map
robot_base_frame: base_footprint
update_frequency: 1.0
publish_frequency: 0.0
static_map: true
rolling_window: false
resolution: 0.01
transform_tolerance: 0.5
map_type: costmap
```

此配置文件中的参数含义：

global_frame 参数定义了代价地图应该运行的坐标系，这里用 map 作为全局代价地图的坐标系。robot_base_frame 参数定义了代价地图可以参考的机器人基座坐标系，即通过前两个参数定义了地图和机器人之间的坐标转换，从而得知机器人在全局坐标系中的坐标。

update_frequency 参数决定了代价地图更新的频率(以 Hz 为单位),数值越大,则计算机 CPU 负担越重;对于全局地图,更新频率通常设定一个相对较小的值。publish_frequency 参数决定发布频率,静态全局地图不需要发布,因而设置为 0。

static_map 参数确定是否由 map_server 提供的地图服务进行代价地图初始化。当局部地图需要根据传感器数据动态更新时,通常将该参数设为 false。全局地图一般是静态的,数值设置为 true。rolling_window 参数表示在机器人移动过程中是否需要滚动窗口,即始终保持机器人在当前窗口的中心位置。resolution 表示地图分辨率。transform_tolerance 表示全局代价地图中坐标系间的转换可以忍受的最大延迟。map_type 代表地图类型。

创建 local_costmap_params.yaml 配置文件,并添加如下代码:

```
local_costmap:
  global_frame: map
  robot_base_frame: base_footprint
  update_frequency: 3.0
  publish_frequency: 1.0
  static_map: false
  rolling_window: true
  width: 6.0
  height: 6.0
  resolution: 0.01
  transform_tolerance: 0.5
```

上述参数的意义与全局规划配置文件中的参数相同。需要注意的是:局部代价地图以参数 update_frequency 指定的周期进行地图更新,每个周期的传感器数据进来后,都要在代价地图上执行标记和清除障碍物的操作。publish_frequency 参数确定局部代价地图发布可视化信息的速率(以 Hz 为单位)。由于需要检测是否在机器人附近有新增的动态障碍物,局部代价地图一般不设置为静态地图,static_map 设置为 false。将 rolling_window 参数设置为 true 意味着当机器人移动时,保持机器人在局部代价地图中心。

width、height、resolution 参数分别用于设置局部代价地图的长(m)、高(m)和分辨率(m/格)。transform_tolerance 表示局部代价地图中的坐标系之间转换的最大可忍受延迟。

8.5 路径规划器及算法

ROS 机器人路径规划器及算法主要包括两个部分:全局路径规划器及算法、局部路径规划器及算法。

8.5.1 全局路径规划器及算法

配置路径规划参数首先需要设置 move_base 相关的参数。在 move_base 中有多种路径规划器算法可选,需要事先告诉 move_base 路径规划器使用哪种算法。

1. ROS 的全局路径规划器

ROS Navigation 功能包提供了以下三种全局路径规划器。

(1) carrot_planner：一种简单的路径规划器，即使规划的目标点在障碍物上也可以执行；它会使机器人向着目标点前进，避开障碍物并尽量靠近目标点。

(2) navfn：基于网格(Grid)的全局规划器，提供快速的内插导航功能。规划器假定一个圆形机器人在代价地图上移动，构建从起点到终点的最小代价规划；其导航算法使用 Dijkstra 算法，不支持 A*算法。

(3) global_planner：提供快速、内插式的全局规划器，重新实现了 Dijkstra 和 A*全局规划算法，可以看作 navfn 的改进版。

开发者也可以实现自己的规划算法，以插件的形式加入 move_base，从而改进路径规划算法。这里结合路径规划器配置需求，给出 move_base 功能包参数配置文件 move_base_params.yaml：

```
base_global_planner: "global_planner/GlobalPlanner"
base_local_planner: "dwa_local_planner/DWAPlannerROS"
shutdown_costmaps: false
controller_frequency: 5.0
controller_patience: 3.0
planner_frequency: 1.0
planner_patience: 5.0
oscillation_timeout: 8.0
oscillation_distance: 0.3
```

在 move_base.launch 启动文件中将会使用 move_base_params.yaml 文件。以上各个参数的含义如下。

base_global_planner：所加载的全局路径规划插件名称，默认为 navfn/NavfnROS。若需要更换不同的路径规划算法，可修改该参数的取值。这里选择了 global_planner/GlobalPlanner。

base_local_planner：所加载的局部路径规划插件名称，默认为 base_local_planner/TrajectoryPlannerROS。可以更换，这里选择了 dwa_local_planner/DWAPlannerROS。

shutdown_costmaps：当 move_base 在不活动状态时，是否关掉代价地图。

controller_frequency：向控制机器人底盘移动的话题/cmd_vel 发送命令的频率。

controller_patience：在空间清理操作执行前，控制器等待有效控制指令下发的时间。

planner_frequency：全局规划操作的执行频率。若设置为 0.0，则全局规划器仅在接收到新的目标点或者局部规划器报告路径堵塞时，才会重新执行规划操作。

planner_patience：在空间清理操作执行前，留给规划器多长时间来找出一种有效规划。

oscillation_timeout：执行修复机制前，允许振荡的时长。

oscillation_distance：往复运动在多大距离以上不会被认为是振荡。

需要注意的是，在进行全局路径规划时，需要由外部告知导航目标点。同时，还需要知道全局代价地图，在路径规划时需要避开代价高的危险区域。关于全局路径规划插件 global_planner 的具体参数配置，这里不再展开叙述。

2. Dijkstra 算法

Dijkstra 算法的核心思想是选择距离根节点最近的节点进行扩展，是一种带有边权值考量的广度优先算法，是全局路径规划问题中最常用的算法之一。Dijkstra 算法从无限距离开始，并尝试逐步改进。定义开始的节点为源节点，未访问的节点集合为 U，算法步骤如下：

(1) 标记所有未访问的节点，将未访问节点都存入 U 集中。

(2) 为每个节点分配一个暂定的距离值：将初始节点设置为零，其他所有节点设置为无穷大。节点 v 的暂定距离是迄今为止在节点 v 和源节点之间发现的最短路径的长度。这是由于最初除了源节点本身(长度为零的路径)之外，其他节点都不知道任何路径。

(3) 对于当前节点，考虑其所有未访问的邻居并计算它们通过当前节点的暂定距离。将新计算的暂定距离与当前分配的值进行比较，并分配较小的值。例如，如果当前节点 A 被标记为距离 5，且连接它与邻居 B 的边的长度为 4，则 A 到 B 的距离将是 5+4 = 9；如果 B 之前被标记为大于 9 的距离，则将其更改为 9；否则，将保留当前值。

(4) 考查完当前节点的所有未访问邻居后，将当前节点标记为已访问并将其从未访问集中删除。被访问的节点将不会被再次检查。

(5) 若目标节点被标记为已访问(在规划两个特定节点之间的路线时)，或者未访问集中的节点之间的最小暂定距离为无穷大(当计划完全遍历时，发生在初始节点之间没有连接时和剩余的未访问节点)，则停止。算法完成。

(6) 选择标记为最小暂定距离的未访问节点，将其设置为新的当前节点，并返回步骤(3)。

Dijkstra 算法的优势在于它的全局最优性，通过算法的迭代总能找到从源顶点到目标点的一条全局最优的路径；但由于需要遍历地图中所有的可能路径，计算量比较大。为了改进算法，研究者提出了 A*算法，能够保证路径的最优性和保持较小的计算量。

3. A-Star(A*) 算法

A*算法是一种常用的路径查找和图形遍历求解最短路径的搜索方法。它综合了 Dijkstra 算法和最佳优先搜索算法(BFS)的优点，在提高算法效率的同时，可以保证沿着具有最低预期成本的路径进行搜索。通过选择合适的启发式函数，A*算法能够获得更高的搜索效率。

作为一种启发式搜索算法，A*算法会对当前状态距离目标的远近进行乐观估计。该算法通过以下公式计算图中每个节点的优先级：

$$f(n) = g(n) + h(n)$$

其中，$f(n)$ 是节点 n 的综合优先级；$g(n)$ 是节点 n 距离起点的代价值；$h(n)$ 是节点 n 距离终点的预计代价值。这里的优先级计算通常与 Dijkstra 算法一致。当 $g(n) = 0$ 时，A*算法转化为使用贪心策略的最佳优先搜索算法(BFS)，速度最快但可能无法得到最优解。

以 ROS 中使用的栅格地图为例，常见的启发式函数有以下三种。

- 曼哈顿距离：$h(n) = D * \left[\text{abs}(n.x - \text{goal}.x) + \text{abs}(n.y - \text{goal}.y)\right]$
- 对角距离：$h(n) = D * \max\left[\text{abs}(n.x - \text{goal}.x), \text{abs}(n.y - \text{goal}.y)\right]$
- 欧几里得距离：$h(n) = D * \text{sqrt}\left[(n.x - \text{goal}.x)^2 + (n.y - \text{goal}.y)^2\right]$

D 为网格地图中从一个位置移动到邻近位置的最小代价。当 $D = 0$ 时，节点的优先级只有 $g(n)$ 起作用，此时 A*算法退化为 Dijkstra 算法，一定可以获取最短路径。启发式函数的函数值必须进行合理的设置，不能高估启发式函数值，需要保证 $h(n)$ 不大于到目标地点的

真实代价值 $d(n,\text{goal})$，以确保 A*算法能够搜索到一条最短路径；否则无法保证 A*算法搜索到最短路径，但算法的搜索速度更快。启发式函数值必须是一致的，对于任何相邻的节点 x 和 y，如果 $d(x,y)$ 表示节点之间边的代价，则有 $h(x) \leqslant d(x,y)+h(y)$。

图 8.11 展示了 A*算法与 Dijkstra 算法在具有相同障碍物的栅格地图中的搜索范围，以及搜索获得的最佳路径。图中的实心点小方格、中心十字小方块分别代表起点与路径规划的目标地点，黑色网格代表障碍物，其余着色网格表示搜索计算的节点范围；起点与终点之间的连线表示算法获取的最短路径。可以看出，A*算法在搜索效率上具有显著优势。

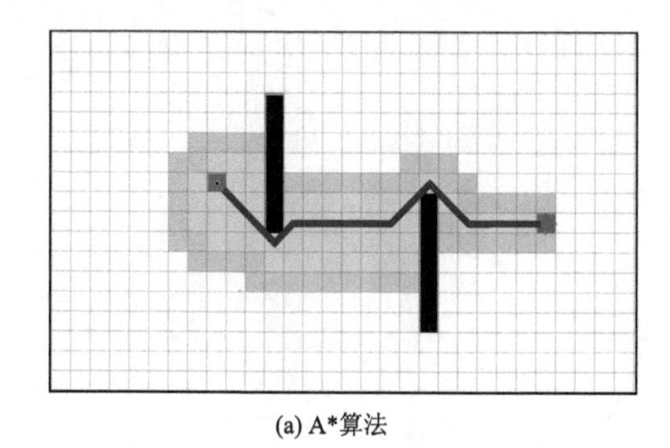
(a) A*算法

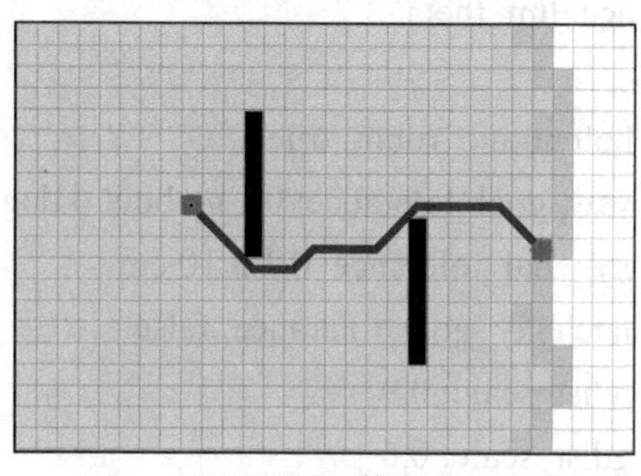
(b) Dijkstra算法

图 8.11　A*算法与 Dijkstra 算法的效果对比

8.5.2　基础局部路径规划器及参数配置

ROS 局部路径的规划插件包括以下两种。

- base_local_planner：实现 Trajectory Rollout 和 DWA 两种局部规划算法。
- dwa_local_planner：实现 DWA 局部规划算法，可以看作 base_local_planner 的改进版。

基础局部路径规划器 base_local_planner 在 ROS 中已被封装为功能包，继承了 nav_core::BaseLocalPlanner 接口，且可以在启动文件中设置参数。该功能包提供了驱动底座在平面移动的控制器，可以连接路径规划器和机器人底座；规划器可用于实现平面上运动的机器人局部导航，控制器基于给定的路径规划和代价地图生成速度命令后发送给移动底座。它适用于全向或非全向移动机器人，机器人轮廓可以表示为凸多边形或圆形。

为了让机器人从起始位置到达目标位置，路径规划器使用地图创建运动轨迹。向目标移动的路线上，路径规划器至少需要在机器人周围创建一个可以表示成栅格地图的评价函数，由控制器用该函数确定发送速度和角度(dx，dy，dtheta velocities)给机器人底座。

创建 base_local_planner_params_robot.yaml 文件，添加如下代码：

```
controller_frequency: 3.0
recovery_behavior_enabled: false
clearing_rotation_allowed: false

TrajectoryPlannerROS:
max_vel_x: 0.3
```

```
min_vel_x: 0.05
max_vel_y: 0.0 # zero for a differential drive robot
min_vel_y: 0.0
min_in_place_vel_theta: 0.5
escape_vel: -0.1
acc_lim_x: 2.5
acc_lim_y: 0.0 # zero for a differential drive robot
acc_lim_theta: 3.2

holonomic_robot: true
yaw_goal_tolerance: 0.1 # about 6 degrees
xy_goal_tolerance: 0.1 # 10 cm
latch_xy_goal_tolerance: false
pdist_scale: 0.9
gdist_scale: 0.6
meter_scoring: true

heading_lookahead: 0.325
heading_scoring: false
heading_scoring_timestep: 0.8
occdist_scale: 0.1
oscillation_reset_dist: 0.05
publish_cost_grid_pc: false
prune_plan: true

sim_time: 1.0
sim_granularity: 0.025
angular_sim_granularity: 0.025
vx_samples: 8
vy_samples: 0 # zero for a differential drive robot
vtheta_samples: 20
dwa: false
```

其中，max_vel_x 是底座允许的最大前进速度，以 m/s 为单位。min_vel_x 是底座允许的最小前进速度，以 m/s 为单位，设置该参数时需要确保发送到移动底座的速度命令可以克服底座的摩擦力，max_vel_y 和 min_vel_y 同理。min_in_place_vel_theta 表示执行原地旋转时允许底座的最小旋转速度，以 rad/s 为单位。escape_vel 表示逃逸时的行驶速度，以 m/s 为单位。escape_vel 值必须为负值，才能使机器人正常向后移动，以 m/s 为单位。

acc_lim_x 表示机器人的 x 加速度极限，以 m/s^2 为单位。同理，acc_lim_y 表示机器人的 y 加速度极限。acc_lim_theta 表示机器人的旋转加速度极限，以 rad/s^2 为单位。

holonomic_robot 决定是否为全向轮或非全向轮移动机器人生成速度指令。对于全向轮机器人，可以向底座发出速度命令；对于非全向轮机器人，不会发出速度指令。yaw_goal_tolerance 表示达到目标时控制器在偏航/旋转中能接受的偏转误差。xy_goal_tolerance 表示达到目标时，控制器在 x 和 y 距离内能接受的位置误差。latch_xy_goal_tolerance 为 ture 表示即使机器人到达目标位置，它也会简单地旋转到位，即使可能超出目标误差阈值。

pdist_scale 表示控制器应保持多少距离的权重，最大可能值为 5.0；gdist_scale 表示控制器应尝试达到其本地目标的权重，同时也控制速度，最大可能值为 5.0，这两个参数和运动轨迹的评分有关。meter_scoring 参数默认为 false，此时运动轨迹的评分以单元格作为基本单位(单元格大小由地图分辨率决定)；反之，则用 m。

heading_lookahead 参数表示当机器人在原地旋转时，向正前方探测的距离，单位为 m；heading_scoring 决定是否根据机器人路径的朝向或路径的距离对得分进行评估；heading_scoring_timestep 表示对不同的模拟轨迹，每次前向仿真的时间，单位为 s。

occdist_scale 表示控制器应尝试避免障碍的权重，oscillation_reset_dist 表示机器人必须运动多少米后才能复位振荡标记。publish_cost_grid_pc 决定是否发布规划器使用的成本表，设置为 true 时，/cost_cloud 主题提供 sensor_msgs/PointCloud2，每个点云都代表成本网格，并在考虑到得分参数的情况下为每个单独的得分功能组件及每个单元的代价提供了一个字段。prune_plan 定义机器人是否一边沿着路径移动，一边抹去已经走过的路径规划；设置为 true 时，表示当机器人移动 1m 后，将 1m 之前的路径点逐个清除(包括全局路径和局部路径)。

sim_time 表示前向模拟轨迹的时间，单位为 s。sim_granularity 表示在给定轨迹上的点之间采取的步长，单位为 m。angular_sim_granularity 表示以 rad 为单位的步长，以给定轨迹上的角度采样为准，单位为 rad。vx_samples 和 vy_samples 表示 x 和 y 方向速度的样本数，vtheta_samples 则是角速度的样本数。dwa 用来表示是否使用 Dynamic Window Approach(DWA)；如果 dwa 值为 false，则使用 Trajectory Rollout 算法进行局部规划。holonomic_robot 值为 false 时为差分机器人，为 true 时表示全向机器人。

8.5.3　DWA 动态避障算法

DWA 算法又称动态窗口法，目标在于优化机器人在导航过程中的速度，使机器人既不会碰撞到障碍物，又能在尽可能短的时间内到达目标点。在导航过程中，DWA 算法计算当前机器人的最优速度并作为指令发送给机器人底盘。

ROS 中的 DWA 功能包提供了控制器用于驱动平面上的机器人底盘移动。图 8.12 展示了 DWA 避障的基本原理，规划器会使用地图创建起点到目标的运动轨迹，并且在机器人周围创建能够代表栅格地图的代价函数，根据创建的目标值函数确定机器人的 dx、dy、dtheta 速度，驱动在平面上移动的机器人。

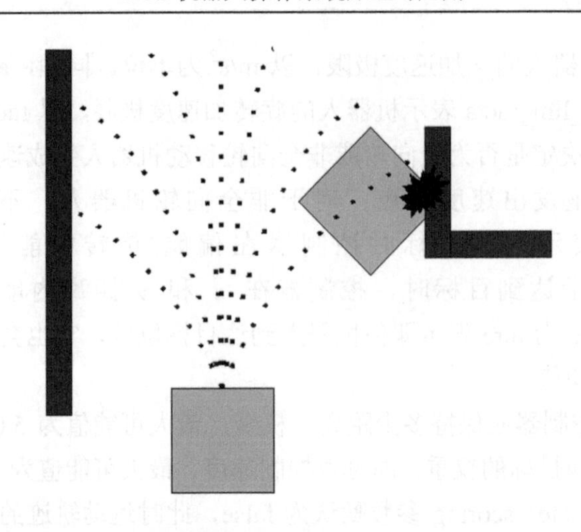

图 8.12　DWA 避障的工作原理

ROS Noetic 使用 dwa_local_planner 功能包实现导航过程中的 DWA 算法，步骤如下：

(1) 对移动机器人控制空间的速度进行离散采样。

(2) 对采样的每个速度进行前向模拟，即用该速度模拟移动机器人在未来一小段时间内的运动状态。

(3) 对参与前向模拟的每个速度分别计算评价分数，指标包括与障碍物的距离、与目标的距离、与全局路径和速度的接近程度等，并放弃与障碍物较为接近的轨迹。

(4) 得到最优的评价分数对应的速度，并将该速度指令发送到机器人底盘。

(5) 重复上述操作。

算法的相关参数如表 8.2 所示。

表 8.2　DWA 算法相关参数表

参数	相关说明	参数	相关说明
v	平移速度	V_c	当前速度
w	旋转速度	V_r	动态窗口中的速度区域
V_s	最大速度区域	$a_{\max}$	最大加/减速度
V_a	允许速度区域	α,β,γ	权重系数

基于以上参数，综合考虑机器人当前方向和目标点方向之差、与障碍物的距离以及选择的速度计算目标函数，其计算公式为

$$G(v,w)=\sigma(\alpha\cdot\text{heading}(v,w)+\beta\cdot\text{dist}(v,w)+\gamma\cdot\text{velocity}(v,w))$$

其中，$\sigma(x)$ 为平滑函数；$\text{heading}(v,w)$ 取 180 减去机器人方向和目标点方向之差；$\text{dist}(v,w)$ 取机器人与障碍物之间的距离；$\text{velocity}(v,w)$ 为选择的速度。

如图 8.13 所示，机器人在得到的各种采样值中计算当前最优的平移速度和旋转速度并进行移动。

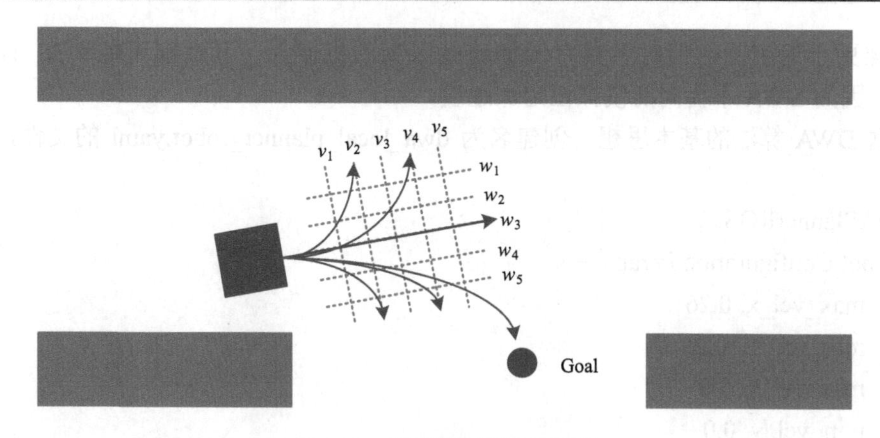

图 8.13　平移速度和旋转速度

8.5.4　DWAPlannerROS 编程接口

dwa_local_planner::DWAPlannerROS 对象是 dwa_local_planner::DWAPlanner 路径规划器提供的 C++程序的函数接口，遵循 nav_core 功能包的 nav_core::BaseLocalPlanner 接口。

使用如下程序创建 dwa_local_planner::DWAPlannerROS 对象：

```
#include <tf/transform_listener.h>
#include <costmap_2d/costmap_2d_ros.h>
#include <dwa_local_planner/dwa_planner_ros.h>

tf::TransformListener tf(ros::Duration(10));
costmap_2d::Costmap2DROS costmap("my_costmap", tf);

dwa_local_planner::DWAPlannerROS dp;
dp.initialize("my_dwa_planner", &tf, &costmap);
```

该节点发布的话题有：

• /global_plan 话题，消息类型是 nav_msgs/Path。提供该局部路径规划器遵循全局路径规划的部分，主要用于可视化。

• /local_plan 话题，消息类型是 nav_msgs/Path。将采用计算得分最高的局部规划器或轨迹，主要用于可视化。

同时，该节点订阅/odom 话题，消息类型是 nav_msgs/Odometry，提供当前机器人的速度信息。该信息与 TrajectoryPlannerROS 对象中的代价地图使用相同的坐标系。有关 robot_base_frame 参数的详细信息，请参阅 costmap_2d 软件包。

8.5.5　DWA 局部路径规划器的参数配置

DWA 与 Trajectory Rollout 的不同之处在于如何对机器人的控制空间进行采样。在给定机器人加速度极限的情况下，Trajectory Rollout 在整个前向模拟周期内从可实现的速度集合中进行采样，而 DWA 仅针对一个模拟步骤从可实现的速度集合中进行采样。这意味着 DWA

可以采样更小的空间，但对于具有低加速度限制的机器人，其性能可能不如 Trajectory Rollout，因为 DWA 不会向前模拟恒定加速度。

根据 DWA 算法的基本思想，创建名为 dwa_local_planner_robot.yaml 的文件，添加如下代码：

```
DWAPlannerROS:
#Robot Configuration Parameters
    max_vel_x: 0.26
    min_vel_x: -0.26
    max_vel_y: 0.0
    min_vel_y: 0.0
# The velocity when robot is moving in a straight line
    max_vel_trans: 0.26
    min_vel_trans: 0.13
    max_vel_theta: 1.82
    min_vel_theta: 0.9
    acc_lim_x: 2.5
    acc_lim_y: 0.0
    acc_lim_theta: 3.2
# Goal Tolerance Parametes
    xy_goal_tolerance: 0.05
    yaw_goal_tolerance: 0.17
    latch_xy_goal_tolerance: false
# Forward Simulation Parameters
    sim_time: 2.0
    vx_samples: 20
    vy_samples: 0
    vth_samples: 40
    controller_frequency: 10.0
# Trajectory Scoring Parameters
    path_distance_bias: 32.0
    goal_distance_bias: 20.0
    occdist_scale: 0.02
    forward_point_distance: 0.325
    stop_time_buffer: 0.2
    scaling_speed: 0.25
    max_scaling_factor: 0.2
# Oscillation Prevention Parameters
    oscillation_reset_dist: 0.05
# Debugging
```

```
publish_traj_pc : true
publish_cost_grid_pc: true
```

DWA 路径规划器与前面使用 Trajectory Rollout 算法的局部路径规划器参数文件大部分参数意义相同。需要注意的是，文件中未列出的参数并不代表不存在；如果不主动设置，参数会保持原有的默认值。

在机器人基本配置参数中，acc_lim_theta 表示机器人的旋转加速度极限，max_vel_trans 和 min_vel_trans 分别表示机器人最大和最小平移速度的绝对值。max_vel_theta 和 min_vel_theta 分别表示机器人最大和最小旋转速度的绝对值。

在轨迹评分参数中，path_distance_bias 表示控制器应保持多少距离的权重；控制器应尝试达到其本地目标的权重以 goal_distance_bias 表示，也用于控制速度。forward_point_distance 表示机器人中心点到另一个得分点的距离。stop_time_buffer 表示机器人在碰撞之前必须停止的时间。scaling_speed 表示机器人轨迹速度比例因子的绝对值，以 m/s 为单位。max_scaling_factor 表示机器人轨迹的最大比例因子。

8.6　基于 Gazebo 的机器人自主导航仿真

安装相关的 ROS 包：

```
$sudo apt-get install ros-<distro>-turtlebot3 ros-<distro>-turtlebot3-description ros-<distro>-turtlebot3-gazebo ros-<distro>-turtlebot3-msgs ros-<distro>-turtlebot3-slam ros-<distro>-turtlebot3-teleop
```

建立仿真所需要的工作空间，对机器人进行 Gazebo 仿真和 Rviz 仿真。

打开新的终端(快捷指令：Ctrl+Alt+T)，输入以下指令建立工作空间：

```
$mkdir -p ~/catkin_ws/src
$catkin_init_workspace
```

在 src 文件夹下建立 robot 机器人仿真功能包 robot_gazebo，建立 launch 文件夹，创建相应的 launch 启动文件，包括 robot_house.launch、robot_navigation.launch、robot_remote.launch 等。

根据 turtlebot3 导航框架下已有的导航算法包进行自主导航实验，该算法包在本节开头已安装，位于/opt/ros/noetic/share 路径下。将位于/opt/ros/noetic/share/turtlebot3_navigation 路径下的 param 文件夹和 rviz 文件夹复制到 robot_gazebo 文件夹下，将 launch 文件夹下的 amcl.launch 和 move_base.launch 复制到 robot_gazebo/launch 文件夹下，再将第 7 章建立的地图文件复制到 robot_gazebo 功能包中。代码迁移之后，robot_gazebo 功能包文件夹如图 8.14 所示。这里，关于机器人的模型文件 myurdf、worlds 中的 robot_house.world 文件由本书源码给出，在此不再赘述。

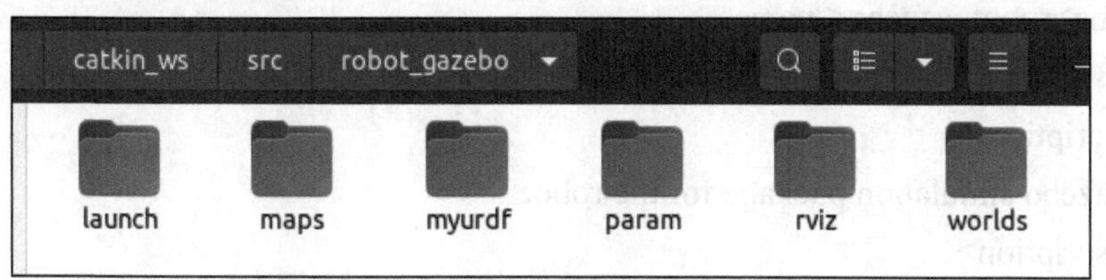

图 8.14　robot_gazebo 功能包文件夹的内容

修改 move_base.launch 文件中对 turtlebot3 导航的操作，实现轮式机器人的控制仿真（修改之处以下划线标出）：

```
<launch>
  <!-- Arguments -->
  <arg name="model" default="robot" />
  <arg name="cmd_vel_topic" default="/cmd_vel" />
  <arg name="odom_topic" default="odom" />
  <arg name="move_forward_only" default="false" />
  <!-- move_base -->
  <node pkg="move_base" type="move_base" respawn="false" name="move_base" output="screen">
    <param name="base_local_planner" value="dwa_local_planner/DWAPlannerROS" />
    <rosparam file="$(find robot_gazebo)/param/costmap_common_params_$(arg model).yaml" command="load" ns="global_costmap" />
    <rosparam file="$(find robot_gazebo)/param/costmap_common_params_$(arg model).yaml" command="load" ns="local_costmap" />
    <rosparam file="$(find robot_gazebo)/param/local_costmap_params.yaml" command="load" />
    <rosparam file="$(find robot_gazebo)/param/global_costmap_params.yaml" command="load" />
    <rosparam file="$(find robot_gazebo)/param/move_base_params.yaml" command="load" />
    <rosparam file="$(find robot_gazebo)/param/dwa_local_planner_params_$(arg model).yaml" command="load" />
    <remap from="cmd_vel" to="$(arg cmd_vel_topic)" />
    <remap from="odom" to="$(arg odom_topic)" />
    <param name="DWAPlannerROS/min_vel_x" value="0.0" if="$(arg move_forward_only)" />
  </node>
</launch>
```

接下来，编写 robot_gazebo 功能包的 package.xml 文件：

```
<?xml version="1.0"?>
<package format="2">
  <name>robot_gazebo</name>
  <version>1.3.2</version>
  <description>
    Gazebo simulation package for the robot
  </description>
  <license>Apache 2.0</license>
```

```
    <maintainer email=" study@home.com">Learner</maintainer>
    <buildtool_depend>catkin</buildtool_depend>
    <depend>roscpp</depend>
    <depend>std_msgs</depend>
    <depend>sensor_msgs</depend>
    <depend>geometry_msgs</depend>
    <depend>nav_msgs</depend>
    <depend>tf</depend>
    <depend>gazebo_ros</depend>
    <exec_depend>gazebo</exec_depend>
    <export>
      <gazebo_ros gazebo_media_path="${prefix}"/>
      <gazebo_ros gazebo_model_path="${prefix}/models"/>
    </export>
</package>
```

编写 CMakeLists.txt，请扫描二维码查看。

CMakeLists.txt 代码

将第 5 章的功能包 myurdf 文件夹复制到 robot_gazebo 文件下，如图 8.15 所示。

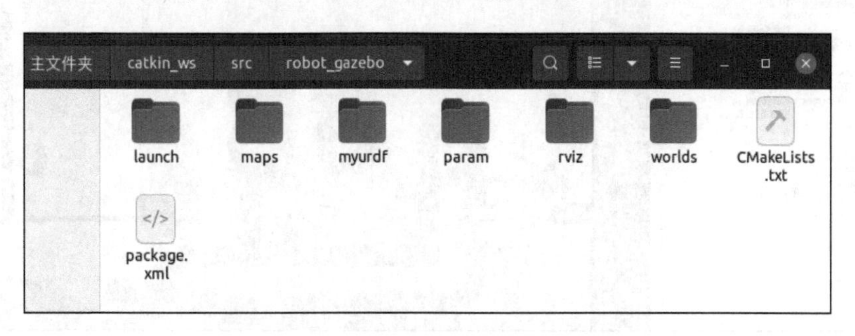

图 8.15　robot_gazebo 功能包文件夹的内容

编译后，在 catkin_ws 路径下，分别启动两个终端并运行以下指令：

```
$source devel/setup.bash
$roslaunch robot_gazebo robot_house.launch
```

navigation

在 Gazebo 启动之后，在另一个终端运行：

```
$source devel/setup.bash
$roslaunch robot_gazebo robot_navigation.launch
```

运行成功后的显示如图 8.16 所示。

执行上面的命令后，在弹出的界面中，rviz 和 Gazebo 中的轮式机器人位置明显不一致，则需要调整 rviz 中的位姿，使其与 Gazebo 环境中的轮式机器人位姿一致。

[手动设定机器人的初始位姿]　选择 rviz 工具栏上方的 2D Pose Estimate 菜单，根据 Gazebo 中机器人的实际位置，在地图中移动鼠标指针到机器人的实际位置附近，按住鼠标左键不放以设置其位置；然后向和机器人前方一致的方向拖动鼠标(可以看到有绿色箭头跟

随鼠标拖动方向）设置机器人的朝向；这里可以增大激光数据点，方便观察是否对齐，如图 8.17 所示。

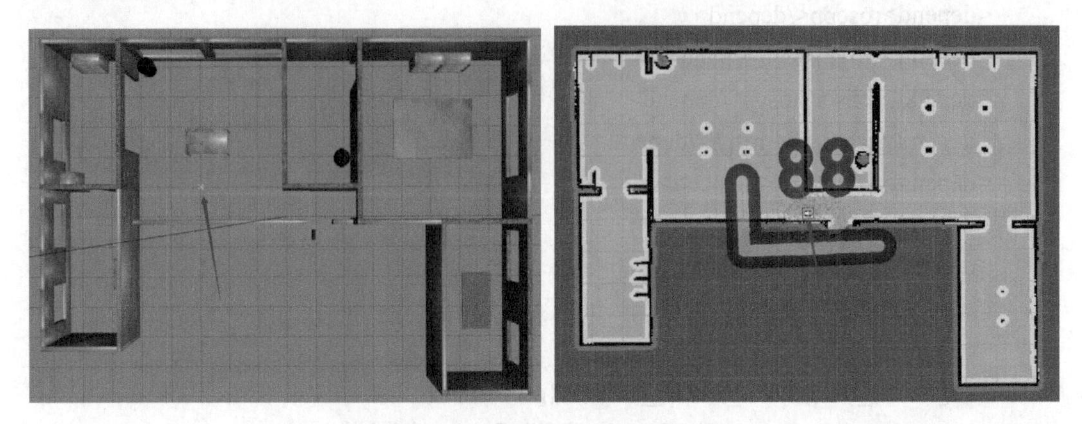

图 8.16　仿真环境及栅格地图

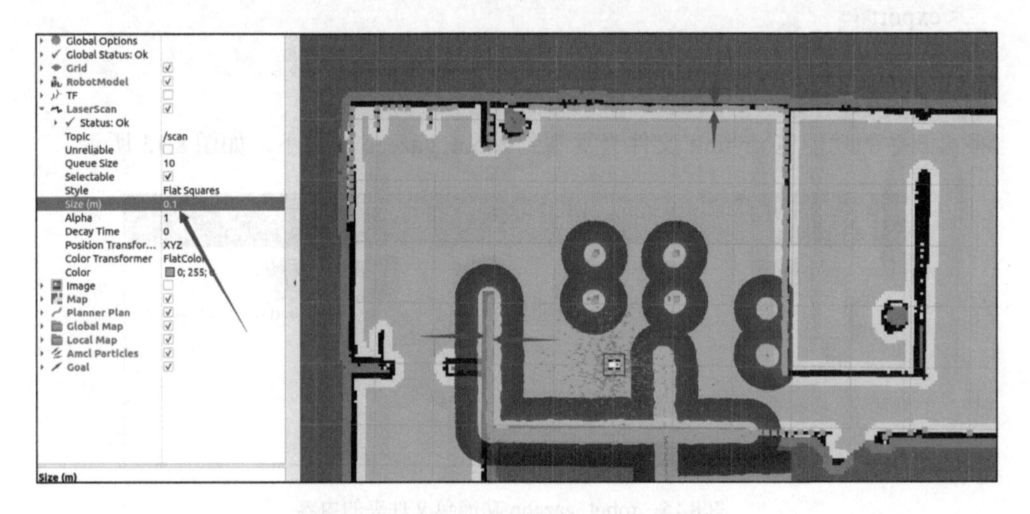

图 8.17　机器人 rviz 与 Gazebo 位置对齐

然后，放开鼠标完成设置。若初始位置设置不理想，可多次设置。对图 8.14 进行设置后的效果如图 8.18 所示。

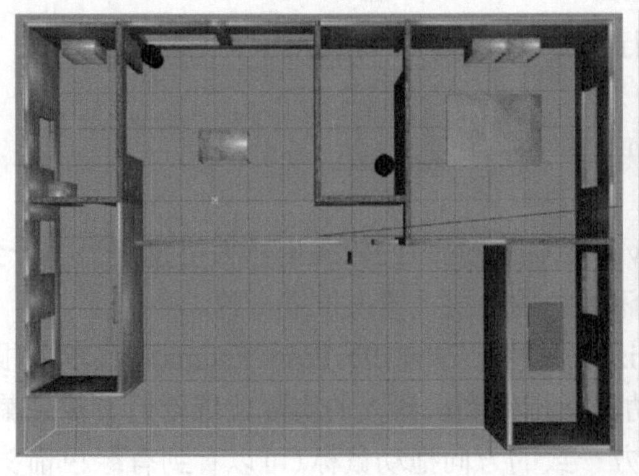
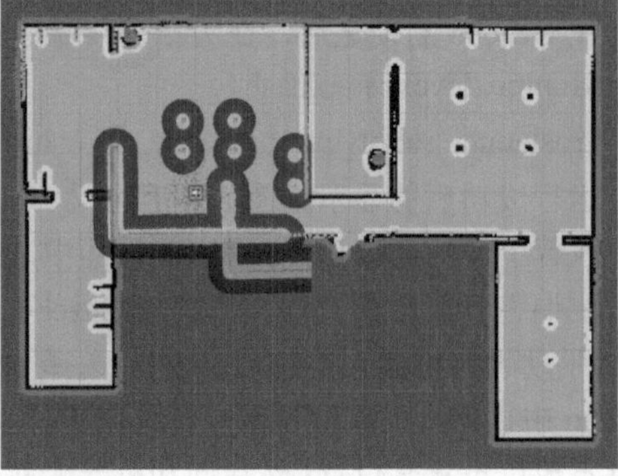

图 8.18　Robot 位置调整后

[自主导航实验]　选择工具栏中的 2D Nav Goal 菜单，在地图中任意设置一个目标位姿，图 8.19 中的机器人会自动规划路径并向目标点移动。

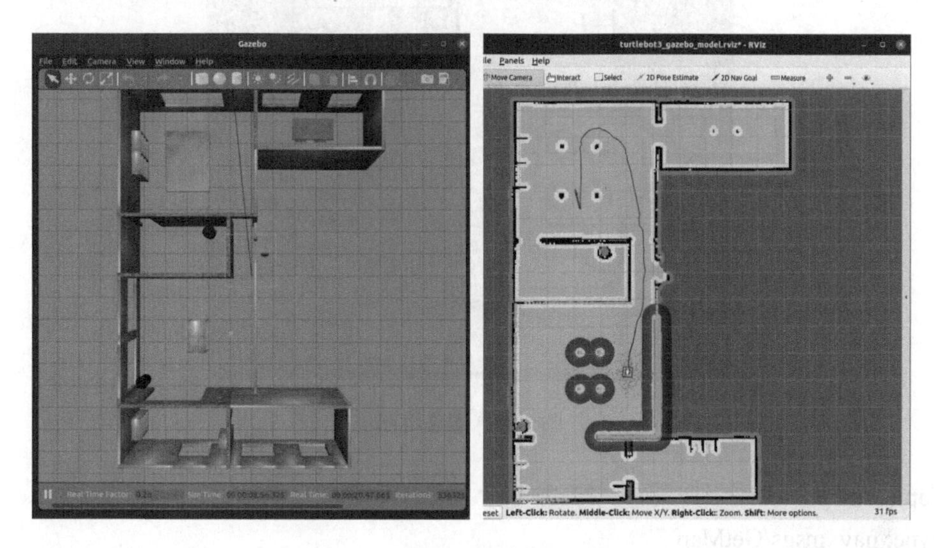

图 8.19　机器人路径规划和移动

导航功能包集的可视化数据主要有以下几种。

(1) 2D 位姿估计。

如果机器人不能在地图中自主定位，则需要在 rviz 中设置机器人的初始位姿，由 rviz 中 2D Pose Estimate 实现。具体过程为：选择 2D Pose Estimate 菜单(或使用快捷键 P)，然后选择机器人的位姿，检查机器人的实际位姿和 rviz 中的机器人模型是否相同。设置初始位姿后，可以开始对机器人进行路径规划。若导航时不设置初始位姿，则机器人将启动自动定位进行初始位姿的自主设置。

Topic: initialpose

Type: geometry_msgs/PoseWithCovarianceStamped

(2) 2D 导航目标。

在已知初始位姿后，需要给出目标地点才能进行导航，目标点的设置由 2D 导航目标实现。具体过程为：选择“2D 导航目标”菜单(或使用 G 快捷键)，然后在地图中选择机器人的目标地点，可以设置 x 轴和 y 轴坐标以及机器人最后的方向。

在设置目标之前，导航功能包集会一直在名称为/move_base_simple/goal 的主题上等待可通过 rviz 窗口发送的新目标。

Topic: move_base_simple/goal

Topic Type: geometry_msgs/PoseStamped

(3) 静态地图。

静态地图是送入 map_server 节点的地图。map_server 节点在/map 话题中提供静态地图。通过可视化静态地图可以看到第 7 章通过 Gmapping 算法获取的地图，静态地图由 map_server 维护，导航的可视化效果主要依附于静态地图的显示。图 8.20 给出了静态地图的效果。

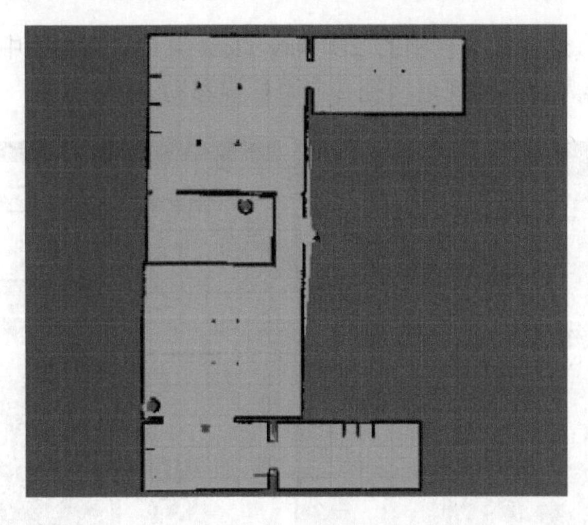

图 8.20　静态地图

Topic: /map

Type: nav_msgs/GetMap

(4) 粒子云。

粒子云是机器人附近方形区域中的粒子点云，其分布表示机器人定位系统中位姿的不确定性。分散的点云代表较高的不确定性，聚集的点云代表较低的不确定性，如图 8.21 所示。

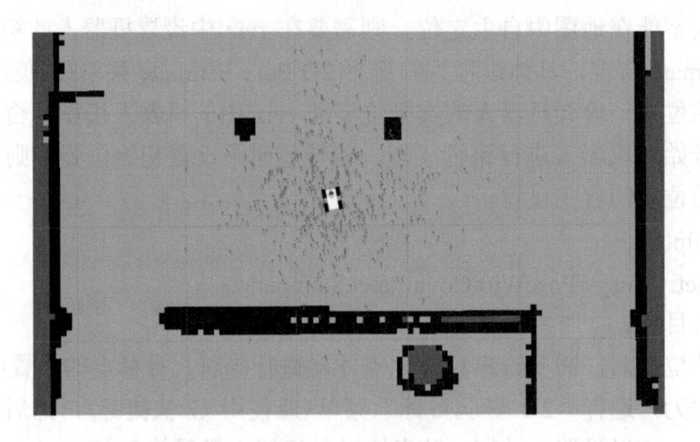

图 8.21　粒子云

Topic: particlecloud

Type: geometry_msgs/PoseArray

(5) 机器人占地空间。

在 Gazebo 仿真中可以设置机器人的占地空间，占地空间的尺寸参数在 costmap_common_params 文件中进行配置。占地空间尺寸很重要，因为它限制着机器人是否能安全通过障碍物。如图 8.22 所示，机器人周围的方框给出了它的占地空间。

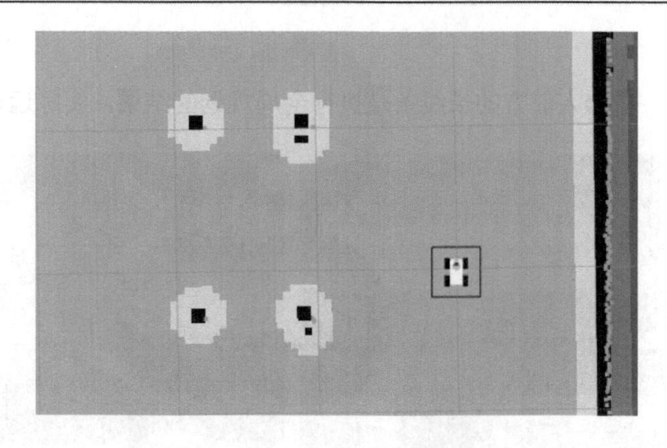

图 8.22　机器人占地空间

Topic: local_costmap/robot_footprint

Type: geometry_msgs/Polygon

(6) 局部代价地图。

ROS 的代价地图采用网格(Grid)形式，每个网格的值(Cell Cost)为 0～255，分为三种状态：被占用(有障碍)、自由区域(无障碍)、未知区域。

局部代价地图是指机器人附近局部范围内的代价地图，主要是为了保证局部路径规划的正确性，如图 8.23(a)所示。

Topic: /move_base/local_costmap/costmap

Type: /nav_msgs/OccupancyGrid

(7) 全局代价地图。

全局代价地图原理与局部代价地图相同，不同之处在于：全局代价地图是整幅图像的代价地图，保证机器人全局路径规划的正确性，如图 8.23(b)所示。

Topic: /move_base/global_costmap/costmap

Type:nav_msgs/OccupancyGrid

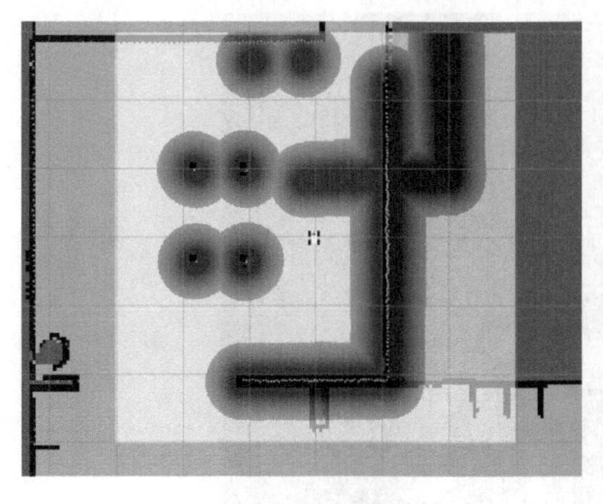

(a) 局部代价地图

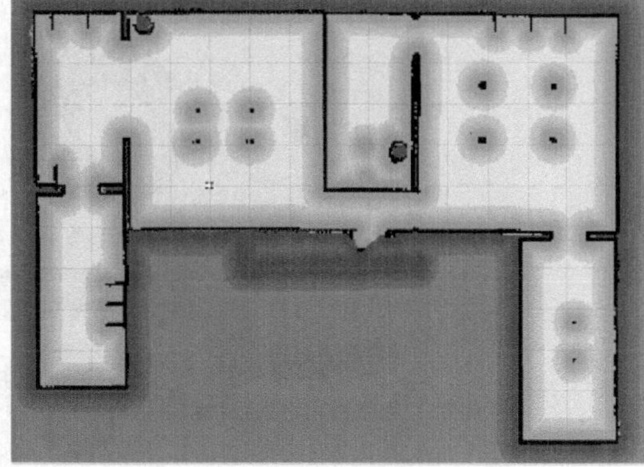

(b) 全局代价地图

图 8.23　局部代价地图和全局代价地图

(8) 全局规划。

如图 8.24 所示，机器人前方的长线条是执行全局规划的结果，实际运行时线条应为红色。

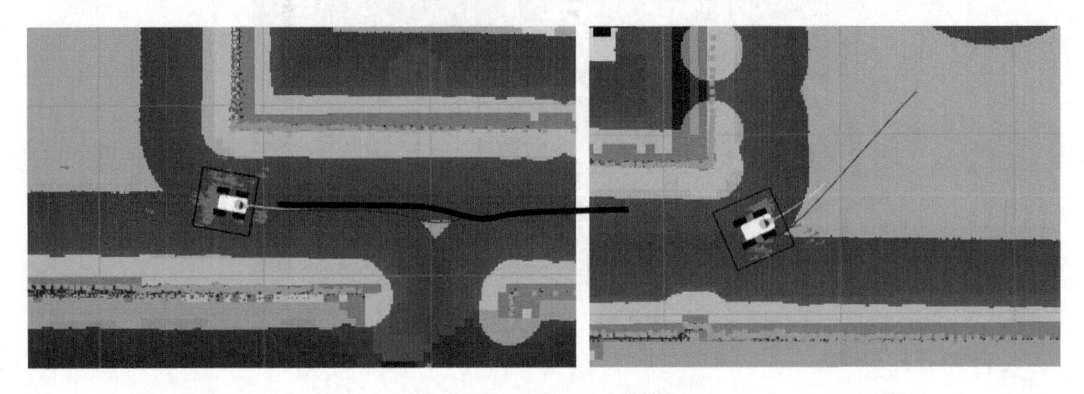

图 8.24　全局规划与局部规划

如果机器人在运动过程中还会发现障碍物，导航功能包集为了避免碰撞，在尽量保证全局规划的基础上重新计算路径。

Topic: TrajectoryPlannerROS/global_plan

Type: nav_msgs/Path

(9) 局部规划。

如图 8.24 所示，右图中机器人前方较短的线条是机器人执行由局部规划器生成的速度命令及将会形成的运动轨迹，实际运行时显示为黄色线条。可以通过此信息判断机器人是否在运动，并可以根据该线条的长度估计机器人运动速度。

Topic: TrajectoryPlannerROS/local_plan

Type: nav_msgs/Path

(10) 规划器规划。

如图 8.25 所示，机器人前方的长线条是由全局规划器计算的完整规划。

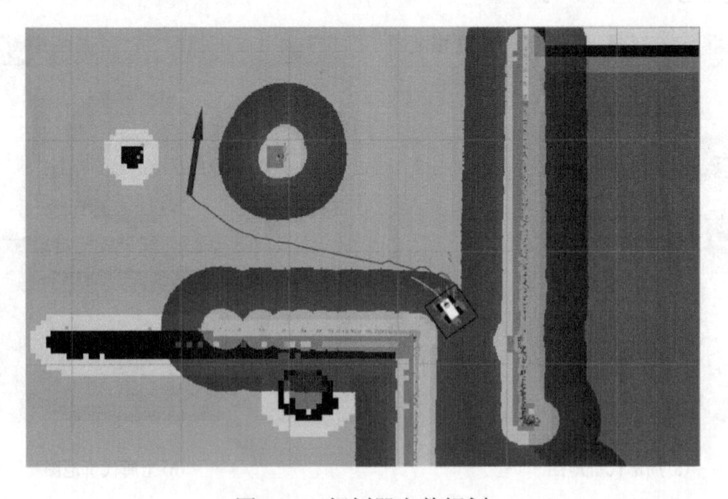

图 8.25　规划器完整规划

Topic: NavfnROS/plan

Type: nav_msgs/Path

（11）当前目标。

在配置一个新的 2D 导航目标后会出现一个箭头(实际运行时为红色)，含义是当前目标，也是导航的目的地。

Topic: current_goal

Type: geometry_msgs/PoseStamped

以上给出了 Gazebo 导航功能包集 rviz 显示中所有的可视化数据，通过查看数据可以观察机器人是否已准确执行指令。

8.7　导航功能包集编程

为了演示机器人导航算法，以一台搭载四个麦克纳姆轮与激光雷达的移动机器人在 Gazebo 中进行仿真。同时，使用 rviz 进行机器人导航功能包的可视化效果展示。

编译功能包，在两个终端中依次运行以下指令，分别启动 Gazebo 仿真与导航功能的 rviz 可视化界面：

```
roslaunch robot_gazebo robot_house.launch
roslaunch robot_gazebo robot_nav.launch
```

进行导航功能包集编程之前，需要在 CMakeLists.txt 与 package.xml 中添加编译设置和相关功能包依赖关系。请扫描二维码查看。

CMakeLists.txt 与 package.xml 编译设置

8.7.1　设置起始地点

在实际的工程开发中，很少以人工输入的方式操作机器人，而更多地使用程序设定机器人的初始位置。在编写初始化位置的代码之前，需要知道机器人初始位姿的数据格式以及接收数据的 topic 类型。具体的操作步骤是：运行之前导航实验的各个节点，然后输入 rostopic list 命令查看当前所有的 topic，找到名为/initialpose 的话题，执行 rostopic type 查看其发送的消息类型：

```
$rostopic type /initialpose
geometry_msgs/PoseWithCovarianceStamped
```

对于消息类型 geometry_msgs/PoseWithCovarianceStamped 的具体组成格式，可使用命令 rosmsg show geometry_msgs/PoseWithCovarianceStamped 查看：

```
$ rosmsg show geometry_msgs/PoseWithCovarianceStamped
std_msgs/Header header
  uint32 seq
  time stamp
  string frame_id
geometry_msgs/PoseWithCovariance pose
  geometry_msgs/Pose pose
    geometry_msgs/Point position
```

```
        float64 x
        float64 y
        float64 z
    geometry_msgs/Quaternion orientation
        float64 x
        float64 y
        float64 z
        float64 w
  float64[36] covariance
```

该消息类型由消息头(Header)、位置(Position)、四元数表示的方位(Orientation)和协方差矩阵(Covariance)组成。四元数和协方差矩阵的相关内容参见第 7 章，这里不再赘述。在机器人位姿初始化之后，机器人在起始时刻根据激光雷达数据创建的代价地图并未消失，如图 8.26 所示。这些障碍在某些特定的环境结构中会堵塞可通行路径，使得全局路径规划器无法计算出可行路径，因而需要清除之前建立的代价地图。

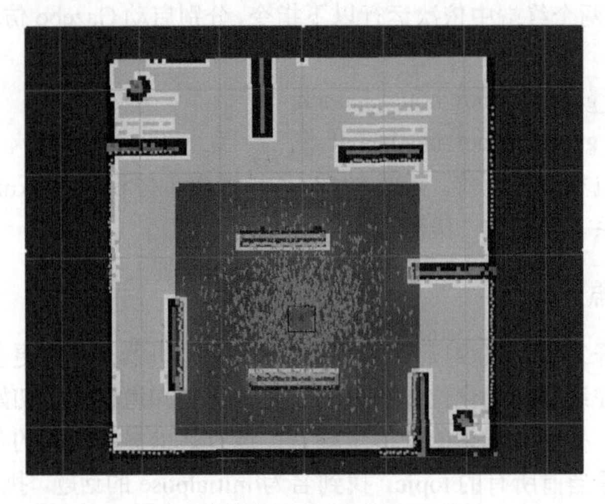

图 8.26　初始化后未清除 CostMap

InitPose.cc 中相关代码

在 InitPose.cc 中实现相关代码，请扫描二维码查看。

程序重要部分已进行了必要的注释。需要注意的是，在从 Gazebo 获取机器人初始位置时要填入目标机器人的名字，否则无法获得对应机器人的位姿。ExperNodeBase.hpp 文件定义了节点的基类，主要进行 ROS 节点初始化的相关工作，使用以下程序实现：

```
#include <ros/ros.h>

class ExperNodeBase
{
public:
    ExperNodeBase(int nArgc, char** ppcArgv, const char* pcNodeName)
    {
```

```
        ros::init(nArgc, ppcArgv, pcNodeName);
        mupNodeHandle.reset(new ros::NodeHandle());
    }

        ~ExperNodeBase() {};

        ExperNodeBase(ExperNodeBase& node) = delete;
        ExperNodeBase(const ExperNodeBase& node) = delete;

        virtual void Run(void) = 0;

protected:
        std::unique_ptr<ros::NodeHandle> mupNodeHandle;
```

成功编译功能包后，可以在终端中使用如下命令启动设置起始地点的节点，实现初始位姿获取。运行效果如图 8.27 所示，rviz 中的机器人初始位姿得到准确的更新，并且会在终端显示位姿的具体数值结果。

```
rosrun robot_gazebo init_pose
```

设置起始地点

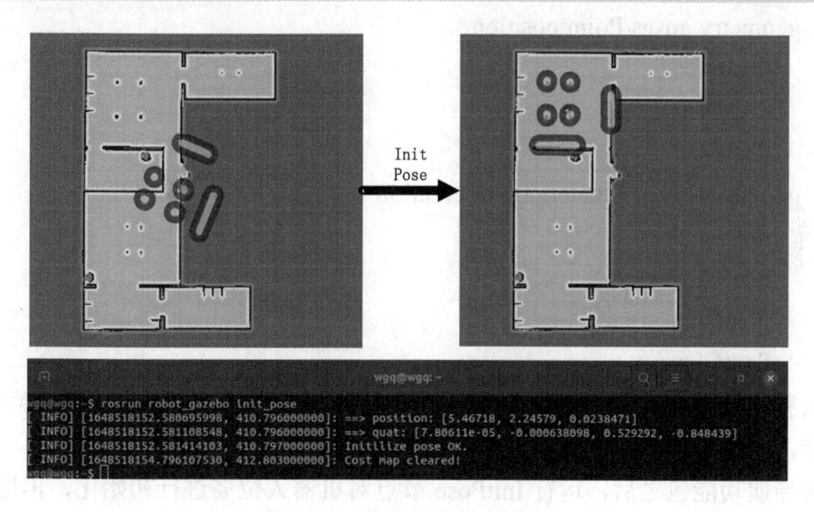

图 8.27　初始化机器人位姿

8.7.2　设置导航终点

与通过程序设置初始位置的方式一样，先通过查看节点的数据类型确定需要输入的数据类型，然后设计节点程序。

运行之前导航实验的各个节点，然后输入 rostopic list 命令来查看当前所有的 topic，找到名为/move_base/goal 的 topic，执行 rostopic type 查看该 topic 中发送的消息类型：

```
$ rostopic type /move_base/goal
move_base_msgs/MoveBaseActionGoal
```

对于消息类型 move_base_msgs/MoveBaseActionGoal 的具体组成格式，则使用 rosmsg show move_base_msgs/MoveBaseActionGoal 命令查看：

```
$ rosmsg    show move_base_msgs/MoveBaseActionGoal
std_msgs/Header header
  uint32 seq
  time stamp
  string frame_id
actionlib_msgs/GoalID goal_id
  time stamp
  string id
move_base_msgs/MoveBaseGoal goal
  geometry_msgs/PoseStamped target_pose
    std_msgs/Header header
      uint32 seq
      time stamp
      string frame_id
    geometry_msgs/Pose pose
      geometry_msgs/Point position
        float64 x
        float64 y
        float64 z
      geometry_msgs/Quaternion orientation
        float64 x
        float64 y
        float64 z
        float64 w
```

SetGoal.cc 代码

目标点和初始点格式十分相似，这里不再赘述。新建文件 SetGoal.cc，相关代码请扫描二维码查看。

在启动导航功能包之后，运行 InitPose 节点对机器人位姿进行初始化，再运行 SetGoal 节点设置目标点。根据提示输入目标点后，机器人会自动规划路径并在到达目标点后停止，命令行会提示输入下一个目标点。如果需要停止 SetGoal 节点的运行，可以使用 Ctrl+C 停止。上述代码除了包含目标点的设置外，还加入了对导航状态的获取和判断。

设置导航终点

成功编译功能包后，可以在终端中使用如下命令启动设置导航终点的节点(建议设置导航终点前先初始化机器人位姿)，机器人会自主导航移动到设定位姿，与前面实验使用鼠标在 rviz 中设置效果相同。运行效果如图 8.28 所示，设置终点坐标[5m，2m，0rad]，键盘输入坐标依次为两个坐标与旋转角度，中间使用空格隔开，按“回车”键确认。

```
$ rosrun robot_gazebo init_pose
$ rosrun robot_gazebo set_goal
```

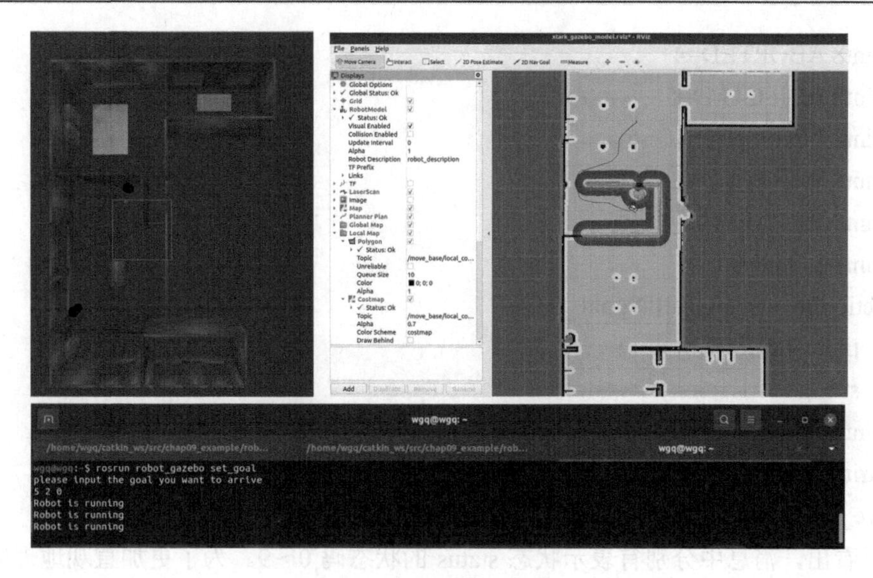

图 8.28　设置机器人导航终点

8.7.3　获取单次导航状态

在 8.7.2 节的程序中，当机器人到达目标点之后，命令行窗口会提示操作者输入下一个目标点，在这里已经使用到了导航的状态。当导航的状态变成“已成功到达目标点”时，系统捕捉到这个状态信息，然后提示操作者输入下一个目标点。

运行导航功能包集，然后执行 rostopic list 命令查看当前所有的 topic，找到与机器人导航状态相关的节点/move_base/result 和/move_base/status。执行 rostopic type 查看相应 topic 中的消息类型：

```
$ rostopic type /move_base/result
move_base_msgs/MoveBaseActionResult
$ rostopic type /move_base/status
actionlib_msgs/GoalStatusArray
```

执行 rosmsg show 命令分别查看两种消息的数据结构。两种消息的结构是类似的，这里仅展示 move_base_msgs/MoveBaseActionResult 的输出结构：

```
$ rosmsg show move_base_msgs/MoveBaseActionResult
std_msgs/Header header
uint32 seq
  time stamp
  string frame_id
actionlib_msgs/GoalStatus status
  uint8 PENDING=0
  uint8 ACTIVE=1
  uint8 PREEMPTED=2
  uint8 SUCCEEDED=3
```

```
    uint8 ABORTED=4
    uint8 REJECTED=5
    uint8 PREEMPTING=6
    uint8 RECALLING=7
    uint8 RECALLED=8
    uint8 LOST=9
    actionlib_msgs/GoalID goal_id
      time stamp
      string id
    uint8 status
    string text
move_base_msgs/MoveBaseResult result
```

可以看出，消息中分别有表示状态 status 的状态码 0～9。为了更加直观地理解这两种消息类型，可以使用 rostopic echo 命令获得实际传输的消息数据。

```
$ rostopic echo /move_base/result
header:
  seq: 0
  stamp:
    secs: 46
    nsecs: 220000000
  frame_id: &apos;&apos;
status:
  goal_id:
    stamp:
      secs: 37
      nsecs: 919000000
    id: "/move_base-1-37.919000000"
  status: 3
  text: "Goal reached."
result:
```

其中，导航状态使用一个无符号 8 位整数表示，不同状态码代表的含义如下：

- PENDING=0 目标尚未由操作服务器处理。
- ACTIVE=1 目标当前正在由操作服务器处理。
- PREEMPTED=2 目标在开始执行后收到取消请求，并已完成其动作执行。
- SUCCEEDED=3 已成功到达目标点。
- ABORTED=4　目标在执行期间因为某些故障被操作服务器中止。
- REJECTED=5 目标未经处理就被操作服务器拒绝，因为目标无法实现或无效。
- PREEMPTING=6　目标在开始执行后收到一个取消请求，且还未完成执行过程。
- RECALLING=7 目标在开始执行之前收到一个取消请求，但不确认是否已取消。

- RECALLED=8　目标在开始执行之前收到一个取消请求，已成功取消。
- LOST=9　目标丢失。

在 8.7.2 节使用以下代码完成导航结束时的操作，当导航状态变成 SUCCEEDED 时，就可以执行相应的步骤。

```
void call_back(const move_base_msgs::MoveBaseActionResult& msg) {
    if(msg.status.status == msg.status.SUCCEEDED) {
        //可以自行设计代码实现相关功能……
    }
}
```

通过判断机器人状态是否为 SUCCEEDED，确定导航是否结束。同时，在导航结束时对机器人进行相应的操作。利用这样的方法，可以让机器人按照给定的一系列点集行进，从而实现更复杂的机器人移动控制。

习　题

8-1　试说明全局代价地图和局部代价地图的区别。

8-2　在地图中设置障碍物，观察现象和数据，分析 DWA 算法是怎么处理的。

8-3　代价地图由哪些层组成？试分析各层作用及其与机器人本体之间的关系。

8-4　尝试将 local_costmap_params.yaml 文件中的 static_map 参数设置为 true，观察机器人在移动过程中代价地图的变化，并思考适用于哪些实际场景。

8-5　尝试修改 move_base.launch 文件提供的局部路径规划器的选项，对比基础路径规划器与 DWA 局部路径规划器的仿真效果。

8-6　尝试编程实现：机器人走出某个路线(如正方形、三角形)(提示：提前规划一系列目标点，到达某点后再给机器人设置下一个目标点，最终形成回环)。

8-7　尝试选择一个 Gezebo 仿真模型，利用键盘控制机器人在仿真环境中探索，将探索得到的地图作为输入，让机器人在这个地图中定位导航(要求：通过程序设定机器人的初始位姿，通过程序设置机器人导航的终点)。

第9章　轮式移动机器人系统与功能实现

在理论学习和仿真实验的基础上，本章以塔克创新的 R10-MEC ROS 机器人平台为依托，结合实践操作讲述 ROS 机器人操作系统的实际应用。具体内容涉及 ROS 系统和 SLAM 在实体机器人中的应用，ROS 系统控制机器人底盘运动及计算里程计数据，以及激光雷达、RGBD 相机等实际传感器的使用。

9.1　机器人系统简介

9.1.1　机器人硬件

轮式移动机器人平台采用麦克纳姆轮设计，具有扭力悬挂装置，可以充分保证轮胎与地面的摩擦力，使机器人具有良好的运动精度。机器人包含里程计、IMU、激光雷达、RGBD 深度相机等传感器，可实现 SLAM 建图导航、自动避障、雷达跟随等功能。机器人实物外观如图 9.1 所示。

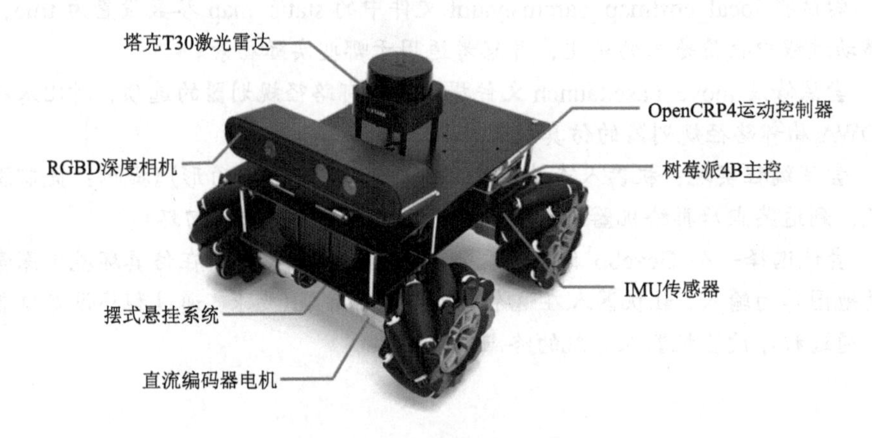

图 9.1　R10-MEC 机器人外观

机器人上层 ROS 控制器的硬件平台为树莓派 4B，运行 Ubuntu 20.04 系统，安装的 ROS 机器人操作系统为 Noetic Ninjemys 版本，作为机器人端 ROS 节点控制器。

运动控制器采用 OpenCRP4（Open-source Control Module for ROS on Pi），是专用于树莓派的 ROS 控制模组，以 STM32 微处理器为核心，板载 IMU 传感器，支持 4 路直流电机闭环控制。可直接安插在树莓派上，通过插针接口可实现对树莓派供电和串口通信，如图 9.2 所示。

机器人搭载塔克 T30 激光雷达，基于 TOF 测距原理，测量半径最大为 30m，采样频率为 14400Hz，扫描频率为 10Hz，角度分辨率为 0.18°，具有抗 80kLux 强光能力。视觉传感器为 RGBD 深度相机，RGB 分辨率为 1280 像素×720 像素，深度分辨率为 640 像素×480

像素/320 像素×240 像素，深度和视频最大帧率均为 30 帧/s，视频分辨率为 1280 像素×720 像素，视场角达到 H58.4°×V45.7°，工作范围为 0.6～6m。机器人硬件架构如图 9.3 所示。

图 9.2　OpenCRP4 运动控制器

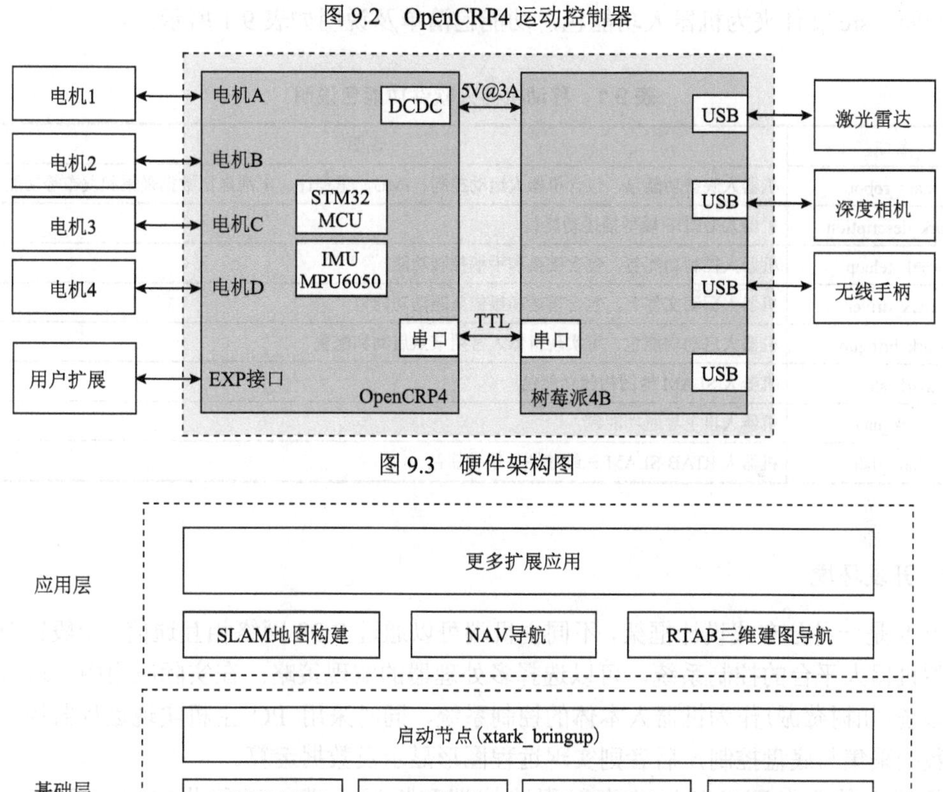

图 9.3　硬件架构图

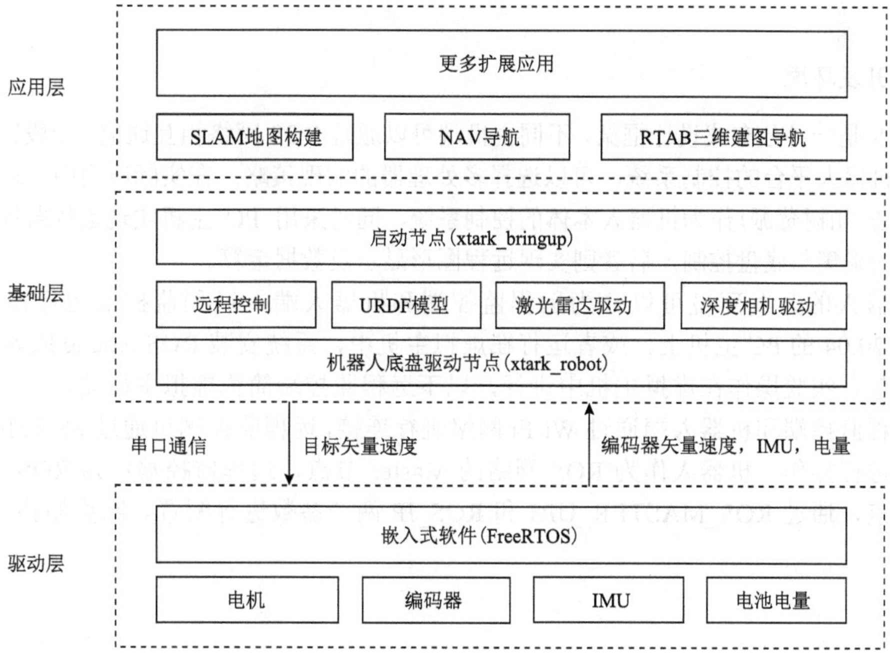

图 9.4　软件框图

9.1.2 机器人软件

机器人软件采用模块化分层设计，主要包括驱动层、基础层和应用层。驱动层主要负责机器人底层硬件控制，如电机、编码器、IMU 等，通过串口协议与 ROS 基础层的机器人底盘驱动节点进行通信，接收基础层发出的目标矢量速度，并发送编码器矢量速度、IMU、电量。ROS 基础层包含底盘驱动功能包、URDF 模型、远程控制功能包、激光雷达驱动功能包、深度相机驱动功能包等，启动节点(xtark_bringup)负责底层硬件的启动控制。ROS 应用层主要包含 SLAM 地图构建、NAV 导航、RTAB 三维建图导航等应用功能包。软件框图如图 9.4 所示。

机器人主要功能包代码位于用户目录下的 xtark 文件夹中，其中 ros_ws 文件夹为 ROS 工作空间，src 文件夹为机器人功能包，功能包清单及说明如表 9.1 所示。

表 9.1　移动机器人软件功能包说明

名称	说明
xtark_robot	机器人底盘功能包，包含机器人运动控制、IMU、里程计、电池电压数据采集和发布等功能
xtark_description	机器人 URDF 模型描述功能包
xtark_teleop	机器人控制功能包，包含键盘和手柄控制功能
xtark_driver	机器人驱动文件夹，包含雷达和摄像头驱动功能包
xtark_bringup	机器人启动功能包，可实现机器人常用节点启动和配置
xtark_slam	机器人 SLAM 地图构建功能包
xtark_nav	机器人自主导航功能包
xtark_rtab	机器人 RTAB-SLAM 三维建图导航功能包

9.1.3 开发环境

ROS 是一种分布式设计框架，不同主机端可以通过 ROS 网络相互通信。一般针对小型或微型机器人平台的控制系统，可以选择多处理器的实现策略。在实际应用中，通常以嵌入式系统(如树莓派)作为机器人本体的控制系统，同时采用 PC 主机实现远程监控。前者实现数据采集与底盘控制，后者则实现远程图形显示及数据运算。

机器人的开发环境可以分为远程监控端和机器人端。远程监控端运行在安装有 Ubuntu 20.04 的 PC 主机上，或者运行在虚拟主机中，系统安装 ROS Noetic 版本和相关的功能包。实验操作在虚拟主机中进行，以下远程监控端简称虚拟主机端。

远程监控端和机器人端通过 Wi-Fi 网络进行连接，远程监控端可通过 SSH 连接到机器人端进行操作，机器人作为 ROS 网络的 Master 节点，远程监控端作为 ROS Slaver 普通节点，通过 ROS_MASTER_URI 和 ROS_IP 两个参数进行配置。网络拓扑如图 9.5 所示。

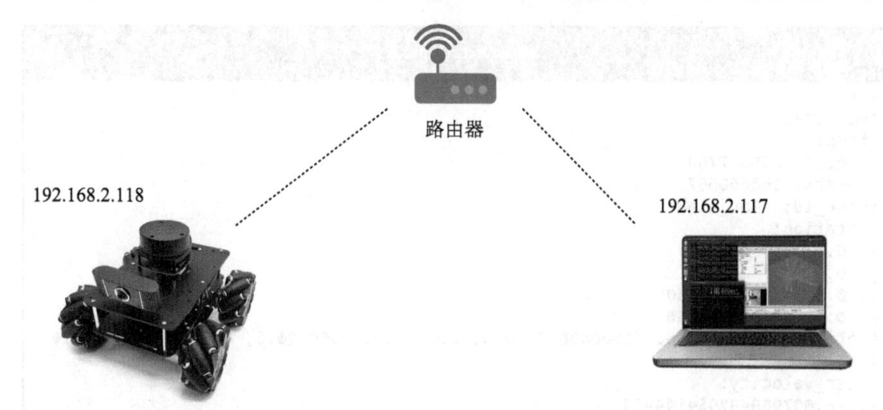

图 9.5　ROS 机器人网络拓扑图

9.2　机器人基础功能实现

9.2.1　机器人底盘驱动

ROS 机器人通过 xtark_robot 功能包接入 ROS 系统，xtark_robot 驱动包提供了底层传感器参数获取接口以及上层速度指令执行接口。SSH 连接到机器人端，运行 xtark_robot.launch 文件启动机器人底盘。

```
$ roslaunch xtark_robot xtark_robot.launch
```

虚拟主机端通过 rqt_graph 工具可以查看节点话题订阅发布情况，如图 9.6 所示。其中，/cmd_vel 为底盘订阅的速度话题，/odom 为底盘发布的里程计话题，/imu 为底盘发布的 IMU 加速度陀螺仪传感器话题，/bat_vol 为底盘发布的电池电压话题。

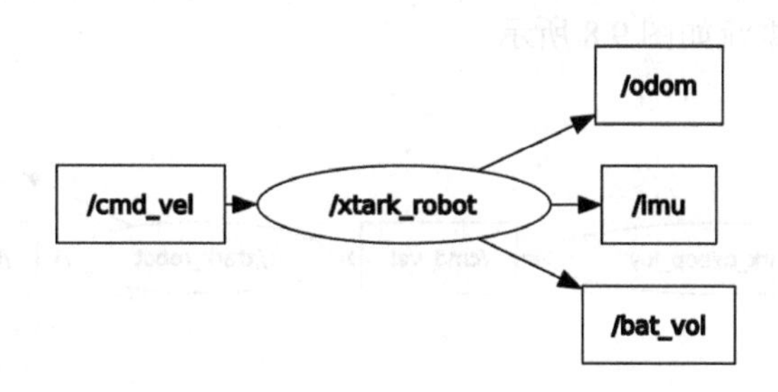

图 9.6　驱动节点话题消息计算图

以 IMU 为例，机器人端或虚拟主机端均可使用 rostopic 命令查看 IMU 话题数据。

```
$ rostopic echo /imu
```

IMU 话题包含四元数、三轴加速度数据、三轴角速度数据，结果如图 9.7 所示。

```
xtark@xtark-pc: ~
header:
  seq: 6488
  stamp:
    secs: 1655367700
    nsecs: 500660087
  frame_id: "imu_link"
orientation:
  x: 0.0
  y: 0.0
  z: 0.08440551161766052
  w: 0.994687020778656
orientation_covariance: [1000000.0, 0.0, 0.0, 0.0, 1000000.0, 0.0, 0.0, 0.0, 1e-
06]
angular_velocity:
  x: -0.007989482954144478
  y: -0.022903185337781906
  z: 0.001597896683961153
angular_velocity_covariance: [1000000.0, 0.0, 0.0, 0.0, 1000000.0, 0.0, 0.0, 0.0
, 1e-06]
linear_acceleration:
  x: 0.03229980543255806
  y: 0.504833996295929
  z: 9.680371284484863
linear_acceleration_covariance: [0.0, 0.0, 0.0, 0.0, 0.0, 0.0, 0.0, 0.0, 0.0]
```

图 9.7　IMU 话题数据

9.2.2 机器人远程控制

在具备底盘驱动功能包的前提下，可以通过/cmd_vel 速度话题控制机器人移动。xtark_teleop 功能包可实现以键盘或手柄控制机器人。其中，joy.launch 文件为手柄控制，keyboard.launch 文件为键盘控制。以手柄为例，SSH 连接到机器人端，先启动机器人底盘节点，然后启动 xtark_teleop 功能包的 joy.launch 文件。

```
$ roslaunch xtark_teleop joy.launch
```

手柄左 1 按键为控制有效键，使用右侧摇杆控制机器人全向运动，左侧摇杆控制机器人转向。手柄控制数据流如图 9.8 所示。

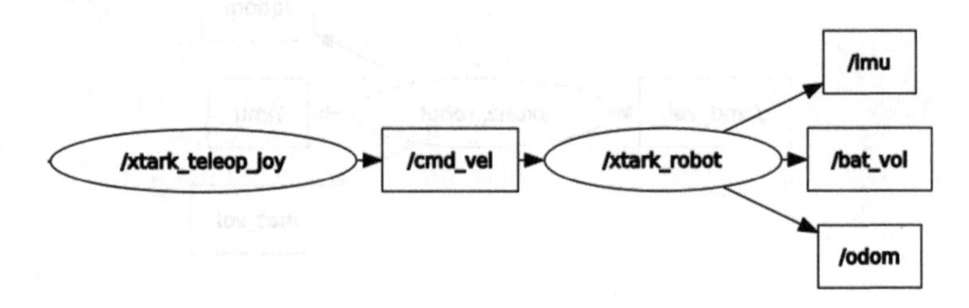

图 9.8　手柄控制计算图

9.2.3 URDF 模型显示

xtark_description 功能包为机器人 URDF 模型描述文件，SSH 连接到机器人端，启动 model.launch 文件显示机器人模型。

```
$ roslaunch xtark_description model.launch
```

虚拟主机端使用 rviz 软件查看机器人模型，通过手柄或键盘控制机器人移动，机器人运动状态和姿态可以在 rviz 中同步显示，显示效果如图 9.9 所示。

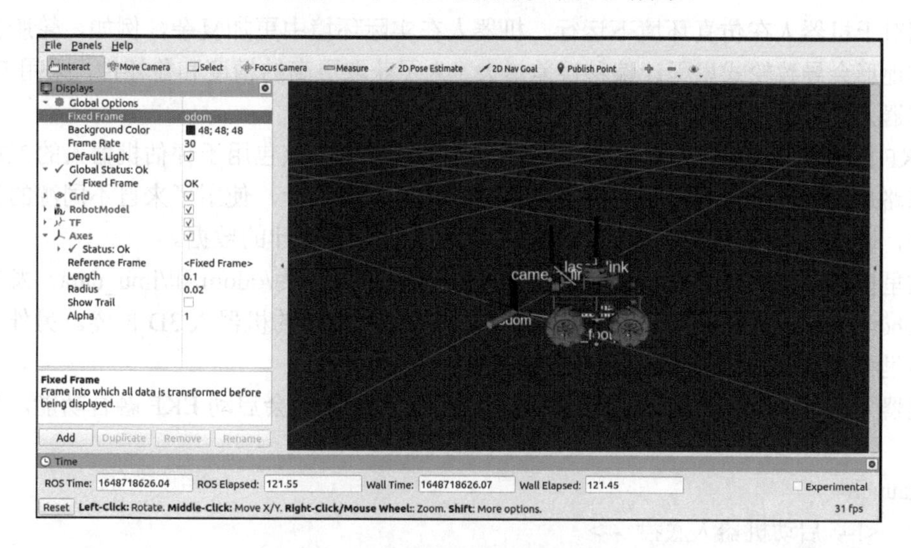

图 9.9　URDF 模型显示效果图

xtark_description 功能包还发布了机器人各个关节(link)的 tf 坐标变换，通过 rqt_tf_tree 工具查看结果如图 9.10 所示。其中 odom 到 base_footprint 的坐标变换由 xtark_robot 发布。

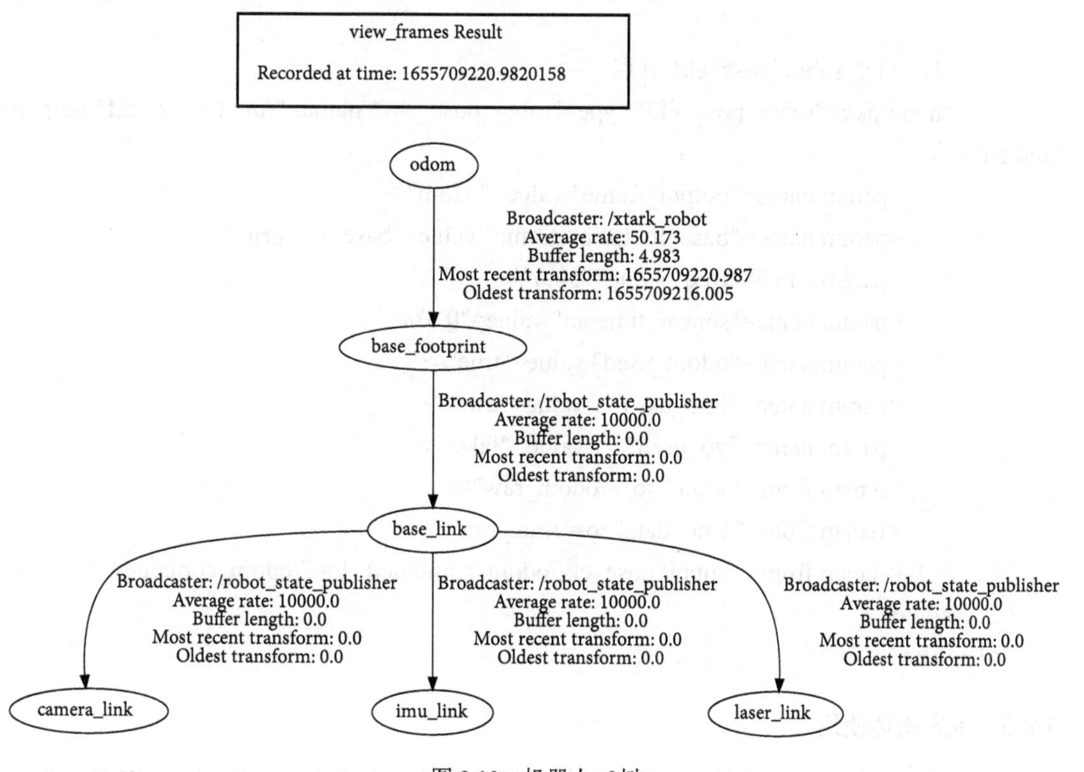

图 9.10　机器人 tf 树

9.2.4　EKF 融合算法实现

相对于机器人在仿真环境下运行，机器人在实际环境中更加复杂，例如，轮胎打滑或者崎岖地形会导致轮式里程计偏移误差增大。为了获取更高的精度和鲁棒性，采用 EKF 算法对机器人里程计和 IMU 数据进行融合。

EKF 算法使用 robot_pose_ekf 扩展卡尔曼滤波算法包，该包用于评估机器人的 3D 位姿，基本思路是用松耦合方式融合不同传感器信息实现位姿估计，使用了来自不同源的位姿测量信息，以 EKF 算法整合里程计、IMU 传感器和视觉里程计的数据。

这里机器人仅用到了里程计和 IMU 数据，监听的话题为/odom 和/imu_data。发布的话题为 robot_pose_ekf/odom_combined，是滤波器输出所估计的机器人 3D 位姿。另外，节点还发布里程计到 base_footprint 的 tf 坐标变换。

机器人运行 xtark_bringup 功能包的 bringup.launch 文件会启动 EKF 融合功能，代码如下：

```
<launch>
    <!-- 启动机器人底盘 -->
    <include file="$(find xtark_robot)/launch/xtark_robot.launch"/>

    <!-- 加载机器人模型 -->
    <include file="$(find xtark_description)/launch/model.launch"/>

    <!-- 启动 robot_pose_ekf 节点  -->
    <node pkg="robot_pose_ekf" type="robot_pose_ekf" name="robot_pose_ekf" output=
"screen">
        <param name="output_frame" value="odom"/>
        <param name="base_footprint_frame" value="base_footprint"/>
        <param name="freq" value="50.0"/>
        <param name="sensor_timeout" value="0.5"/>
        <param name="odom_used" value="true"/>
        <param name="imu_used"   value="true"/>
        <param name="vo_used"    value="false"/>
        <remap from="odom" to="/odom_raw"/>
        <remap from="/imu_data" to="/imu_raw"/>
        <remap from="/robot_pose_ekf/odom_combined" to="/odom_combined"/>
    </node>
</launch>
```

9.2.5　激光雷达使用

激光雷达节点可以为机器人建图导航提供所需要的二维平面扫描数据。SSH 连接到机器人端，运行 xtark_bringup 功能包的 lidar.launch 文件启动雷达节点。

```
$ roslaunch xtark_bringup lidar.launch
```

启动成功后，显示如图 9.11 所示。

```
/home/xtark/xtark/ros_ws/src/xtark_bringup/launch/include...
 * /rplidarNode/serial_baudrate: 115200
 * /rplidarNode/serial_port: /dev/xtark_lidar

NODES
  /
    rplidarNode (rplidar_ros/rplidarNode)

auto-starting new master
process[master]: started with pid [2431]
ROS_MASTER_URI=http://192.168.2.156:11311

setting /run_id to 7bb0e29a-ed4d-11ec-b1b4-e179bc8dc30b
process[rosout-1]: started with pid [2441]
started core service [/rosout]
process[rplidarNode-2]: started with pid [2448]
[ INFO] [1655367761.527983671]: RPLIDAR running on ROS package rplidar_ros, SDK
Version:2.0.0
[ INFO] [1655367761.584431312]: RPLIDAR S/N: 8CFD9A86C0E09CC9A2E09DF71E2F3079
[ INFO] [1655367761.584542702]: Firmware Ver: 1.28
[ INFO] [1655367761.584601351]: Hardware Rev: 7
[ INFO] [1655367761.636059002]: RPLidar health status : OK.
[ INFO] [1655367761.944857113]: current scan mode: Boost, sample rate: 8 Khz, ma
x_distance: 12.0 m, scan frequency:10.0 Hz,
```

图 9.11　激光雷达节点启动界面

在虚拟主机端，运行 rviz 工具，查看雷达话题数据，如图 9.12 所示。注意 Fixed Frame 项需要修改为 laser。

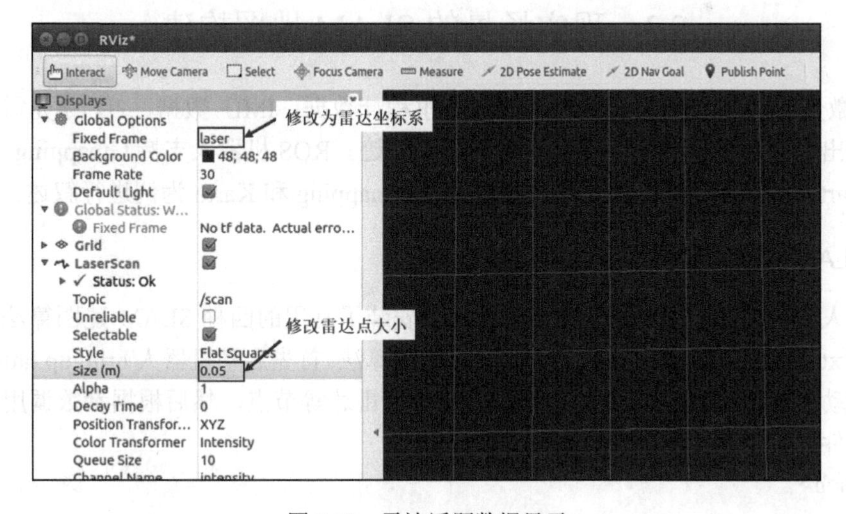

图 9.12　雷达话题数据显示

9.2.6　RGBD 深度相机使用

RGBD 深度相机可以获取深度图像和彩色图像，SSH 连接到机器人端，运行 xtark_bringup 功能包的 depthcamera.launch 文件启动深度相机节点。

```
$ roslaunch xtark_bringup depthcamera.launch
```

启动深度相机节点后会发布多种图像信息，包括彩色图像、深度图像、点云图像等，可以通过 rviz 工具查看，彩色点云显示效果如图 9.13 所示，对比实际场景图片，可以看到清晰的彩色点云图像，其他类型图像可通过修改话题查看。

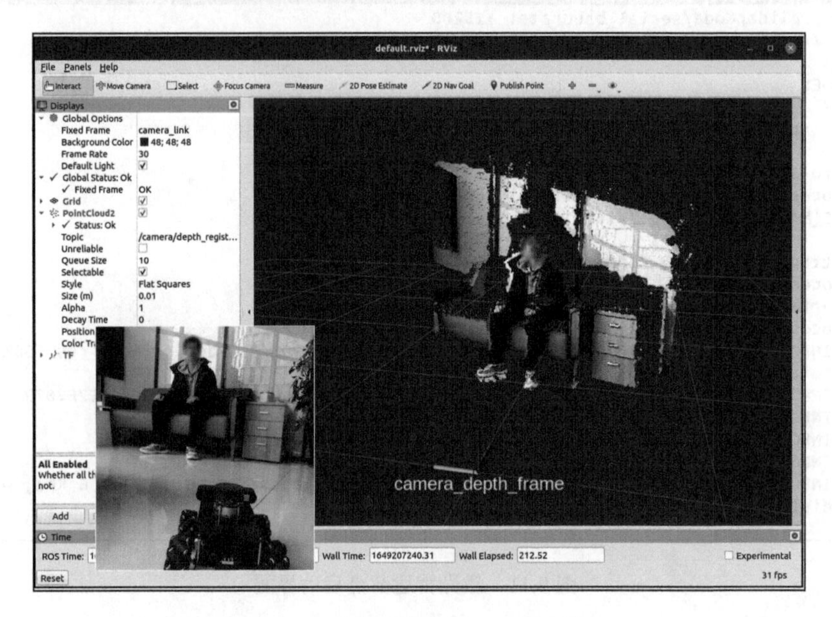

图 9.13　深度相机彩色点云显示效果

9.3　现实场景的 SLAM 地图构建

2D 激光雷达 SLAM 建图的输入一般是里程计数据、IMU 数据、2D 激光雷达数据，得到的输出为覆盖栅格地图以及机器人的运动轨迹。ROS 机器人支持 Gmapping、Hector、Karto、Cartographer 等多种建图算法，这里以 Gmapping 和 Karto 为例进行叙述。

9.3.1　SLAM 建图功能包

机器人建图功能包为 xtark_slam，已默认安装了常用的四种 SLAM 建图算法，通过功能包中的 xtark_slam.launch 文件启动不同的建图算法。首先启动机器人 bringup.launch 文件，该文件启动了机器人底盘、模型文件、tf 变换、雷达等节点，然后根据参数调用不同的算法启动文件，默认为 Gampping 算法。

```
<launch>
    <!-- Arguments -->
    <arg name="slam_methods" default="gmapping" doc="slam type [gmapping, cartographer, hector, karto]"/>

    <!-- 启动机器人，包含底盘，激光雷达 -->
```

```
        <include file="$(find xtark_bringup)/launch/bringup.launch" />

        <!-- SLAM: Gmapping, Cartographer, Hector, Karto -->
        <include file="$(find xtark_slam)/launch/xtark_$(arg slam_methods).launch"/>
</launch>
```

9.3.2 基于 Gmapping 算法的地图构建

SSH 连接到机器人端，运行 xtark_slam 功能包中 slam.launch 启动文件，启动 Gmapping 建图节点。

```
$ roslaunch xtark_slam slam.launch
```

运行键盘控制节点，控制机器人移动建图。

```
$ roslaunch xtark_teleop keyboard.launch
```

在虚拟主机端运行 rviz 工具，添加地图显示相关插件，开始构建地图，rviz 界面如图 9.14 所示。启动相机节点后，添加 Camera 插件可以同步看到机器人前方的视频图像。

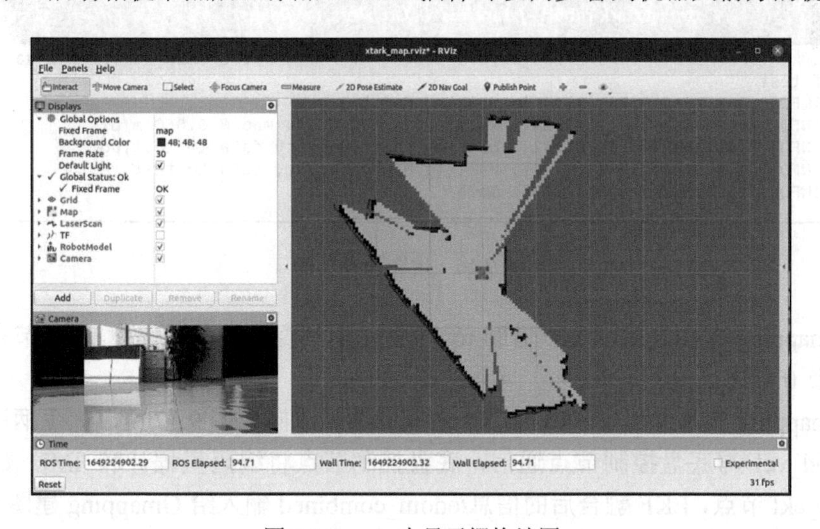

图 9.14　rviz 中显示栅格地图

键盘控制机器人移动建图时，可适当减小机器人移动速度，机器人运行速度越慢，里程计相对误差越小，可实现更好的建图效果。随着机器人移动，rviz 显示地图会不断增加，直至完成整个环境场景的地图构建。如图 9.15 左图实验环境图片所示，右图为构建好的栅格地图，沙发、纸箱、花盆等物体的轮廓清晰可见。

建图完成后，地图数据是保存在内存中的。当节点关闭时，数据也会被一并释放，需要将栅格地图保存到磁盘中，以备机器人导航使用。地图保存可以通过 map_server 功能包实现。

map_server 功能包中提供了两个节点：map_saver 和 map_server。前者用于将栅格地图保存到磁盘，后者读取磁盘的栅格地图并以服务的方式提供。

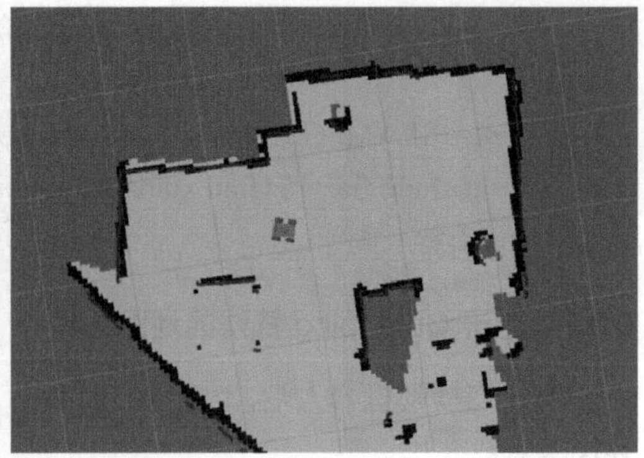

图 9.15　Gmapping 建图效果展示

SSH 连接到机器人端，跳转到需要保存地图的路径，例如，导航功能包下的 maps 文件夹，运行如下命令保存地图，如图 9.16 所示。

```
xtark@xtark-robot: ~/xtark/ros_ws/src/xtark_nav/maps
xtark@xtark-robot:~/xtark/ros_ws/src/xtark_nav/maps$ rosrun map_server map_saver
 -f test
[ INFO] [1655368299.761485953]: Waiting for the map
[ INFO] [1655368299.971245134]: Received a 608 X 544 map @ 0.050 m/pix
[ INFO] [1655368299.971385261]: Writing map occupancy data to test.pgm
[ INFO] [1655368299.994977234]: Writing map occupancy data to test.yaml
[ INFO] [1655368299.995364837]: Done
```

图 9.16　地图保存示例

在 Gmapping 建图之后，可以借助 rqt 可视化工具查看建图过程中 ROS 节点之间的数据流向以及 tf 状态。

在 Gmapping 建图过程中，ROS 节点之间的数据流向如图 9.17 所示。手柄遥控节点通过话题/cmd_vel 与底盘控制节点通信，底盘控制节点将编码里程计和 IMU 数据传输到 robot_pose_ekf 节点，EKF 融合后的信息/odom_combined 输入给 Gmapping 建图节点。激光雷达节点通过话题/scan 将数据输入给 Gmapping 建图节点，URDF 解析节点/joint_state_publisher 将底盘各个传感器坐标系关系通过静态/tf_static 传给 Gmapping 建图节点。而 Gmapping 建图节点利用这些输入数据进行建图，并将地图发布到对应的话题，同时输出 map->odom 之间的动态 tf 关系到/tf。

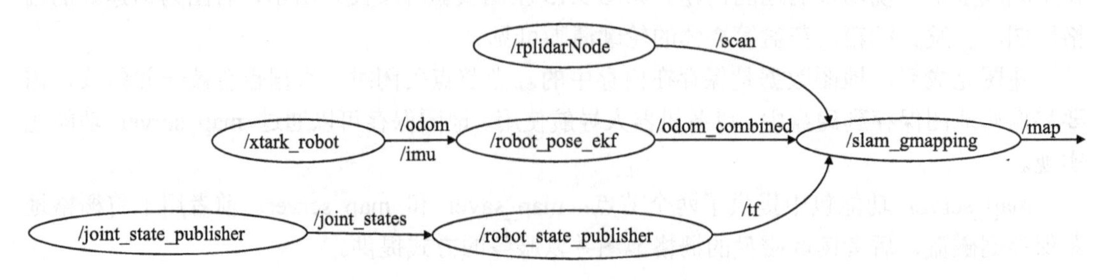

图 9.17　ROS 节点之间的数据流向

建图过程的 tf 状态，如图 9.18 所示。其中，激光雷达与底盘之间的静态 tf 关系为 base_footprint->base_link->laser_link，由 URDF 解析节点/robot_state_publisher 维护。轮式里程计和 IMU 传感器数据通过/robot_pose_ekf 节点融合后发布/odom_combined 提供的动态 tf 关系为 odom_combined->base_footprint，由/robot_pose_ekf 节点维护。地图与轮式里程计之间的动态 tf 关系 map->odom_combined，则由 Gmapping 建图节点维护。可以看出，Gmapping 建图节点所维护的 map->odom_combined 的 tf 关系，实际上是轮式里程计累积误差的动态修正量。至于其他的一些 tf 关系，与底盘上其他传感器有关，均由 URDF 解析节点发布和维护。

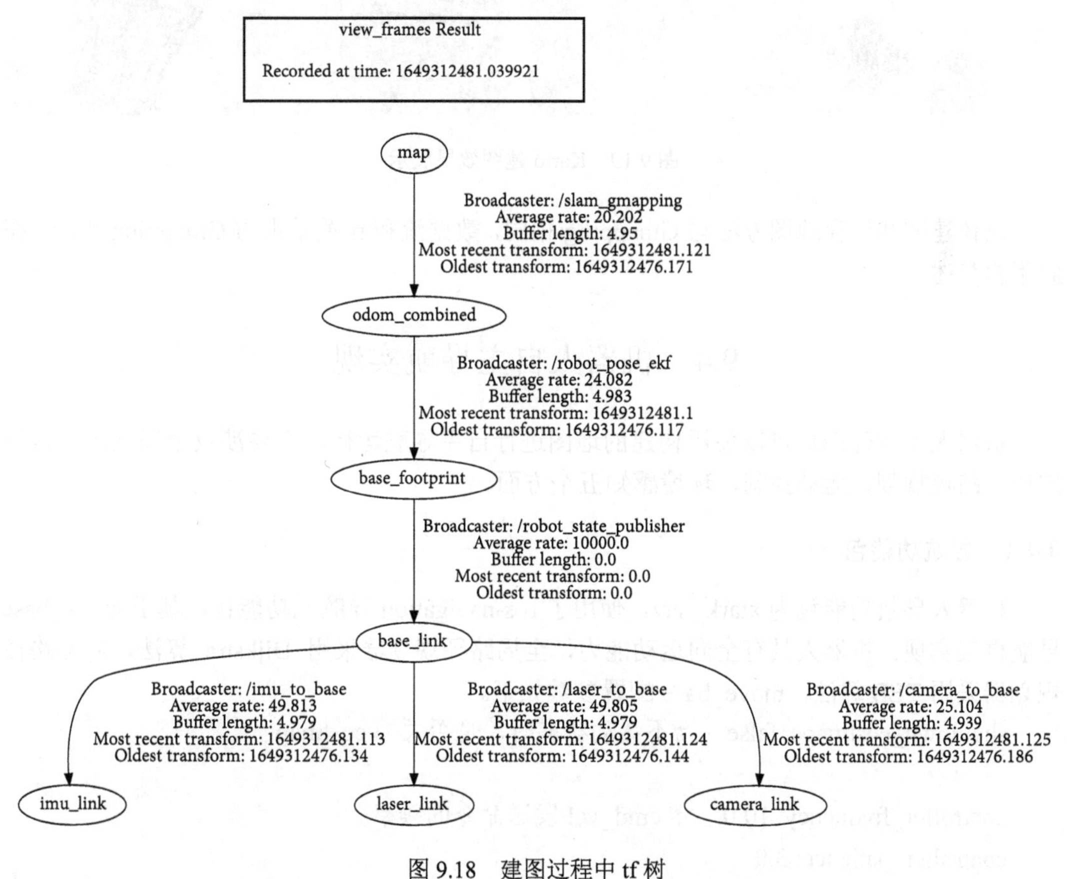

图 9.18　建图过程中 tf 树

9.3.3　基于 Karto 算法的地图构建

Karto 是基于图优化的方法，需要里程计和激光雷达数据。使用 Karto 算法进行地图构建。首先 SSH 连接到机器人端，运行 xtark_slam 功能包中 slam.launch 启动文件，启动 Karto 建图节点。

```
$ roslaunch xtark_slam slam.launch methods:=karto
```

运行键盘控制节点，控制机器人运动建图。

```
$ roslaunch xtark_teleop keyboard.launch
```

在虚拟主机端运行 rviz 工具，添加地图显示相关插件，开始构建地图。图 9.19 左图为实验环境图片，右图为构建好的栅格地图，构建的地图和实际场景有较好的匹配。

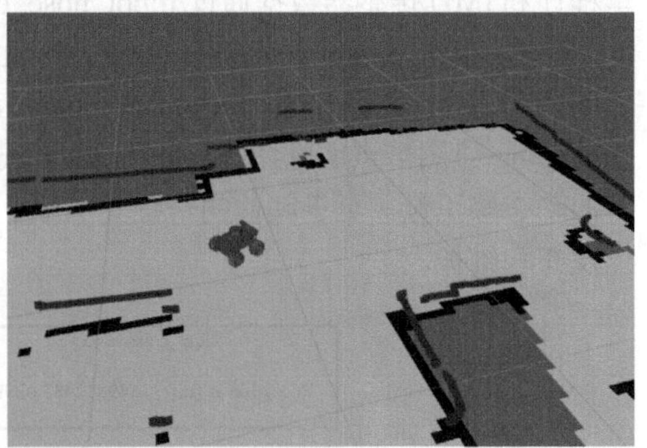

图 9.19　Karto 建图效果展示

具体建图和保存地图方法与 Gmapping 相同，数据流和 tf 关系也与 Gmapping 相同，在此不再赘述。

9.4　机器人自主导航实现

机器人完成建图后可以使用构建的地图进行自主导航运行，主要涉及全局地图、自身定位、路径规划、运动控制、环境感知五个方面。

9.4.1　导航功能包

机器人导航功能包为 xtark_nav，使用了 ros-navigation 导航元功能包，基于 move_base 导航框架实现。机器人具有全向运动能力，全局路径规划器采用 Dijkstra 算法，局部路径规划器采用 TEB 算法。move_base 配置参数如下。

```
shutdown_costmaps: false     #不活动状态时，是否关掉 costmap

controller_frequency: 10.0     # cmd_vel 发送命令的频率
controller_patience: 3.0

planner_frequency: 1.0     #全局规划操作的执行频率
planner_patience: 3.0

oscillation_timeout: 5.0   #执行修复机制前，允许振荡的时长
oscillation_distance: 0.2   #多大距离不会被认为是振荡

#全局路径规划器
base_global_planner: "global_planner/GlobalPlanner"
```

```
#局部路径规划器
base_local_planner: "teb_local_planner/TebLocalPlannerROS"

max_planning_retries: 1

recovery_behavior_enabled: true
clearing_rotation_allowed: true

#恢复行为设置
recovery_behaviors:
  - name: 'conservative_reset'
    type: 'clear_costmap_recovery/ClearCostmapRecovery'
  - name: 'clearing_rotation'
    type: 'rotate_recovery/RotateRecovery'

#保守清除，指定区域之外的障碍物清除
conservative_reset:
  reset_distance: 1.0
  layer_names: [obstacle_layer]

#积极清除，指定区域之外的所有障碍物
aggressive_reset:
  reset_distance: 3.0
  layer_names: [obstacle_layer]

#超级清除，更进一步地清除
super_reset:
  reset_distance: 5.0
  layer_names: [obstacle_layer]

#恢复行为
move_slow_and_clear:
  clearing_distance: 0.5
  limited_trans_speed: 0.1
  limited_rot_speed: 0.4
  limited_distance: 0.3
```

TEB 算法是基于弹性带碰撞约束算法实现的，综合考虑了动态障碍物、运行时效、路径平滑性等约束。在复杂环境下，TEB 算法比传统的 DWA 算法有更好的表现。TEB 支持几乎所有非完整约束底盘和完整约束底盘。算法首先以几条能到达目标点的粗略路径为初始路径，然后在每条路径上加入时间、速度、碰撞等约束，并利用这些约束构建优化问题；求解每条初始路径的优化问题，得到一条比初始路径更优的路径，再从这些调优后的路径中选出一条更优的路径，即可得到局部路径规划结果。teb_local_planner 配置参数，请扫描二维码查看。

teb_local_planner 配置参数

导航节点启动 launch 文件代码如下：

```
<launch>
    <!-- Arguments -->
    <arg name="map_file" default="$(find xtark_nav)/maps/map.yaml"/>

    <!-- 启动机器人，包含底盘，激光雷达 -->
    <include file="$(find xtark_bringup)/launch/bringup.launch" />

    <!-- 启动 Map server 功能包，发布地图 -->
    <node name="map_server" pkg="map_server" type="map_server" args="$(arg map_file)" />

    <!-- 启动 AMCL 自适应蒙特卡罗定位算法包 -->
    <include file="$(find xtark_nav)/launch/include/amcl_omni.launch">
    </include>

    <!-- 启动路径规划算法包 -->
    <include file="$(find xtark_nav)/launch/include/teb_move_base_omni.launch"/>
</launch>
```

9.4.2 自主导航实现

在进行机器人导航之前需要构建地图，并保存地图。本例程使用前面构建的栅格地图，启动导航节点时会加载该地图。运行 xtark_nav 功能包前，SSH 连接到机器人端，修改 nav.launch 文件中的地图文件路径和名称，保存后启动该 launch 文件。

```
$ roslaunch xtark_nav nav.launch
```

这时节点正在启动，终端会输出启动信息，等待出现图 9.20 所示的启动完成界面。

虚拟主机端启动 rviz，并添加插件，显示栅格地图等信息。导航前首先进行机器人初始位置标定，根据图 9.21 实际场景中机器人的位置和朝向标定。使用 rviz 的 2D Pose Estimate 菜单进行机器人标定，箭头的尾部为 ROS 机器人的位置，箭头的方向为 ROS 机器人的朝向，如图 9.21 所示。

```
/home/xtark/xtark/ros_ws/src/xtark_nav/launch/nav.launch ...
[ INFO] [1655368375.787060511]: current scan mode: Boost, sample rate: 8 Khz, ma
x_distance: 12.0 m, scan frequency:10.0 Hz,
[INFO] [1655368376.831894]: Publishing combined odometry on /odom_trans
[ INFO] [1655368378.045222896]: global_costmap: Using plugin "static_layer"
[ INFO] [1655368378.108945307]: Requesting the map...
[ INFO] [1655368378.318292532]: Resizing costmap to 101 X 141 at 0.050000 m/pix
[ INFO] [1655368378.418114152]: Received a 101 X 141 map at 0.050000 m/pix
[ INFO] [1655368378.433726316]: global_costmap: Using plugin "obstacle_layer"
[ INFO] [1655368378.446287938]:     Subscribed to Topics: laser_scan
[ INFO] [1655368378.527940844]: global_costmap: Using plugin "inflation_layer"
[ INFO] [1655368378.728050224]: local_costmap: Using plugin "obstacle_layer"
[ INFO] [1655368378.741420703]:     Subscribed to Topics: laser_scan
[ INFO] [1655368378.796035786]: local_costmap: Using plugin "inflation_layer"
[ INFO] [1655368378.976896471]: Created local_planner teb_local_planner/TebLocal
PlannerROS
[ INFO] [1655368379.181609391]: Footprint model 'polygon' loaded for trajectory
optimization.
[ INFO] [1655368379.182499728]: Parallel planning in distinctive topologies disa
bled.
[ INFO] [1655368379.182649410]: No costmap conversion plugin specified. All occu
pied costmap cells are treaten as point obstacles.
[ INFO] [1655368380.103814439]: Recovery behavior will clear layer 'obstacles'
[ INFO] [1655368380.222659878]: odom received!
```

图 9.20　导航启动界面

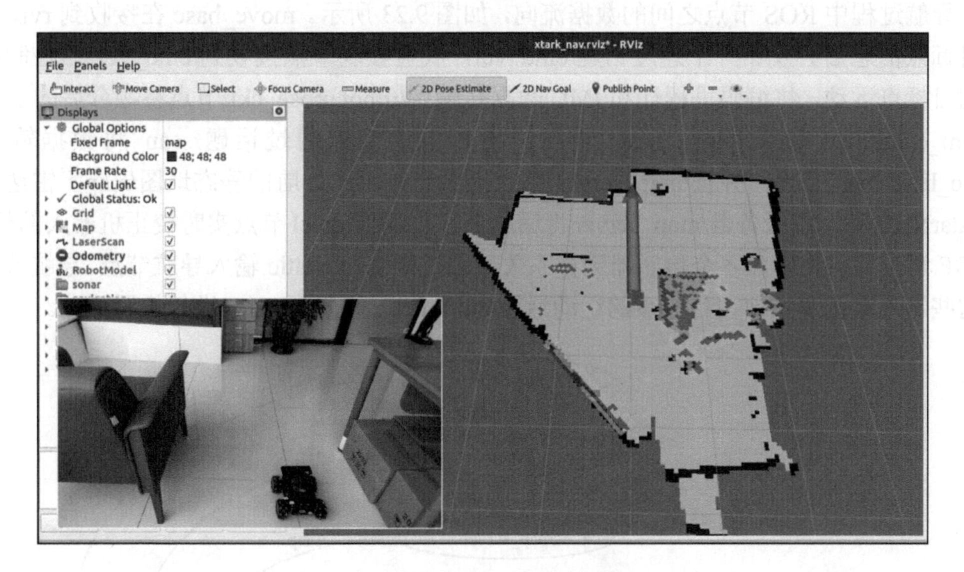

图 9.21　机器人标定示意图

标定完初始位置后进行导航，初始位置大体准确即可。即使有少量偏差，AMCL 算法也会调整正确。使用 rviz 的 2D Nav Goal 菜单发布一个目标位置，ROS 机器人即可自动导航与避障到达目标位置。导航过程中，如果有人遮挡机器人前进，机器人会重新规划路径进行自动避让。如图 9.22 所示，图中左下角为有人动态遮挡场景图，图片右边地图部分可以看到机器人重新规划路径躲避障碍物到达目标位置。在实际运行机器人导航时，会在 RVIZ 显示出两个导航路径线，其中绿色线为全局路径，红色线为局部路径。

彩图 9.22

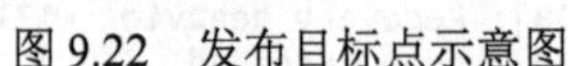
图 9.22　发布目标点示意图

借助 rqt 可视化工具，可以查看导航过程中 ROS 节点之间的数据流向以及 tf 状态。

导航过程中 ROS 节点之间的数据流向，如图 9.23 所示。move_base 在接收到 rviz 发布的目标点信息后会发布一个速度话题/cmd_vel，底盘控制节点接收到/cmd_vel 后控制机器人向目标点运动，将编码里程计和 IMU 数据传输到/robot_pose_ekf 节点将融合后的 tf 信息/odom_combined 输入/move_base 节点，激光雷达节点通过话题/scan 将数据输入给 move_base 导航节点，并且/map_server 节点提供当前用于导航的静态地图/map，雷达节点/rplidarNode 和地图服务器/map_server 将话题信息传输给/amcl 节点实时校正机器人的位姿，URDF 解析节点将底盘各个传感器坐标系关系通过静态/tf_static 输入导航节点。导航节点利用这些输入数据发布前往目标点的运动话题/cmd_vel，并配合 amcl 进行位置估计。

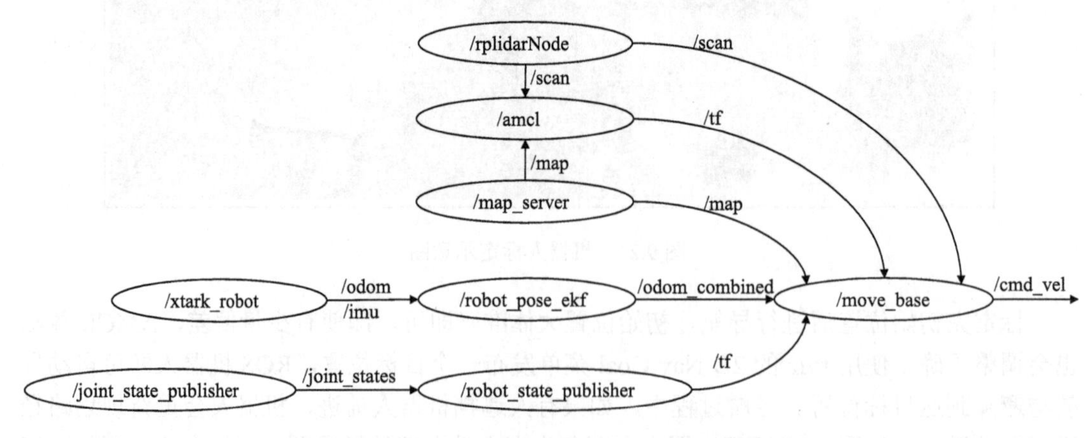

图 9.23　导航过程中节点间的数据流向

导航过程的 tf 状态与建图类似，不同之处在于地图与轮式里程计之间的动态 tf 关系 map->odom_combined，是由/amcl 节点维护的。

9.5　RTAB 三维建图导航

RTAB-Map（for Real-Time Appearance-Based Mapping）用于基于外观的实时建图，是一个通过内存管理方法实现回环检测的开源库。该算法限制地图的大小以使得回环检测始终在固定的时间限制内处理，可以满足长期和大规模环境在线建图要求，目前已经发展成为跨平台的独立 C++库和一个 ROS 包，具有在线处理、鲁棒而低漂移的里程计、鲁棒的定位、实用的地图生成和开发、多会话的建图（机器人绑架问题或初始化状态问题）等优点。RTAB-Map ROS 节点的框图如图 9.24 所示。

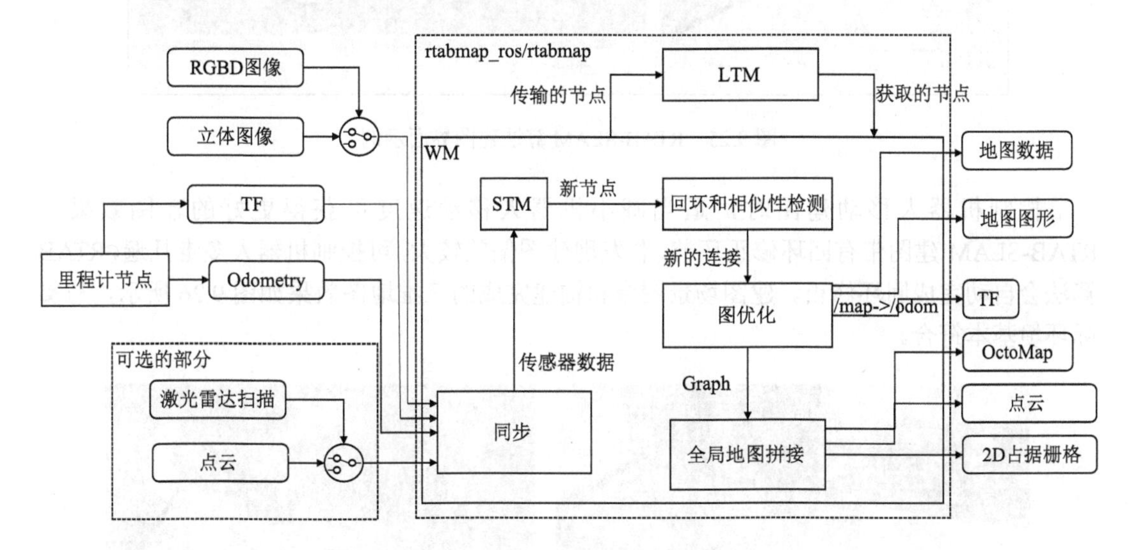

图 9.24　RTAB-Map ROS 节点框图

9.5.1　RTAB 地图构建

RTAB_SLAM 功能包支持仅用深度相机建图或深度相机与激光雷达融合建图，后者的建图效果更好，例程为深度相机与激光雷达融合建图导航。

通过 SSH 连接到机器人，执行如下命令，启动 RTAB_SLAM 深度相机和激光雷达融合建图。

```
$ roslaunch roslaunch xtark_rtab mapping.launch
```

运行键盘控制节点，控制机器人移动建图。

```
$ roslaunch xtark_teleop keyboard.launch
```

在虚拟主机端运行 rviz 工具，可自行添加 RTAB 三维地图显示相关插件，也可使用配置好的文件。配置好的显示参数在虚拟机/xtark/ros_ws/src/xtark_viz/rviz/文件夹下的 xtark_rtab.rviz 配置文件中，打开后可以看到 RTAB-SLAM 算法建图界面如图 9.25 所示，左下角为叠加了地图信息的第一视角图像。

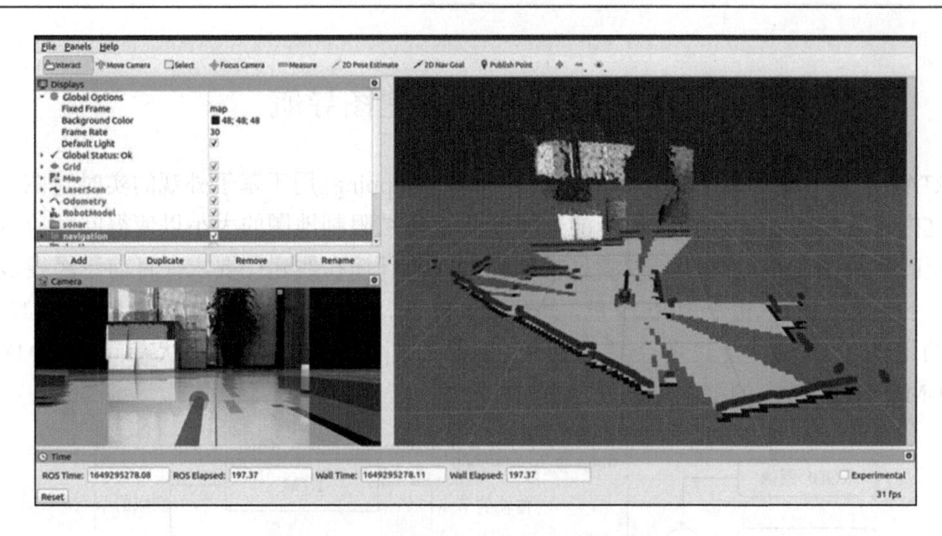

图 9.25　RTAB-SLAM 算法建图界面示例

控制机器人移动建图时，适当减小机器人移动速度可获得更好的建图效果。RTAB-SLAM 建图带有回环修正环节，若发现建图偏差较大，可控制机器人多走几遍，RTAB 算法会自动完成回环修正。建图场景图像和构建完成的三维地图效果如图 9.26 所示，与实际环境基本符合。

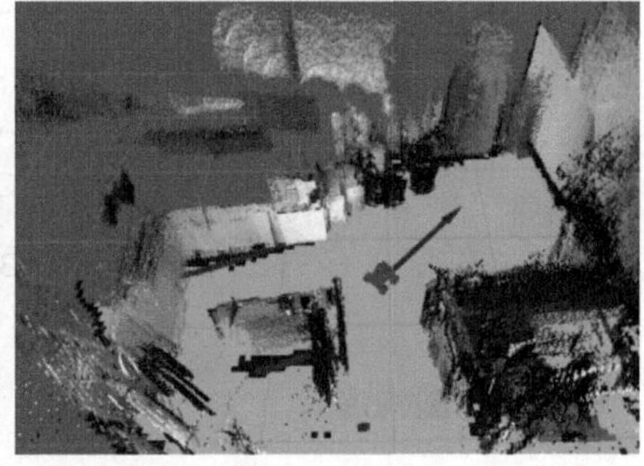

图 9.26　RTAB-SLAM 建图效果展示

三维地图与二维栅格地图相比，地面栅格地图增加了上方的立体图像信息，能更好地重建场景信息。在后续的导航中，可以实现机器人位置自动匹配。

在建图过程完成后，可以直接按 Ctrl+C 键退出建图节点，算法将会自动保存地图。RTAB_SLAM 算法地图保存为*.db 格式，自动保存路径为～/.ros/rtabmap.db，无须手动保存地图。

9.5.2　三维导航

机器人建好三维地图后，可以使用 RTAB-SLAM 进行导航，导航时算法会自动加载～/.ros/rtabmap.db 中的地图。

通过 SSH 连接到机器人，执行如下命令，启动 RTAB-SLAM 深度相机导航。

```
$ roslaunch roslaunch xtark_rtab nav.launch
```

启动成功后在虚拟机端再打开一个终端，运行 rviz ，启动可视化界面，并打开/xtark/ros_ws/src/xtark_viz/rviz/文件夹下的 xtark_rtab.rviz 显示配置文件，此时 rviz 显示为机器人周围局部地图。前面机器人所建立的 3D 完整地图存放在机器人端，可以通过单击 Download Map 按钮下载 3D 地图。地图文件相对较大，下载地图文件需要一段时间。RTAB-SLAM 算法可以自动匹配机器人当前位置，如果启动时没有匹配好，可以键盘控制机器人慢速旋转，直至匹配完成。匹配好的地图如图 9.27 所示，左下角为叠加了地图信息的第一视角图像。

图 9.27 RTAB-SLAM 算法加载地图界面

机器人初始位置匹配好后，使用 rviz 的 2D Nav Goal 菜单发布一个目标位置，ROS 机器人即可自动导航与避障到达目标位置。RTAB-SLAM 算法导航避障效果如图 9.28 所示。

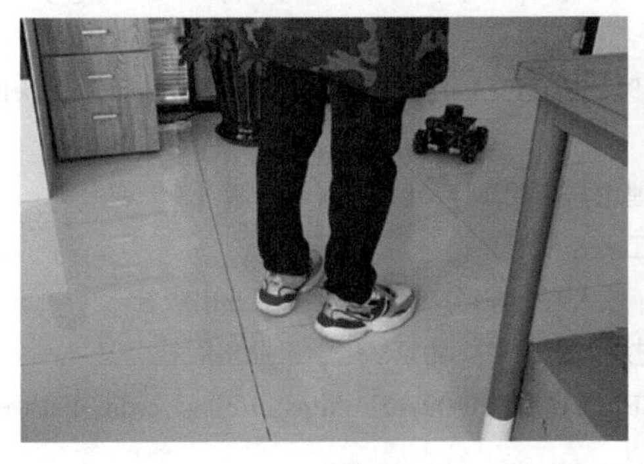

图 9.28 RTAB-SLAM 算法导航避障效果展示

习 题

9-1 使用键盘手柄，控制机器人运动，并通过 rviz 监控机器人里程计和状态。

9-2 使用机器人，构建自己使用场景的栅格地图，并实现机器人导航运行。

9-3 使用机器人，通过 RTAB 方法构建自己使用场景的三维地图，并实现机器人导航运行。

参 考 文 献

比平, 2020. ROS 机器人编程实战[M]. 李华峰, 张志宇, 译. 北京: 人民邮电出版社.

蔡自兴, 谢斌, 2015. 机器人学[M]. 3 版. 北京: 清华大学出版社.

曹勇, 2019. 基于多传感器融合的仓储 AGV 导航定位系统设计与实现[D]. 济南: 山东大学.

CHINAK, 2016. 机器人操作系统 ROS|简介篇[EB/OL]. [2016-11-23]. https://www. sohu. com/a/119699193_470043.

丁亮, 曲明成, 张亚楠, 等, 2019. ROS2 源代码分析与工程应用[M]. 北京: 清华大学出版社.

董宁, 2020. 家庭环境下服务机器人动作与意图识别系统研究与应用[D]. 南京: 东南大学.

费尔柴尔德, 哈曼, 2018. ROS 机器人开发实用案例分析[M]. 吴中红, 石章松, 潘丽, 等译. 北京: 机械工业出版社.

费尔南德斯, 克雷斯波, 马哈塔尼, 等, 2016. ROS 机器人程序设计[M]. 刘锦涛, 张瑞雷, 等译. 北京: 机械工业出版社.

FORREST-Z, 2017. AMCL 介绍及参数说明[EB/OL]. [2017-03-17]. https: //blog. csdn. net/Forrest_Z/article/details/62892053.

甘地那坦, 约瑟夫, 2021. ROS 机器人项目开发 11 例[M]. 潘丽, 陈媛媛, 徐茜, 等译. 北京: 机械工业出版社.

高翔, 张涛, 刘毅, 等, 2019. 视觉 SLAM 十四讲: 从理论到实践[M]. 北京: 电子工业出版社.

戈贝尔, 2016. ROS 入门实例[M]. 罗哈斯, 刘柯汕, 彭也益, 等译. 广州: 中山大学出版社.

戈贝尔, 2017. ROS 进阶实例[M]. 罗哈斯, 刘振东, 罗盛, 等译. 广州: 中山大学出版社.

古月, 2017a. ROS2 探索总结(八)—— What is ROS 2. 0？[EB/OL]. [2018-12-16]. https: //www. guyuehome. com/2300.

古月, 2017b. ROS2 探索总结(二)——走近 ROS2. 0 时代[EB/OL]. [2017-01-23]. https: //www. guyuehome. com/805.

何炳蔚, 张立伟, 张建伟, 2017. 基于 ROS 的机器人理论与应用[M]. 北京: 科学出版社.

胡春旭, 2018. ROS 机器人开发实践[M]. 北京: 机械工业出版社.

贾蓬, 2021. ROS 机器人编程实践[M]. 张瑞雷, 李静, 顾人睿, 等译. 北京: 机械工业出版社.

蒋畅江, 罗云翔, 张宇航, 等, 2022. ROS 机器人开发技术基础[M]. 北京: 化学工业出版社.

NICKDLK, 2020. ROS 虚拟仿真环境安装使用[EB/OL]. [2020-09-15]. https: //blog. csdn. net/weixin_43924621/article/details/108610476.

纽曼, 2019. ROS 机器人编程: 原理与应用[M]. 李笔锋, 祝朝政, 刘锦涛, 译. 北京: 机械工业出版社.

QUIGLEY M, GERKEY B, SMART W D, 2018. ROS 机器人编程实践[M]. 张天雷, 李博, 谢远帆, 等译. 北京: 机械工业出版社.

SPRINGIONIC, 2019. 虚拟机上安装 Linux 系统之 ubuntu[EB/OL]. [2019-05-29]. https: //www. cnblogs. com/springionic/p/10942840. html.

唐炜, 张仁远, 樊泽明, 2021. 基于 ROS 的机器人设计与开发[M]. 北京: 科学出版社.

陶满礼, 2020. ROS 机器人编程与 SLAM 算法解析指南[M]. 北京: 人民邮电出版社.

特龙, 比加尔, 福克斯, 2017. 概率机器人[M]. 曹红玉, 谭志, 史晓霞, 等译. 北京: 机械工业出版社.
TOP LIU, 2016. ROS 和 ROS2. 0 现在到底该学习哪个呢? [EB/OL]. [2016-12-15]. https: //zhuanlan. zhihu. com/p/24391444.
危双丰, 庞帆, 刘振彬, 等, 2018. 基于激光雷达的同时定位与地图构建方法综述[J]. 计算机应用研究, 37(2): 1001-3695.
武洪恩, 2007. 基于 Windows 的开放结构控制平台及应用研究[D]. 济南: 山东大学.
徐本连, 鲁明丽, 2021. 机器人 SLAM 技术及其 ROS 系统应用[M]. 北京: 机械工业出版社.
约瑟夫, 2018. ROS 机器人项目开发 11 例[M]. 张瑞雷, 刘锦涛, 林远山, 译. 北京: 机械工业出版社.
约瑟夫, 2020. 机器人操作系统(ROS)入门必备: 机器人编程一学就会[M]. 曾庆喜, 朱德龙, 等译. 北京: 机械工业出版社.
约瑟夫, 卡卡切, 2019. 精通 ROS 机器人编程[M]. 张新宇, 张志杰, 等译. 北京: 机械工业出版社.
ZEEKR_TECH, 2022. ROS/ROS 2 介绍[EB/OL]. [2022-04-21]. https: //blog. csdn. net/Geely_Tech/article/details/124325709.
张虎, 2021. 机器人 SLAM 导航核心技术与实战[M]. 北京: 机械工业出版社.
张建伟, 张立伟, 胡颖, 等, 2012. 开源机器人操作系统——ROS[M]. 北京: 科学出版社.
张可, 2020. 基于深度相机的室内机器人建图与导航算法研究[D]. 哈尔滨: 哈尔滨工业大学.
张牧之, 2019. ROS 与 navigation 教程[EB/OL]. [2019-01-01]. https: //www. doc88. com/p-9592561826943. html?r=1.
周兴社, 杨刚, 王岚, 等, 2017. 机器人操作系统 ROS 原理与应用[M]. 北京: 机械工业出版社.
周治国, 曹江微, 邸顺帆, 2021. 3D 激光雷达 SLAM 算法综述[J]. 仪器仪表学报, 42(9): 13-27.
ZHU751191958, 2018. ROS 里程计的学习(odometry)[EB/OL]. [2018-02-13]. https: //blog. csdn. net/zhu751191958/article/details/79322364.
ARUBAI N, SCOTT K, et al., 2021. ROS Tutorials[EB/OL]. [2021-06-03]. http: //wiki. ros. org/ROS/Tutorials.
ARUN K S, HUANG T S, BLOSTEIN S D, 1987. Least-squares fitting of two 3-d point sets[J]. IEEE Transactions on Pattern Analysis and Machine Intelligence, 9(5): 698-700.
BIBER P, STRASSER W, 2003. The normal distributions transform: A new approach to laser scan matching[C]. IEEE/RSJ International Conference on Intelligent Robots and Systems(IROS), 2743-2748.
CADENA C, CARLONE L, CARRILLO H, et al., 2016. Past, present, and future of simultaneous localization and mapping: Toward the robust-perception age[J]. IEEE Transactions on Robotics, 32(6): 1309-1332.
CALVIN K L, KARSH B T, SEVERTSON D J, et al., 2006. The patient technology acceptance model (PTAM) for homecare patients with chronic illness[C]//Proceedings of the Human Factors and Ergonomics Society Annual Meeting. Los Angeles: SAGE Publications: 989-993.
CENSI A, 2008. An ICP variant using a point-to-line metric[C]. IEEE International Conference on Robotics and Automation(ICRA), 19-25.
CHATILA R, LAUMOND J P, 1985. Position referencing and consistent world modeling for mobile robots[C]. IEEE International Conference on Robotics and Automation(ICRA), 138-145.
CHITTA S, MARDER-EPPSTEIN E, MEEUSSEN W, et al., 2017. Ros_control: A generic and simple control framework for ROS[J]. The Journal of Open Source Software, 2(20): 456.
DAS A, SERVOS J, WASLANDER S L, 2013. 3D scan registration using the normal distributions transform with ground segmentation and point cloud clustering[C]. IEEE International Conference on Robotics and Automation(ICRA).

DAVISON A J, REID I D, MOLTON N D, et al., 2007. MonoSLAM: real-time single camera SLAM[J]. IEEE Transactions on Pattern Analysis and Machine Intelligence, 29(6): 1052-1067.

DELLAERT F , FOX D , BURGARD W, et al., 1999. Monte carlo localization for mobile robots[C]. IEEE International Conference on Robotics and Automation(ICRA).

DIJKSTRA E W, 1959. A note on two problems in connexion with graphs[J]. Numerische Mathematik, 1(1): 269-271.

DRIGALSKI F, 2021. Setting up your robot using tf[EB/OL]. [2021-04-01]. http: //wiki. ros. org/navigation/Tutorials/RobotSetup/TF.

ENDRES F, HESS J, STURM J, et al., 2014. 3-D mapping with an RGB-D camera[J]. IEEE Transactions on Robotics: A publication of the IEEE Robotics and Automation Society, 30(1): 177-187.

ENGEL J, KOLTUN V, CREMERS D, 2017. Direct sparse odometry[J]. IEEE Transactions on Pattern Analysis and Machine Intelligence, 40(3): 611-625.

ENGEL J, SCHÖPS T, CREMERS D, 2014. LSD-SLAM: large-scale direct monocular SLAM[C]. European Conference on Computer Vision, Springer, Cham: 834-849.

FERNÁNDEZ E, CRESPO L S, MAHTANI A, et al., 2015. Learning ROS for robotics programming[M]. Birmingham: Packt Publishing.

FORSTER C, PIZZOLI M, SCARAMUZZA D, 2014. SVO: fast semi-direct monocular visual odometry[C]. IEEE International Conference on Robotics and Automation(ICRA), Hong Kong: 15-22.

FOX D, BURGARD W, THRUN S, 1997. The dynamic window approach to collision avoidance[J]. IEEE Robotics & Automation Magazine, 4(1): 23-33.

GRISETTI G, STACHNISS C, BURGARD W, 2005. Improving grid-based slam with rao-blackwellized particle filters by adaptive proposals and selective resampling[C]. IEEE International Conference on Robotics and Automation(ICRA), 2432-2437.

GRISETTI G, STACHNISS C, BURGARD W, 2007. Improved techniques for grid mapping with rao-blackwellized particle filters[J]. IEEE Transactions on Robotics, 23(1): 34-46.

GVDHOORN, 2019. Gmapping[EB/OL]. [2019-02-04]. http: //wiki. ros. org/gmapping.

HART P E, NILSSON N J, RAPHAEL B, 1968. A formal basis for the heuristic determination of minimum cost paths[J]. IEEE Transactions on Systems Science and Cybernetics, 4(2): 100-107.

HESS W, KOHLER D, RAPP H, et al., 2016. Real-time loop closure in 2D LIDAR SLAM[C]. IEEE International Conference on Robotics and Automation(ICRA), Stockholm: 1271-1278.

HONG S, KO H, KIM J, 2010. VICP: Velocity updating iterative closest point algorithm[C]. IEEE International Conference on Robotics and Automation(ICRA).

HORNUNG A, WURM K M, BENNEWITZ M, et al., 2013. Octo map: an efficient probabilistic 3D mapping framework based on octrees[J]. Autonomous Robots, 34(3): 189-206.

JENKINS, 2020. ROS amcl package summary[EB/OL]. [2020-08-27]. http: //wiki. ros. org/amcl.

JI Z, SINGH S, 2015. Visual-LIDAR odometry and mapping: low-drift, robust, and fast[C]. IEEE International Conference on Robotics & Automation(ICRA).

JOSEPH L, 2018. ROS 机器人项目(影印版)[M]. 南京: 东南大学出版社.

KANG H I, LEE B, KIM K, 2008. Path planning algorithm using the particle swarm optimization and the improved Dijkstra algorithm[C]. IEEE Pacific-Asia Workshop on Computational Intelligence and Industrial Application, 2: 1002-1004.

KOHLBRECHER S, VON STRYK O, MEYER J, et al., 2011. A flexible and scalable SLAM system with full 3D motion estimation[C]. IEEE International Symposium on Safety, Security, and Rescue Robotics (SSRR), 155-160.

LOW K L, 2004. Linear least-squares optimization for point-to-plane icp surface registration[R]. Chapel Hill, University of North Carolina, 4 (10): 1-3.

MAGNUSSON M, 2009. The three-dimensional normal-distributions transform: an efficient representation for registration, surface analysis, and loop detection[D]. Örebro: Örebro university.

MAGNUSSON M, LILIENTHAL A, DUCKETT T, 2007. Scan registration for autonomous mining vehicles using 3DNDT[J]. Journal of Field Robotics, 24 (10): 803-827.

MAHTANI A, SANCHEZ L, FERNANDEZ E, et al., 2017. ROS 高效机器人编程(影印版)[M]. 3 版. 南京: 东南大学出版社.

MARUYAMA Y, KATO S, AZUMI T, 2016. Exploring the performance of ROS2[C]. Proceedings of the 13th International Conference on Embedded Software (EMSOFT), Pittsburgh: 1-10.

MONTEMERLO M, THRUN S, KOLLER D, et al., 2002. FastSLAM: A factored solution to the simultaneous localization and mapping problem[C]. AAAI-02 Proceedings: 593-598.

MUR-ARTAL R, MONTIEL J M M, TARDÓS J D, 2015. ORB-SLAM: a versatile and accurate monocular SLAM system[J]. IEEE Transactions on Robotics, 31 (5): 1147-1163.

MUR-ARTAL R, TARDÓS J D, 2017. ORB-SLAM2: an open-source slam system for monocular, stereo, and RGB-D cameras[J]. IEEE Transactions on Robotics, 33 (5): 1255-1262.

OLSON E B, 2009. Real-time correlative scan matching[C]. IEEE International Conference on Robotics and Automation, Kobe: 4387-4393.

PAULBOVBEL, 2015. ROS pointcloud_to_laserscan package summary[EB/OL]. [2015-08-03]. http: //wiki. ros. org/pointcloud_to_laserscan.

QI C R, SU H, MO K, et al., 2017. PointNet: deep learning on point sets for 3D classification and segmentation[C]. IEEE Conference on Computer Vision and Pattern Recognition (CVPR), Honolulu.

QI C R, YI L, SU H, et al., 2017. PointNet++: deep hierarchical feature learning on point sets in a metric space[EB/OL]. [2017-06-07]. https: //arxiv. org/abs/1706. 02413.

SERAFIN J, GRISETTI G, 2015. NICP: Dense normal based point cloud registration[C]. IEEE/RSJ International Conference on Intelligent Robots and Systems (IROS), 742-749.

SHAN T, ENGLOT B, 2018. LeGO-LOAM: Lightweight and ground-optimized lidar odometry and mapping on variable terrain[C]. IEEE/RSJ International Conference on Intelligent Robots and Systems (IROS), 4758-4765.

STOYANOV T, MAGNUSSON M, ANDREASSON H, et al., 2012. Fast and accurate scan registration through minimization of the distance between compact 3D NDT representations[J]. The International Journal of Robotics Research, 31 (12): 1377-1393.

ZHANG J, SINGH S, 2014. LOAM: Lidar odometry and mapping in real-time[C]. Robotics: Science and Systems, 2 (9): 1-9.